北大青鸟文教集团研究院 出品

新技术技能人才培养系列教程
人工智能开发工程师系列

机器学习实战
以推荐系统应用为例

Machine Learning
in Action

U0277637

肖睿 向成洪 徐圣林 于伦 王兰 陈祥 乔智 / 编著

人民邮电出版社
北　京

图书在版编目（CIP）数据

机器学习实战：以推荐系统应用为例 / 肖睿等编著
. -- 北京：人民邮电出版社，2021.8
ISBN 978-7-115-56320-0

Ⅰ．①机… Ⅱ．①肖… Ⅲ．①机器学习—教材 Ⅳ.
①TP181

中国版本图书馆CIP数据核字(2021)第063082号

内 容 提 要

本书共 11 章，从推荐系统的发展历史、基本构成开始，依次剖析推荐系统的内容召回、协同过滤召回、深度学习召回中具有代表性的模型；再从经典排序模型到基于深度学习的排序，顺势介绍会话推荐、强化学习推荐及工业级推荐，搭建了完整的推荐系统技术体系，这是一个由浅入深的系统学习过程。

本书的目标读者应该对深度学习有基本的了解，掌握概率论、线性代数、微积分等学科的基本知识，具备使用 Python 语言进行编程的基本能力。本书可以作为各高校人工智能相关专业的教材，也可以作为培训机构的教材，还适合作为人工智能技术爱好者自学用书。

◆ 编　著　肖　睿　向成洪　徐圣林　于　伦　王　兰
　　　　　陈　祥　乔　智
　责任编辑　祝智敏
　责任印制　王　郁　马振武

◆ 人民邮电出版社出版发行　北京市丰台区成寿寺路 11 号
　邮编　100164　电子邮件　315@ptpress.com.cn
　网址　https://www.ptpress.com.cn
　大厂回族自治县聚鑫印刷有限责任公司印刷

◆ 开本：787×1092　1/16
　印张：15.5　　　　　　　　2021 年 8 月第 1 版
　字数：353 千字　　　　　　2021 年 8 月河北第 1 次印刷

定价：59.80 元

读者服务热线：(010)81055256　印装质量热线：(010)81055316
反盗版热线：(010)81055315
广告经营许可证：京东市监广登字 20170147 号

序

工具和火的使用让人类成为高级生物，语言和文字为人类形成社会组织和社会文化提供了支撑。之后，人类历经农业革命、工业革命、能源革命、信息革命，终于走到今天的"智能革命"。薛定谔认为熵减是生命的本质，而第二热力学定律认为熵增是时间的本质。宇宙中生命的意义之一就是和时间对抗，而对抗的工具就是智能，智能的基础就是信息和信息熵。

人类智能可以分为：生物脑智能、工具自动化智能、人工智能等。其中人工智能主要是指机器智能，它又可以分为强人工智能和弱人工智能。强人工智能是制造有意识和生物功能的机器，如制造一个不但飞得快，还有意识、会扇动翅膀的鸟。弱人工智能则是不模仿手段，直接实现目标功能的机器，如制造只会飞的飞机。强人工智能现在还没有完全成为一门理性的学科，在心理学、神经科学等领域有很多问题需要解决，还有很长的路要走。弱人工智能是目前智能革命的主角，主要有基于知识工程和符号学习的传统人工智能，以及基于数据和统计学习的现代人工智能（包括机器学习和深度学习技术）。现代人工智能的本质是一种数据智能，主要适用于分析和预测，也是本序中讨论的主要的人工智能形式。其中，分析假设研究对象在问题领域的数据足够丰富；预测假设研究对象在时间变化中存在内在规律，过去的数据和未来的数据是同构的。分析和预测的基础是数学建模。根据以上对人工智能的分类和梳理，我们很容易就能判断当前的人工智能能做什么、不能做什么，既不会忽视人工智能的技术"威力"，也不会盲目神化人工智能。

很多人会把人工智能技术归属为计算机技术，但我认为计算机技术仅仅是人工智能的工具，而人工智能技术的核心在于问题的抽象和数据建模。如果把人工智能技术类比为天文学，计算机技术就可以类比为望远镜，二者有着密切的关系，但并不完全相同。至于其他计算机应用技术，如手机应用、网络游戏、计算机动画等技术，则可以类比为望远镜在军事、航海等领域的应用。如果将传统的计算机应用技术称为软件1.0，人工智能技术则可以称为软件2.0。软件1.0的核心是代码，解决的是确定性问题，对于问题解决方案的机制和原理是可以解释的、可以重复的；软件2.0的核心是数据，解决的是非确定性问题，对于问题解决方案的机制和原理缺乏可解释性和可重复性。用通俗的话来讲，软件1.0要求人们首先给出问题解决方案，然后用代码的方式告诉计算机如何去按照方案和步骤解决问题；软件2.0则只给出该问题的相关数据，然后让计算机自己学习这些数据，最后找出问题的解决方案，这个方案可以解决问题，但可能和我们自己的解决方案不同，我们也可能看不懂软件2.0的解决方案的原理，即"知其然不知其所以然"。但软件2.0非常适合解决人类感知类的问题，例如，计算机视觉、语音处理、机器翻译等。这类问题对于我们来说可以轻松解决，但是我们可能也说不清是怎么解决的，所以无法给出明确的解决方案和解决步骤，从而无法用软件 1.0 的方式让计算机解决这些问题。

如今，基于数据智能的人工智能技术正在变成一种通用技术，一种"看不见"但被广泛使用的技术。这类似于计算机对各个行业的影响，类似于互联网对各个行业的影响。近期，工业互联网以及更广泛的产业互联网，将成为人工智能、大数据、物联网、5G 等技术最大的应用场景。

人工智能技术在产业中有 5 个重要的工作环节：一是算法和模型研究，二是问题抽象和场景分析，三是模型训练和算力支持，四是数据采集和处理，五是应用场景的软硬件工程。其中前 4 个工作环节属于人工智能的研究和开发领域，第 5 个属于人工智能的应用领域。

（1）算法和模型研究。数据智能的本质是从过去的数据中发现固定的模式，假设数据是独立同分布的，其核心工作就是用一个数学模型来模拟现实世界中的事物。而如何选择合适的模型框架，并计算出模型参数，让模型尽可能地、稳定地逼近现实世界，就是算法和模型研究的核心。在实践中，机器学习一般采用数学公式来表示一种映射，深度学习则通过深度神经网络来表示一种映射，后者在对数学函数的表达能力上往往优于前者。

（2）问题抽象和场景分析。在人工智能的"眼"中，世界是数字化的、模型化的、抽象的。如何把现实世界中的问题找出来，并描述成抽象的数学问题，是人工智能技术应用的第一步。这需要结合深度的业务理解和场景分析才能够完成。例如，如何表示一幅图、一段语音，如何对用户行为进行采样，如何设置数据锚点，都非常需要问题抽象和场景分析能力，是与应用领域高度相关的。

（3）模型训练和算力支持。在数据智能尤其是深度学习技术中，深度神经网络的参数动辄数以亿计，使用的训练数据集也是海量的大数据，最终的网络参数通常使用梯度优化的数值计算方法计算，这对计算能力的要求非常高。在用于神经网络训练的计算机计算模型成熟之前，工程实践中一般使用的都是传统的冯·诺依曼计算模型的计算机，只是在计算机体系设计（包括并行计算和局部构件优化）、专用的计算芯片（如GPU）、计算成本规划（如计算机、云计算平台）上进行不断的优化和增强。对于以上这些技术和工程进展的应用，是模型训练过程中需要解决的算力支持问题。

（4）数据采集和处理。在数据智能尤其是深度学习技术中，数据种类繁多，数据数量十分庞大。如何以低成本获取海量的数据样本并进行标注，往往是一种算法是否有可能成功、一种模型能否被训练出来的关键。因此，针对海量数据，如何采集、清洗、存储、交易、融合、分析变得至关重要，但往往也耗资巨大。这有时成为人工智能研究和应用组织之间的竞争壁垒，甚至出现了专门的数据采集和处理行业。

（5）应用场景的软硬件工程。训练出来的模型在具体场景中如何应用，涉及大量的软件工程、硬件工程、产品设计工作。在这个工作环节中，工程设计人员主要负责把已经训练好的数据智能模型应用到具体的产品和服务中，重点考虑设计和制造的成本、质量、用户体验。例如，在一个客户服务系统中如何应用对话机器人模型来完成机器人客服功能，在银行或社区的身份验证系统中如何应用面部识别模型来完成人脸识别工作，在随身翻译器中如何应用语音识别模型来完成语音自动翻译工作等。这类工作的重点并不在人工智能技术本身，而在如何围绕人工智能模型进行简单优化和微调之后，通过软件工程、硬件工程、产品设计工作来完成具体的智能产品或提供具体的智能服务。

在就业方面，产业内的人工智能人才可以分为 5 类，分别是研究人才、开发人才、工程人才、数据人才、应用人才。对于这 5 类人工智能人才，工作环节都有不同的侧重比例和要求。

（1）研究人才，对于学历、数学基础都有非常高的要求；研究人才主要工作于学校或企业研究机构，其在人工智能技术的 5 个环节的工作量分配一般是 20%、20%、30%、30%、0%。

（2）开发人才，对于学历、数学基础都有要求；开发人才主要工作于企业人工智能技术提供机构的产品和服务部门，其在人工智能技术的 5 个环节的工作量分配一般是 10%、20%、30%、30%、10%。

（3）工程人才，对从业者的学历有要求，对其数学基础要求不高，主要工作于人工智能技术提供机构的产品和服务部门，其在人工智能技术的 5 个环节的工作量分配一般是 0%、20%、20%、30%、30%。

（4）数据人才，对从业者的学历、数学基础没有特殊要求，主要工作于人工智能技术提供机构、应用机构的数据和服务部门，其在人工智能技术的 5 个环节的工作量分配一般是 0%、10%、10%、70%、10%。

（5）应用人才，对从业者的学历、数学基础没有特殊要求，主要工作于人工智能技术应用机构的产品和服务部门，大部分来自传统的计算机应用行业，其在人工智能技术的 5 个环节的工作量分配一般是 0%、10%、10%、10%、70%。

课工场和人民邮电出版社联合出版的这一系列人工智能教材，目的是针对性地培养人工智能领域的研究人才、开发人才和工程人才，是经过 5 年的技术跟踪、岗位能力分析、教学实践经验总结而成的。对于人工智能领域的开发人才和工程人才，其技能体系主要包括 5 个方面。

（1）数据处理能力。数据处理能力包括对数据的敏感，对大数据的采集、整理、存储、分析和处理技巧，用数学方法和工具从数据中获取信息的能力。这一点，对于人工智能研究人才和开发人才，尤其重要。

（2）业务理解能力。业务理解能力包括对领域问题和应用场景的理解、抽象、数字化能力。其核心是如何把具体的业务问题，转换成可以用数据描述的模型问题或数学问题。

（3）工具和平台的应用能力。即如何利用现有的人工智能技术、工具、平台进行数据处理和模型训练，其核心是了解各种技术、工具和平台的适用范围和能力边界，如能做什么、不能做什么，假设是什么、原理是什么。

（4）技术更新能力。人工智能技术尤其是深度学习技术仍旧处于日新月异的发展时期，新技术、新工具、新平台层出不穷。作为人工智能研究人才、开发人才和工程人才，阅读最新的人工智能领域论文，跟踪最新的工具和代码，跟踪 Google、Microsoft、Amazon、Alibaba 等公司的人工智能平台和生态发展，也是非常重要的。

（5）实践能力。在人工智能领域，实践技巧和经验，甚至"数据直觉"，往往是人工智能技术得以落地应用、给企业和组织带来价值的关键因素。在实践中，不仅要深入理解各种机器学习和深度学习技术的原理和应用方法，更要熟悉各种工具、平台、软件包的性能和缺陷，对于各种算法的适用范围和优缺点要有丰富的经验积累和把握。同时，还要对人工智能技术实践中的场景、算力、数据、平台工具有全面的认识和平衡能力。

课工场和人民邮电出版社联合出版的本系列人工智能教材和参考书，针对我国的人工智能领域的研究人才、开发人才和工程人才，在学习内容的选择、学习路径的设计、学习方法和项目支持方面，充分体现了以岗位能力分析为基础，以核心技能筛选和项目案例融合为核心，以螺旋渐进的学习模式和完善齐备的教学资料为特色的技术教材的要求。概括来说，本系列教材主要包含以下 3 个特色，可满足大专院校人工智能相关专业的教学和人才培养需求。

（1）实操性强。本系列的教材在理论和数学基础的讲解之上，非常注重技术在实践中的应用方法和应用范围的讨论，并尽可能地使用实战案例来展示理论、技术、工具的操作过程和使用效果，让读者在学习的过程中，一直沉浸在解决实际问题的对应岗位职业状态中，从而更好地理解理论和技术原理的适用范围，更熟练地掌握工具的实用技巧和了解相关性能指标，更从容地面对实际问题并找出解决方案，完成相应的人工智能技术岗位任务和考核指标。

（2）面向岗位。本系列的教材设计具备系统性、实用性和一定的前瞻性，使用了因受软件项目开发流程启发而形成的"逆向课程设计方法"，把课程当作软件产品，把教材研发当作软件研发。作者从岗位需求分析和用户能力分析、技能点设计和评测标准设计、课程体系总体架构设计、课程体系核心模块拆解、项目管理和质量控制、应用测试和迭代、产品部署和师资认证、用户反馈和迭代这 8 个环节，保证研发的教材符合岗位应用的需求，保证学习服务支持学习效果，而不仅仅是符合学科完备或学术研究的需求。

（3）适合学习。本系列的教材设计追求提高学生学习效率，对于教材来说，内容不应过分追求全面和深入，更应追求针对性和适应性；不应过分追求逻辑性，更应追求学习路径的设计和认知规律的应用。此外，教材还应更加强调教学场景的支持和学习服务的效果。

本系列教材是经过实际的教学检验的，可让教师和学生在使用过程中有更好的保障，少走弯路。本系列教材是面向具体岗位用人需求的，从而在技能和知识体系上是系统、完备的，非常便于大专院校的专业建设者参考和引用。因为人工智能技术的快速发展，尤其是深度学习和大数据技术的持续迭代，也会让部分教材内容，特别是使用的平台工具有落后的风险。所幸本系列教材的出版方也考虑到了这一点，会在教学支持平台上进行及时的内容更新，并在合适的时机进行教材本身的更新。

本系列教材的主题是以数据智能为核心的人工智能，既不包含传统的逻辑推理和知识工程，也不包含以应用为核心的智能设备和机器人工程。在数据智能领域，核心是基于统计学习方法的机器学习技术和基于人工神经网络的深度学习技术。在行业实践应用中，二者都是人工智能的核心技术，只是机器学习技术更加成熟，对数学基础知识的要求会更高一些；深度学习的发展速度比较快，在语音、图像、文字等感知领域的应用效果惊人，对数据和算力的要求比较高。在理论难度上，深度学习比机器学习简单；在应用和精通的难度上，机器学习比深度学习简单。

需要注意的是，人们往往认为人工智能对数学基础要求很高，而实际情况是：只有少数的研究和开发岗位会有一些高等数学方面的要求，但也仅限于线性代数、概率论、统计学习方法、凸函数、数值计算方法、微积分的一部分，并非全部数学领域。对于绝大多数的工程、应用和数据岗位，只需要具备简单的数学基础知识就可以胜任，数学并非核心能力要求，也不是学习上的"拦路虎"。因此，在少数学校的以人工智能研究人才为培养目标的人工智能专业教学中，会包含大量的数学理论和方法的内容，而在绝大多数以人工智能开发、工程、应用、数据人才培养的院校和专业教学中，并不需要包含大量的数学理论和方法的内容，这也是本系列教材在专业教学上的定位。

人工智能是人类在新时代最有潜力和生命力的技术之一，是国家和社会普遍支持和重点发展的产业，是人才积累少而人才需求大、职业发展和就业前景非常好的一个技术领域。可以与人工智能技术崛起媲美的可能只有 40 年前的计算机行业的崛起，以及 20 年前的互联网行业的崛起。我真心祝愿各位读者能够在本系列教材的帮助下，抓住技术升级的机遇，进入人工智能技术领域，成为职业赢家。

北大青鸟研究院院长 肖睿

于北大燕北园

前　言

　　欢迎进入人工智能的时代！随着科学技术的发展，信息呈现出"大爆发"的状态。如何在浩瀚的大数据中找到自己所需？推荐系统助您"一臂之力"！电子商务网站总是贴心地给我们提供所需；新闻应用可以帮我们找到"头条"；哼个小调儿，音乐程序就可以帮我们找到歌名；说个游玩想法，旅游推荐就能带你到达心中的"香格里拉"。

　　推荐系统可以说是人工智能应用最多的一个场景，它可切切实实地解决我们日常生活中的各种问题。好的推荐系统，不仅能够满足用户的基本需求，还可为商家提供展示自我的机会；不仅可让用户流连于便利生活之间，更能留下用户海量的行为数据，为企业制订商业决策提供帮助。

　　本书带领读者学习推荐系统的相关知识，帮助大家为进一步探索人工智能技术打下坚实的基础。本书的目标读者应对深度学习有基本的了解，掌握概率论、线性代数、微积分等学科的基本知识，具备使用 Python 语言进行编程的基本能力。准备好了吗？一起出发吧！

　　本书共有 11 章，分别介绍如下。

　　第 1 章　推荐系统简介：介绍推荐系统的发展历史、经典模型的基本构成，以及推荐系统的最新进展。本章会提到很多具体的理论、模型和术语，读者如果一时消化不了所学知识，也不用紧张，本章提到的所有内容在后文中都会进行详细讲解。

　　第 2 章　搭建实验平台：从 Python 环境搭建开始讲述，到下载"MovieLens"数据集，再到安装集成开发环境和 Jupyter Notebook，这些工具和数据集将为读者今后的探索铺平道路。如果读者对这些内容已经"了如指掌"，那么本章内容可以略过。

　　第 3 章　推荐系统的评测：从用户成长飞轮模型开始讲述，介绍优秀的推荐系统应该是什么样子，再从离线评测到线上测试，解释各种评测指标的优劣和应用场景。

　　第 4 章　基于内容的召回：讲解经典推荐系统的召回模块中的内容召回。内容召回是最基本的算法之一，它基于物品固有的特征来找相似。本章还会介绍一款横向评测框架，为今后对比多款算法提供平台。

　　第 5 章　基于协同过滤的召回：本章内容涉及协同过滤中相似性的衡量方法，介绍基于用户的协同过滤的基本步骤、基于物品的协同过滤的基本步骤，通过实际评测，找到持续优化的方向。

　　第 6 章　基于深度学习的召回：从 Netflix 大奖赛的获胜算法开始讲述，介绍几款具有代表性的深度学习召回模型。尤其是 YouTube 的深度学习召回模型启发了众多的追随者沿着深度学习的道路永攀高峰。

第 7 章　经典排序模型：本章内容包括逻辑回归、决策树和逻辑回归融合模型，以及贝叶斯个性化排序算法等。

第 8 章　基于深度学习的排序：本章内容包括因子分解机、广度和深度融合模型，以及 YouTube 深度学习排序模型。

第 9 章　基于会话的推荐：本章将带领读者学习基于会话的推荐系统，它引入经典推荐系统中忽视的"时序"概念，更重要的是它能捕获用户瞬变的喜好变化，从而做出合理的推荐。在本章的后半部分，还介绍了将语境信息融入推荐模型的方法。

第 10 章　基于强化学习的推荐：强化学习将推荐系统推到了更高的层次，本章讲解强化学习的技术基础，并带领读者深入研究一款基于强化学习的推荐系统。

第 11 章　工业级推荐系统：从理论应用于实际时的困难开始讲述，介绍深度规模化稀疏张量网络引擎 DSSTNE 以及 DSSTNE 深度学习框架的使用方法，同时介绍工业级推荐系统的架构方法。

本书由课工场人工智能开发教研团队组织编写。尽管编者在写作过程中力求准确、完善，但水平所限，书中难免出现偏颇疏漏之处，殷切希望广大读者批评指正。

本书资源下载

读者可以通过访问人邮教育社区（http://www.ryjiaoyu.com）下载本书的配套资源（电子资源），如代码及作业参考答案等。

目　录

第 1 章

推荐系统简介

技能目标

➢ 了解推荐系统的发展历史
➢ 掌握推荐系统的核心要素
➢ 掌握推荐系统的基本构成
➢ 了解推荐系统的新发展
➢ 认清推荐系统的发展方向

本章任务

学习本章，读者需要完成以下 5 个任务。读者在学习过程中遇到的问题，可以通过访问课工场官网解决。

任务 1.1: 了解推荐系统的发展历史

了解推荐系统的概念、诞生背景、发展历史和应用现状。

任务 1.2: 掌握推荐系统的核心要素

掌握推荐系统中的几大核心要素: 用户、物品和内容、事件、语境，了解这些核心要素在推荐系统中的作用和地位，以及它们如何影响推荐系统的表现。

任务 1.3: 掌握推荐系统的基本构成

掌握推荐系统的基本构成: 召回、排序和过滤模块，掌握各模块的输入/输出、工作原理和相互配合。

任务 1.4: 了解推荐系统的新发展

了解推荐系统的新发展、主要改善点和现状，了解语境信息与推荐系统的结合，了解强化学习如何最大化用户长期收益。

任务1.5：认清推荐系统的发展方向

追本溯源，重新认识推荐系统的使命，认清推荐系统的发展方向。

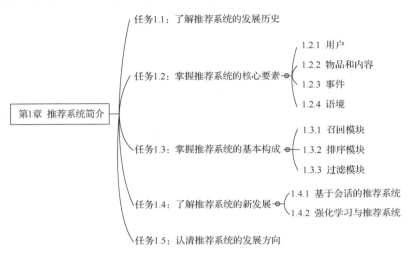

任务 1.1 了解推荐系统的发展历史

【任务描述】

了解推荐系统的概念、诞生背景、发展历史和应用现状。

【关键步骤】

（1）了解推荐系统的概念。

（2）了解推荐系统出现的背景。

（3）了解推荐系统的发展历史和应用现状。

移动互联网、人工智能和信息技术飞速发展，人们的日常生活和消费行为发生了巨大的变化。我们足不出户就能遍知天下大事，动动手指就可以遍览商品万千。若干年前逛遍商场、货比三家的消费生活仿佛有一个世纪那么遥远。那时商品种类也算丰富，但商场货架是稀缺资源，只有畅销的商品才能"挤"上货架与消费者"见面"，海量长尾商品①则"门可罗雀"。然而随着互联网的兴起，一切都发生了变化。1995 年，电子商务"鼻祖"亚马逊网站"横空出世"，逐渐改变了人们的购物生活。短短 5 年时间，亚马逊就从"地球上最大的书店"转变为"最大的综合网络零售商"。没有了实体货架的限制，人们在网上接触到海量商品，进入"信息爆炸"的时代。

少则得，多则惑。如果明确知道要找的东西，用户可以直接搜索。但问题是，在畅销商品之外的海量长尾商品里，一样有用户可能喜欢的优质商品和内容。如何知晓并找到它们呢？这正是推荐系统可以大展拳脚的地方。推荐系统需要在理解用户需求的基础上，提供个性化的内容来创造价值。推荐系统经过 20 多年的发展和沉淀，逐渐成为一门

---

① "长尾商品"一词来自 2006 年出版的畅销书《长尾理论》（*The Long Tail*）。作者克里斯·安德森（Chris Anderson）是美国《连线》（*Wired*）杂志前主编，他在系统研究了亚马逊、eBay 等互联网零售商，以及沃尔玛等传统零售商的销售数据后，观察到一种符合统计规律的现象。在以数量为纵轴、以商品为横轴绘制一条需求曲线时，畅销商品需求高耸，冷门商品需求持续走低，无限延伸就像长长的尾巴。长尾理论由此得名。

独立的学科，在日常生活中发挥了独特而巨大的作用。据统计，推荐系统在 Netflix 上带来了 80%的观影人次，在 YouTube 上贡献了 60%的视频点击量，在亚马逊上贡献了 30%的销售额，其巨大的影响力有目共睹。在深入探讨细节之前，我们有必要回顾它的发展历史，并梳理现状，进而指出其发展方向。

其实在雷斯尼克（Resnick）等人[①]1997 年提出推荐系统这个概念以前的很长一段时间里，人们一直在开展各种各样的推荐和个性化工作。商场的售货员会根据顾客的身型和描述来推销合适的衣服；旅行社销售顾问也会收集顾客的喜好，在合适的旅行商品上架后及时联系顾客。甚至在交叉销售和商品关联方面也是如此。营销人员通过一些简单的统计和数据挖掘发现了饮料和尿布的关联并加以利用。这些早期的探索大多始于直觉，并不断得到数据的印证。

真正意义上的推荐系统萌芽于 20 世纪 90 年代初期。1994 年，美国明尼苏达大学的 GroupLens 研究所为 Usenet 新闻组开发了最早的协同过滤系统。1998 年，亚马逊上线了基于物品的协同过滤算法并取得了良好的效果。2000 年前后，学者和投资人意识到，推荐系统虽然能带来短期的销售增长，但更须维持良好的顾客关系，为用户展示有用信息以寻求长远的发展。由此推荐系统成长放缓。直到 2006 年，Netflix 公司举办了 Netflix 大奖赛，再次开启了推荐系统的大发展。Netflix 大奖赛是一个机器学习与数据挖掘的比赛，目的是在全球征集推荐算法来提升 Netflix 电影评分的预测准确性。谁能将准确性提升 10%，谁就能拿走 100 万美元（约 797 万元人民币）奖金。一石激起千层浪，各路"英雄豪杰"同场竞技，一较高下。2009 年 9 月 BellKor 团队依靠分解机（Factorization Machine，FM）和集成学习（ensemble learning）摘得桂冠，如图 1.1 所示。

图1.1　Netflix大奖赛

2007 年第一届美国计算机协会（association for computing machinery，ACM）推荐系统大会在美国举行。这是推荐系统领域的盛会和重要的国际论坛，其展示了推荐系统最近的研究成果、系统和方法，极大地推动了推荐系统的发展。2016 年，YouTube 发表论文，将深度神经网络应用到推荐系统。同年，谷歌公司也发表论文，介绍了在谷歌应用商店推荐系统中采用深度学习的方法。近年来，人们又在探索将强化学习（reinforcement learning）与推荐系统结合起来，以提高用户的长期收益。现在推荐系统可谓是"遍地开花"，活跃在各个领域，包括电子商务（简称电商）、个性化广告、个性化阅读等诸多领域，举例如下。

➢ 电子商务：亚马逊、阿里巴巴、京东等。
➢ 视频网站：Netflix、YouTube 等。
➢ 新闻推荐：今日头条、腾讯新闻等。
➢ 社交 App：微信等。

---

① 雷斯尼克和瓦里安（Varian）在 1997 年发表的文章 *Recommender systems*。

任务 1.2 掌握推荐系统的核心要素

【任务描述】

掌握推荐系统中的几大核心要素：用户、物品和内容、事件、语境，了解这些核心要素在推荐系统中的作用和地位，以及它们如何影响推荐系统的表现。

【关键步骤】

（1）掌握推荐系统核心要素的概念、地位和作用。

（2）掌握推荐系统核心要素包含的典型信息。

推荐系统有几大核心要素：用户、物品和内容、事件、语境。下面分别加以说明。

1.2.1 用户

用户（user）与推荐系统进行交互，系统为用户推荐个性化物品和内容，而用户是推荐系统的服务对象。通常用户信息主要包括（但不限于）以下几个方面。

1. 账户信息

➢ 用户 ID（user ID）：1。

➢ 用户名（user name）：wulonchia。

➢ 注册时间（created date）：1 445 714 994（1970 年 1 月 1 日零点起算的秒数）。

➢ 更新时间（updated date）：1 445 716 000。

➢ 最后上线时间（last activate date）：1 476 885 600。

2. 人口统计信息

➢ 年龄（age）：41。

➢ 性别（gender）：男。

➢ 城市（city）：北京。

➢ 国家（country）：中国。

1.2.2 物品和内容

推荐系统推荐合适的物品和内容，以满足用户个性化需要。物品和内容的信息举例如下。

➢ 物品和内容 ID（item ID）：100。

➢ 名称（name）：《机器学习在推荐系统中的应用》。

➢ 描述（description）：系统地讲解机器学习在推荐系统中的应用。

➢ 品类（category）：图书。

➢ 标签（tags）：机器学习、推荐系统、AI。

➢ 创建时间（created date）：1 445 716 000（1970 年 1 月 1 日零点起算的秒数）。

➢ 更新时间（updated date）：1 445 716 000。

➢ 作者 ID（author ID）：1。

➢ 作者姓名（author name）：于伦。

➢ 分享次数（shares）：6 655 239。

1.2.3　事件

事件（event）是指用户和系统的交互过程。根据场景和性质的不同，事件可以显式或隐式地反映出用户对物品和内容的喜好。

显式反馈（explicit feedback）：显式反馈来自用户明确地给物品和内容做出评价。例如，用户给豆瓣和 YouTube 上的电影评分等，如图 1.2 所示。

图1.2　豆瓣和YouTube的用户评分

显式反馈以量化的方式明确地体现用户对物品和内容的好恶。当然，显式反馈也有其自身的问题，如下。

➢ 显式反馈要求用户额外给出反馈，因而数据比较稀少。

➢ 除去刺激因素（如反馈有奖等）的影响，用户一般会在极端的情绪下给出显式反馈，如极度喜欢或极度讨厌等，所以反馈数据容易呈现两极分化。

➢ 用户个性会影响显式评分。例如，保守的人打分较低，宽容的人打分较高。"非常好"这个评价，对有的用户来说代表 4 分，而有的代表 5 分。

➢ 脱离语境的显式反馈很难直接用于推荐。例如，笔者喜欢在吃午餐时观看一些轻松搞笑的视频内容并给出高分，但这并不意味着笔者在其他时间也喜欢收到类似的推荐。

隐式反馈（implicit feedback）：隐式反馈是指虽然用户没有明确地针对物品和内容给出评分，但我们可以根据用户的行为推断其好恶，举例如下。

➢ 站上活动：页面浏览、点击、App 操作等。

➢ 交易行为：加入购物车、购买、退货等。

➢ 媒体消费：预览、观看、收听等。

隐式反馈不需要用户额外的输入，因而虽数量庞大但易于收集。隐式反馈也有其限制，具体如下。

➢ 无法获取负面评价：我们可以从用户反复浏览某物品的行为中猜测用户喜欢该物品的概率。但如果用户没有浏览该物品，能否推断用户不喜欢它呢？很显然，答案是否定的。也许用户根本不知道该物品，又或者他只是没有时间浏览该物品而已。总之，无法给出定论。

> 语境信息不可缺失：用户购买某商品是否代表喜欢该商品呢？在绝大多数情况下，这个推论是正确的。但如果用户购买该商品是为了送礼，或者买完很快就退货了，又或者买完后在社交媒体上"狠批"商品质量问题，很显然这是负面评价。所以，这些语境信息需要综合起来考虑，才能给出全面的评价。

1.2.4 语境

语境（context）与事件紧密相关，泛指推荐系统与用户交互时所有相关的背景信息，包括时间、地点、设备、事件 ID、用户反馈等。如前文所述，语境对于用户反馈的理解极为重要，而语境对于推荐结果是否恰切也极为关键。不仅要了解用户，还要了解用户所处的语境，才能做出合适的推荐。语境大致包括下列信息。

> 用户 ID（user ID）：1。
> 物品和内容 ID（item ID）：100。
> 事件 ID（event ID）：5001。
> 事件类型（event type）：页面浏览。
> 时间戳（timestamp）：1 445 716 000。
> 来源（source）：百度网址。
> 设备操作系统（device OS）：macOS。
> 位置（geo）：116.498 633 683 2，39.920 309 793 6。

任务 1.3 掌握推荐系统的基本构成

【任务描述】

掌握推荐系统的基本构成：召回、排序和过滤模块，掌握各模块的输入/输出、工作原理和相互配合。

【关键步骤】

（1）掌握推荐系统的基本构成。
（2）了解三大模块协同配合的工作原理。
（3）掌握召回模块的工作原理。
（4）掌握排序模块的工作原理。
（5）了解过滤模块的主要作用。

典型推荐系统的构成如图 1.3 所示，右上角梯形部分是推荐引擎，包含 3 个重要模块。

> 召回模块[①]：根据用户和场景不同，从物品和内容仓库（千万数量级）中粗筛出用户可能感兴趣的物品和内容列表。实际应用中可能基于不同的召回算法，构建多路召回，得到候选物品和内容列表（千数量级）。考虑到系统性能的要求，一般在召回中只使用简单的物品特征或用户喜好进行快速查询。例如，使用物品属性的相似度，或者用户行为数据所体现的喜好进行聚类等操作。

---

① 类似的说法还有"生成候补"（candidate generation）或"检索"（retrieval）等。需要注意的是，这里的召回与机器学习模型的性能衡量指标中的召回（recall）是有区别的。

➢ 排序模块：应用更多的信息对召回模块返回的物品和内容列表中的每一项进行打分，然后根据打分进行倒序排列，保证得分最高的排在最前面。近年来，深度学习模型开始在排序模块中大放异彩，我们会在后文中详细介绍。

➢ 过滤模块：排序后的推荐物品和内容列表并不会直接显示给用户，更多的语境信息和商业逻辑会参与进来，一起调整推荐列表。例如，重复的项目只保留一个，用户购买过的商品要去除，黑名单上的商品不能出现，业务团队给出的规则要贯彻实施等。

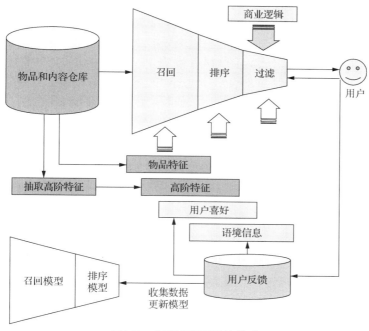

图1.3　典型推荐系统的构成

图 1.3 中左上角的柱状体部分是物品和内容仓库。仓库中保存着百万甚至千万数量级的待推荐物品。通常情况下，离线批处理会把物品和内容的基本特征抽取出来，并保存到存储介质中备用。同时，更多特定的高阶特征会被各种机器学习模型抽取出来，以便推荐引擎进行调用。在图 1.4 所示的抽取高阶特征中，图像高阶特征会使用卷积神经网络（convolutional neural network，CNN）、残差网络（ResNet）等抽取出来；文本高阶特征会使用单词到向量（Word2Vec）、循环神经网络（recurrent neural network，RNN）等抽取出来；音频高阶特征会首先使用傅里叶变换（Fourier transformation）转成图像，然后使用图像处理技术抽取高阶特征。

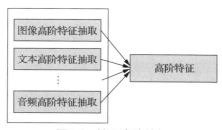

图1.4　抽取高阶特征

图 1.3 所示的右下角部分与用户的行为有关。推荐物品和内容送达用户后，用户会做出反馈。无论显式反馈还是隐式反馈，都会被日志记录下来。一方面，这些用户反馈可以抽取用户喜好和交互历史、语境信息；另一方面，还可以用来持续更新召回和排序模型，不断改善推荐系统的表现。

1.3.1 召回模块

在推荐系统中，由于待推荐的物品和内容的数量非常巨大，不可能实时地为网站的每位访客计算出他和所有物品的匹配度，因此需要先把海量的物品缩小到一个可计算的范围。这项工作要靠召回模块来完成。它以高效的算法筛选出一小部分符合要求的物品（通常耗时不超过几十毫秒），然后交给排序模块进行更加精细的打分和排序。常用的召回算法包括基于内容过滤的召回、基于协同过滤的召回和基于深度学习的召回等。在实际应用中，多路召回组合使用不同的算法取长补短，提升召回的全面性，以取得更好的效果。

1. 基于内容过滤的召回

基于内容过滤（content-based filtering）的召回是指基于物品和内容之间的相似性进行召回。相似性的比较是在物品特征的基础上进行的，如题材、分类、歌曲风格、作者、出版年份等。

图 1.5 所示为亚马逊网站的类似图书推荐。它基于图书的出版社、书名中的关键字等特征来查找类似图书并推荐给用户。除了使用基本特征之外，还可以使用机器学习模型，对物品的长文本、图像、声音中隐含的高阶特征进行抽取，用于计算相似度。例如，电商的服饰品类中，"按风格查找"或"找类似"功能就非常受欢迎。因为对于服饰类商品而言，外观、风格、格调这种抽象因素的重要性超过品牌，甚至超过关键字。此时机器学习模型，如卷积神经网络就可以抽取商品中隐含的特征，并以此查找类似商品。天猫网站上的"找相似"功能如图 1.6 所示。

图1.5 亚马逊网站的类似图书推荐

图 1.6 中，左上方的连帽卫衣的图像特征很难用语言描述清楚，但机器学习模型可以用自己的方式理解，并找到具备类似特征的商品。右边显示的"发现 30 个相似商品"，确实都是同一个风格的。

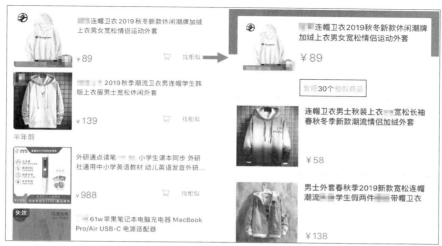

图1.6 天猫网站上的"找相似"功能

其实,卷积神经网络处理图像特征的工作原理与动物视觉信息处理机制非常类似(见图 1.7)。视觉神经元分化出不同的层次,底层神经元抽取基本特征(如点、线等),高级神经元把这些基本特征组合起来,抽取更加复杂的高阶特征(如几何形状等),而更高层级的神经元继续组合这些高阶特征用来识别物体(如房子、鱼等)。

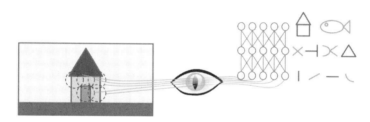

图1.7 卷积神经网络模仿动物视觉处理机制来识别物体

从零开始构建卷积神经网络非常复杂,因为需要用到海量带有标注的图片并借助强悍的计算力,在尝试各种超参数和设置组合的基础上,不断降低机器学习模型的整体误差才能训练出可用的模型。好消息是,我们可以借助迁移学习(transfer learning),把前人训练好的卷积神经网络中的某些层锁定后,直接拿来获得基本特征。最后,我们把直接获取的基本特征和使用深度学习技术获取的高阶特征结合起来,就可以使用余弦相似度(cosine similarity)、欧氏距离(Euclidean distance)、皮尔逊相关系数(Pearson correlation coefficient)等方法来计算各种物品和内容之间的相似度了。

通常我们在线下计算所有物品和内容的相似度,因为这个过程非常耗时。然后使用计算好的相似度矩阵,在线上快速推荐用户感兴趣的物品和内容。例如,当用户在网站上查看《星球大战》这部电影时,我们就可以推荐与《星球大战》高度相关的其他电影。

基于内容过滤的召回,简单、健壮且不依赖于用户行为,特别适合应对新用户访问或新商品上架的情形,即冷启动(cold start)问题。举例来说,如果一个新用户在访问电商网站时,推荐系统对该用户的喜好一无所知,也没有用户过往的行为数据,此时推荐热销商品或者与用户正在浏览商品高度类似的商品就是不错的选择。如果电商网站上架一款新商品,没有任何用户的购买或评分数据,那些基于用户行为的推荐系统是无能为力的。此时，基于内容过滤的召回可以在类似商品的详情页面（detail page）推荐这款新商品，不断积累用户行为数据，以后就可以使用各种推荐算法来推荐新商品了。

2. 基于协同过滤的召回

与基于内容过滤的召回不同，基于协同过滤（collaborative filtering，CF）的召回不依赖于物品和内容的特征本身，而是观察不同的用户与物品之间的互动，在此基础上寻找物品之间的相似度。举例来说，如果我们观察不同用户对相同电影的评分，就可以计算这些用户之间的相似度。然后选取与当前用户最相似的 k 个用户，把他们喜欢的电影推荐给当前用户，这就是基于用户的协同过滤（user-based CF）的思路，如图 1.8 所示。

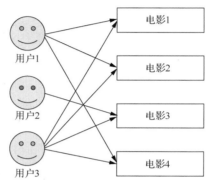

图1.8 基于用户的协同过滤

图 1.8 所示的箭头表示用户曾经为某电影给过好评。可以看出，用户 1 和用户 3 高度相似，因为他们都喜欢电影 1、2 和 4。我们的假设是，相似的用户的喜好也是相似的。如果用户 3 喜欢电影 3，那么把它推荐给用户 1 也是顺理成章的。

换个思路，如果我们把电影和用户的位置调换，能发现什么不同呢？电影从用户那里得到的评分，可以看作电影具有某种吸引用户的特质，而这种特质是以用户评分的方式表现出来的。如果我们把用户当作特征，就可以计算电影之间的相似度。有了电影之间的相似度矩阵，就可以推荐与当前用户感兴趣的电影高度相似的电影，这就是基于物品的协同过滤（item-based CF）的思路，如图 1.9 所示。

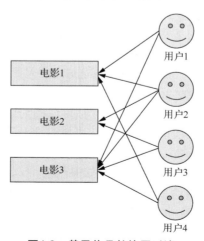

图1.9 基于物品的协同过滤

图 1.9 所示的电影 1 和电影 3 是相似的，因为它们都得到了用户 1、用户 2 和用户 4 的好评。如果某用户只看过电影 3，那么我们可以放心地把电影 1 推荐给他。基于物品的协同过滤算法是目前业界应用最多的算法，亚马逊、Netflix 和 YouTube 都以它为基础构建自己的推荐系统。

图 1.10 所示的内容就是基于协同过滤算法的结果。

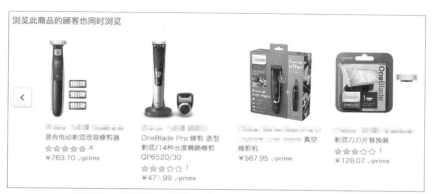

图1.10　亚马逊"浏览此商品的顾客也同时浏览"模块

3. 基于深度学习的召回

2006 年 Netflix 大奖赛的成功举办，在全球范围内掀起了将深度学习（deep learning）应用于推荐系统领域的热潮。在受限玻尔兹曼机（restricted boltzmann machines，RBM）、因子分解机和奇异值分解（singular value decomposition，SVD）之后，陆续涌现出了一大批成功的深度学习推荐系统。许多公司如 YouTube、谷歌和亚马逊等也在推荐系统中大量应用深度学习技术。图 1.11 所示为 YouTube 公司推荐系统的召回模块结构。

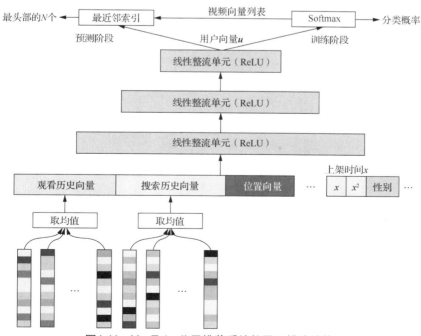

图1.11　YouTube公司推荐系统的召回模块结构

具体的技术细节我们会在相关章节中讲解。这里介绍基于深度学习的召回模块的优点。

➤ 覆盖更全面的用户反馈。覆盖更多的用户行为，如单击、观看、搜索等，可以更立体、更准确地推断用户喜好。

➤ 包含人口统计学特征，如性别、年龄段、地域等。更多的自定义特征也可以杂糅到同一个模型中，使得召回过程更加视野宽阔、有的放矢。

➤ 包含用户行为历史信息，如观看历史、搜索历史等，可以站在更长的时间跨度上理解用户，准确召回。

➤ 自动挖掘并组合高阶特征。深度神经网络可以自动抽取高阶特征，并进行特征交叉，挖掘更深层次的隐特征。

➤ 可添加超线性（super-linear）和次线性（sub-linear）的特征。超线性和次线性特征可以在更多维度拟合数据，提升召回精度。例如，视频上架时间 x 可以衍生出超线性特征 x^2 和次线性特征 $\sqrt{x}$。

4. 其他召回方式

在上述召回算法以外，还有一类手动的方式，就是通过领域专家、意见领袖（key opinion leader，KOL）或网络红人进行推荐，如图 1.12 所示。

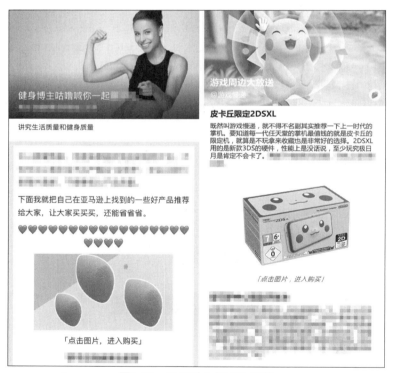

图1.12　亚马逊上的KOL推荐

这些专家推荐的结果，可以作为上述召回算法的有益补充。在具体实践中，每种召回算法都有其独特的优势和应用场景。各公司使用多路召回机制，把它们巧妙融合，各司其职、大显神通，使得推荐效果得以大幅提升。

1.3.2　排序模块

在推荐系统中，排序模块需要对召回模块返回的物品或内容列表进行打分，然后优先返回高分物品和内容。排序阶段比召回阶段使用更多的物品特征和用户喜好数据，还要考虑用户的语境，所以排序模块的算法更复杂。

排序算法大体分为以下 3 种，本书重点介绍前两种排序算法。

➢　单点方法（pointwise approach）针对所有样本，把排序问题转化为分类、回归问题加以实现。

➢　成对方法（pairwise approach）把整体排序问题转化为若干组内的排序问题。

➢　列表方法（listwise approach）把列表作为一个样本来处理。排序的组结构会被保持。

1.　单点方法排序

在单点方法排序发展初期，使用最多的算法就是逻辑回归（logistic regression，LR），也就是在人工神经元线性变换后叠加了一个逻辑回归激励函数，把神经元的输出映射到 $0\sim1$。这个输出值被用作物品和内容的分数（score）。

逻辑回归模型属于线性模型，容易并行化，可以轻松处理上亿条数据。但逻辑回归模型的学习能力十分有限，需要大量的特征工程来提高模型的学习能力。图 1.13 所示的 $x_1\sim x_n$ 就是输入的特征值，这些特征值通常需要特征工程才能得到。问题是，特征工程不仅耗时、耗力，而且不能保证一定会带来效果提升。因此如何自动发现有效的特征，如何自动进行特征交叉来弥补人工经验的不足，进而缩短逻辑回归的周期，是亟待解决的问题。

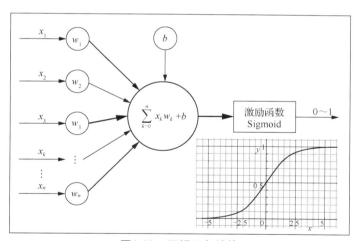

图1.13　逻辑回归结构

2014 年，梯度提升决策树（gradient boost decision tree，GBDT）和逻辑回归融合模型被提出来（见图 1.14）。梯度提升决策树基于集成学习中的提升思想（boosting），每次迭代都创建一棵新的决策树来减少残差（residual）。结果是，梯度提升决策树首先划分出对绝大多数样本可区分的特征和特征交叉，然后聚焦于长尾样本上的可区分的特征和特征交叉。决策树变换后的特征作为逻辑回归的输入，省去了人工寻找特征、交叉特征的麻烦。在实验中，该模型的效果不错。

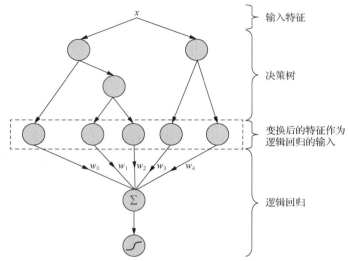

图1.14　梯度提升决策树和逻辑回归融合模型

　　然而，梯度提升决策树和逻辑回归融合模型也有局限性。现在的业务数据包含大量离散特征导致的高维稀疏数据，决策树模型由于其自身特点，容易产生过拟合（over-fitting），正则化规则也很难修正这个缺陷，导致该融合模型泛化能力较差。基于深度学习的排序模型，既能将离散特征转为低维度稠密编码，自动抽取特征、交叉特征，还能利用正则化克服过拟合问题，其得到了广泛关注，并取得了巨大的成功。特别是将逻辑回归和深度学习模型结合后，二者取长补短，效果惊人。

　　2. 成对方法排序

　　成对方法排序中具有代表性的算法是贝叶斯个性化排序（Bayesian personalized ranking，BPR）算法。它是一种基于因子分解的算法，通过对问题进行贝叶斯分析，得到最大后验概率来对物品进行排序。贝叶斯个性化排序基于两个基本假设。

　　➢　用户间的喜好相互独立。用户 u 在商品 i 和 j 之间的偏好和其他用户无关。

　　➢　同一用户对不同物品的偏序独立。用户 u 对商品 i 和 j 的偏序和其他商品无关。

　　在此前提下，对于每一个三元组$<u,i,j>$，模型希望能够使得用户 u 对于 i 和 j 的喜好差异最大化。同时，因为假设参数都是正态分布的，模型带有 L2 正则化项，可最大程度地降低过拟合风险。

1.3.3　过滤模块

　　通常排序后的推荐物品和内容列表不会直接显示给用户，需要使用更多的语境信息和商业逻辑来调整这个列表。例如，下列物品是需要过滤的。

　　➢　用户已经购买的物品。在某些场景下，浏览过的物品也要过滤。

　　➢　不适合公开展示的品类需要过滤。

　　➢　用户评分过低的商品，如 1 星商品。

　　➢　重复推荐的商品。

此外，业务团队还会给出一系列的规则，推荐系统必须贯彻执行，例如：

➤ 同型号商品要推荐利润率高的。

➤ 对于图书商品，如果既有纸质版又有电子版，则优先推荐电子版。如果既有简版又有精装版，则优先推荐精装版。

➤ 不要推荐促销活动中的热销商品而浪费曝光机会，因为用户在大概率下会在促销区看到该商品。

任务 1.4　了解推荐系统的新发展

【任务描述】

了解推荐系统的新发展、主要改善点和现状，了解语境信息与推荐系统的结合，了解强化学习如何最大化用户长期收益。

【关键步骤】

（1）理解语境信息对于推荐系统的重要性。

（2）理解过滤气泡产生的原因和对应方法。

（3）理解强化学习通过探索和规划推荐内容，最大化用户的长期收益。

直至今日，在推荐系统领域还有许多问题未解决。推荐系统作为人们"网上生活"的伙伴，究竟该如何帮助人们找到感兴趣的物品和内容实现共赢。特别是对于新用户或匿名用户来说，推荐系统对他们知之甚少，此时如何有效利用会话信息（session information）来生成合适的推荐就是亟待解决的问题。

1.4.1　基于会话的推荐系统

虽然推荐系统对新用户或匿名用户了解有限，但伴随用户浏览网站或者手机应用而产生的行为数据给推荐系统带来了新的机会。在用户会话中，用户所查看的产品或内容 ID 形成一个序列（sequence），这和循环神经网络重点研究的时间序列或文字序列是类似的，可以使用循环神经网络来处理。

循环神经网络与普通的前馈型（feed-forward）神经网络的最大不同之处在于，在每个时间节点上，循环神经网络的神经单元不仅接收到对应的输入信号，还有该单元在上一个时间节点的输出。换言之，神经单元同时接收输入信号和记忆信号，并做出反应。如果说深度网络是在纵深上的扩展，那么循环神经网络就是在时间上的扩展。

图 1.15 所示为长短期记忆（long short term memory）神经元。其中的输入门、遗忘门和输出门控制着哪些输入和记忆会被使用，哪些会被丢弃。重要的信息会一直传递下去，持续影响神经元的输出序列。长短期记忆神经元还有一种变体，叫门控循环单元（gated recurrent unit，GRU），它的实际表现是"青出于蓝而胜于蓝"的。

因为循环神经网络在序列建模方面取得了成功，近年来有很多研究者尝试将循环神经网络应用到基于会话的推荐系统中。图 1.16 所示就是一个成功的尝试。它先将实际物品的编码送入嵌入层，再送入门控循环单元层，然后通过前馈层生成待选物品的打分并推荐给用户。

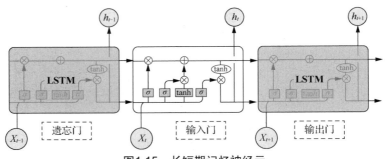

图1.15　长短期记忆神经元

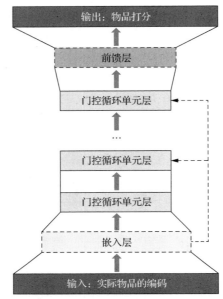

图1.16　基于会话的推荐系统

　　该模型有几处创新，如采用了排序损失函数、在"迷你"批次中进行负样本采样等，并取得了不错的成绩。但不可忽视的问题是，它仅仅使用物品 ID 序列，而没有结合具体的语境数据。这个问题在后续研究中得到重视。例如，图 1.17 所示的基于会话和语境的推荐系统在输入模块和循环模块中注入当前的语境信息，包括事件时间、距离上次事件的时间和事件类型等；在输出模块注入下一步的语境信息。这使得模型可以从更加立体的角度来看待用户与系统的交互，了解各交互事件发生时的状况，进行更合理的推荐。

　　图 1.17 所示的推荐系统的作者声称，该系统可提升 3%～6%的准确性，这是很大的突破。同时，系统可以很好地预测销售（较之浏览和添加购物车）和用户对新物品（较之用户浏览过的物品）的点击可能性。这些足以看出融入语境信息对于推荐系统来说是非常必要的。

　　推荐系统与其说是一门技术，不如说是一门艺术，有太多的因素和权重要考虑和平衡。是一直迎合用户喜好，还是带领用户探索新的兴趣、新的价值？这些都是需要放到更长的时间跨度上考虑的问题。强化学习在这方面的探索和收获同样可以应用到推荐系统。

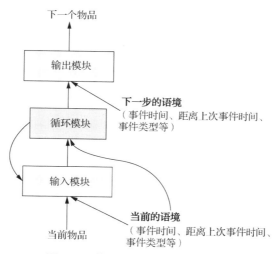

图1.17　基于会话和语境的推荐系统

1.4.2　强化学习与推荐系统

传统的推荐系统基于监督学习（supervised learning）技术，能够很好地预测用户喜好，尽最大可能地拟合用户数据，满足用户的需求。问题是网络世界太宽广，以至于不同国家、不同性格的人都容易形成各自的"信息孤岛"，但他们并不认为自己深陷孤岛，而是深信自己与全世界实时同步。美国社会活动家、作家伊莱•帕里泽（Eli Pariser）曾在技术、娱乐、设计（technology、entertainment、design，TED）演讲中介绍过过滤气泡（filter bubble）理论。推荐系统基于用户的特征和标签，构建了"独一无二"的信息世界，但用户可能无法看到气泡外的世界。一旦用户对这种过于个性化的推荐结果产生厌倦，便可能放弃该网站和 App。理想的推荐系统，作为用户在网络上的搭档，不应该仅仅迎合用户，而应该帮助用户发现新的兴趣点，关注用户的长期收益。只有这样才能保证这种互动关系是健康的、可持续发展的。

强化学习的强项正是通过探索和规划来改变用户状态并最大化用户的长期收益。它基于观察到的反馈，不断探索并优化与用户互动的策略。这些优点引起了越来越多的研究者的兴趣。强化学习被不断应用到推荐系统领域。

YouTube 在推动基于强化学习的推荐系统的发展过程中取得了骄人的成绩。其受众人数在 2017 年超过电视媒体。亚马逊也在电商平台和语音助手（alexa）中不断尝试强化学习，来达到与用户共赢的目的，并取得了不错的结果。

任务 1.5　认清推荐系统的发展方向

【任务描述】
追本溯源，重新认识推荐系统的使命，认清推荐系统的发展方向。

【关键步骤】
（1）重新认识推荐系统的定义和任务。

（2）理解推荐系统发展的正确方向。

推荐系统从最初的内容过滤、协同过滤和因子分解机，发展到深度学习系统，还有基于会话、语境和强化学习的推荐系统。一路走来历经蜕变，但不变的是初心和愿景，即在理解用户的基础上推荐合适的物品和内容，并带领用户探索新的兴趣点，达到长期收益的目的。推荐系统不仅需要数据挖掘、人工智能技术，更要融合市场营销和用户理解，做出最优的选择。推荐系统固然要着眼短期利益促成销售，但更要重视长期收益，在用户整个生命周期内多参、多投入，与用户共同成长。在开采用户的商业价值（exploitation）和探索长期收益（exploration）中取得平衡，真正成为人们在虚拟世界里的"好搭档"。

总之，实现人机协调的可持续发展，才是推荐系统未来的"康庄大道"。

本章小结

（1）推荐系统的关键要素：用户、物品和内容、事件、语境。
（2）传统推荐系统的构成：召回模块、排序模块和过滤模块。
（3）推荐系统的新发展：融合会话和语境，借力强化学习，实现长期收益。

本章习题

简答题

（1）简述召回模块的类型。
（2）简述排序模块的类型。
（3）简述过滤模块的必要性和主要任务。
（4）推荐系统的新发展中主要关注了哪些方面？
（5）什么是过滤气泡？
（6）强化学习是如何解决过滤气泡问题的？

第 2 章

搭建实验平台

➢ 搭建实验平台，为测试推荐算法做好准备
➢ 安装和配置 Python 包管理器 Anaconda
➢ 下载并查看实验数据集 MovieLens
➢ 安装集成开发环境 PyCharm 和 Spyder
➢ 测试 Jupyter Notebook

本章任务

学习本章，读者需要完成以下 5 个任务。读者在学习过程中遇到的问题，可以通过访问课工场官网解决。

任务 2.1：安装和配置 Anaconda

安装和配置 Anaconda，新建项目所需环境，添加我国的安装源，安装实验必需的软件包。

任务 2.2：获取实验数据集 MovieLens

下载实验数据集 MovieLens，查看文件内容，并用 pandas 分析评分情况。

任务 2.3：安装集成开发环境 PyCharm

下载安装 PyCharm，新建本书项目并创建测试文件。

任务 2.4：测试集成开发环境 Spyder

安装 Spyder，运行测试文件。

任务 2.5：测试 Jupyter Notebook

安装并测试 Jupyter Notebook，了解 Jupyter Notebook 的一般用法，创建测试文件。

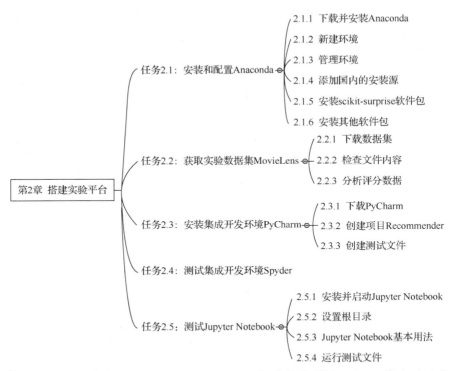

本章讲解如何搭建实验平台，以便自由切换各种推荐算法、评测算法的性能、甄别各种算法的优劣等。我们从安装和配置 Anaconda 开始讲解，然后讲解如何获取实验数据集 MovieLens，并使用 pandas 分析电影评分情况，为今后的实验打好基础。最后介绍集成开发环境（integrated development environment，IDE）——PyCharm 和 Spyder 的配置方法，以及 Jupyter Notebook 的使用方法等。

任务 2.1 安装和配置 Anaconda

【任务描述】

安装和配置 Anaconda，新建项目所需环境并管理环境，添加国内安装源，安装实验必需的软件包。

【关键步骤】

（1）下载安装 Anaconda。

（2）新建项目所需环境并管理环境。

（3）添加国内的安装源。

（4）安装 scikit-surprise 软件包。

（5）安装其他软件包。

Anaconda 是 Python 语言的环境和包管理器，可以在同一台计算机上安装不同版本的软件包环境①及其依赖，并能够方便地在不同的环境之间切换。Anaconda 是数据科学计算的首选工具，它还提供了图形化工具 Anaconda Navigator，进一步降低了使用难度。

2.1.1　下载并安装 Anaconda

首先访问 Anaconda 官网，选择"GetStarTed"，进入下载页面（见图 2.1）。根据本地计算机的硬件配置（32 位或者 64 位），选择图形化安装包，并按照提示完成安装。

图2.1　Anaconda下载页面

安装完成后，在"开始"菜单找到 Anaconda Navigator 图标。单击图标后，首先看到的是 Home 选项卡对应的应用程序列表页，如图 2.2 所示。

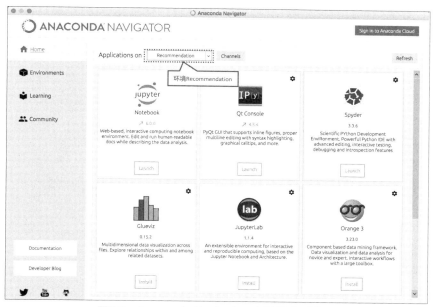

图2.2　Anaconda Navigator 应用程序列表页

---

① 为什么要在同一台计算机上安装不同版本的软件包环境？初学者倾向于使用计算机上的默认环境来开发很多项目。因为不同项目需要的软件包环境不尽相同，有的需要 Python 2，有的需要 Python 3，所以默认环境中很快就会充斥着各种版本的软件包，从而产生很多问题，直到默认环境崩溃。相比之下，为每个项目创建一个独立的环境是明智的选择。这样即使某个环境出现问题，也不会影响其他的环境。

在图 2.2 所示的页面上方方框部分是"环境"。首次启动时的默认环境是"base（root）"。图中的"Recommendation"是为本书项目而新建的环境，具体步骤参考后文。请注意，应用程序都是对应于某个具体环境的。在这个环境中安装的应用程序不能在其他环境中使用。切换环境后，应用程序需要重新安装。

仔细观察应用程序下面的按钮就会发现，"Launch"按钮表示该程序已经安装完毕，可以直接打开使用；"Install"按钮表示该程序尚未安装，安装方法很简单，只要单击"Install"按钮，Anaconda 就会自动安装该程序，稍候片刻就可以直接使用了。

2.1.2　新建环境

单击 Anaconda Navigator 左侧第二个 Environments 标签进入环境列表页。目前只有一个默认环境"base（root）"。读者可以在这个页面增加、导入、复制新环境，或者删除旧环境。现在，我们新建一个环境"Recommendation"。

如图 2.3 所示，单击页面下方的"Create"按钮，在弹出的对话框（见图 2.4）中，输入环境名称"Recommendation"，选择"Python 3.6"，取消选中 R 语言包，然后单击"Create"按钮。

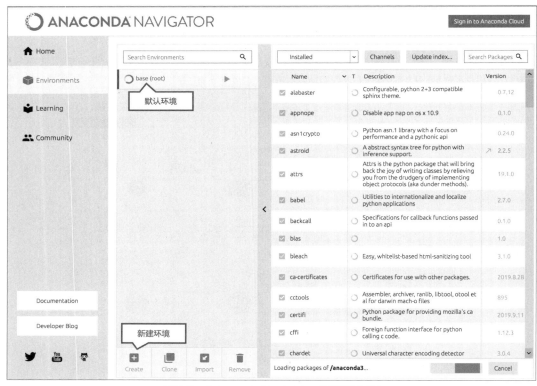

图2.3　Anaconda Navigator 环境列表页

稍候片刻，画面下方的加载条消失后，新环境"Recommendation"就创建好了。

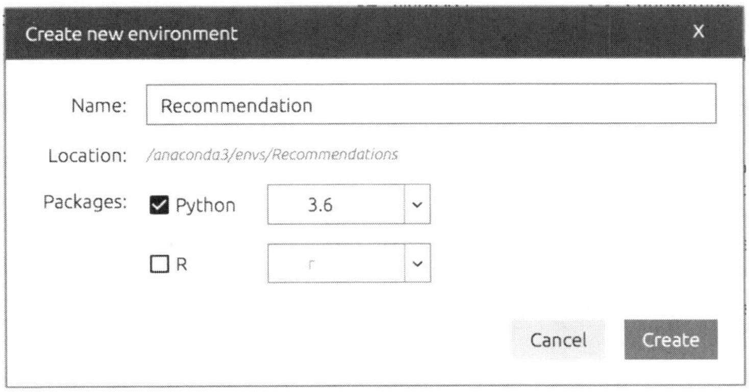

图2.4　创建新环境

2.1.3　管理环境

　　很多时候，我们想在其他计算机上重现当前的环境。例如，当测试项目或者发布项目时，我们想确保在目标计算机上的 Python 版本以及依赖包的版本与当前环境都严格一致。这时，可以把已经配置好的环境以配置文件（如"environment.yml"）的形式导出，然后在另一台计算机上导入该文件，即可重建完全相同的环境。

　　导出环境配置文件的方法如图 2.5 所示。在 Anaconda Navigator 环境列表页单击 Recommendation 右边的三角形图标。然后，在弹出的菜单中单击"Open Terminal"打开终端窗口。在终端窗口中输入"conda env export > ～/Desktop/environment.yml"后按"Enter"键，即可在当前用户的桌面生成环境配置文件"environment.yml"。如果读者使用的是其他操作系统的计算机，需要修改"～/Desktop/"为合适的路径。

图2.5　导出环境配置文件

环境配置文件有 4 部分内容：环境名称（name）、安装源（channels）、依赖包（dependencies）和前缀（prefix）（见图 2.6）。安装源会影响安装依赖包的速度。国外的安装源在国内可能无法正常工作。在 2.1.4 小节中，我们会详细介绍添加国内的安装源的方法。

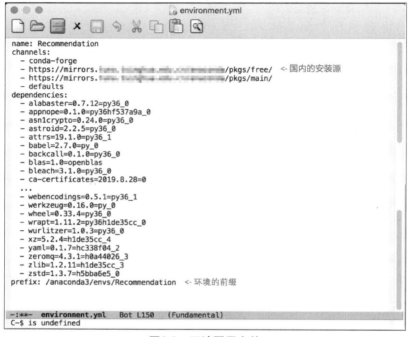

图2.6　环境配置文件

假设我们已经把环境配置文件发送并保存到目标计算机上了，那么我们需要在目标计算机上安装 Anaconda。之后访问 Anaconda Navigator 环境列表页，单击页面下方的"Import"按钮。在弹出对话框中，输入环境名"Recommendation"，单击文件夹图标找到正确的环境配置信息文件"environment.yml"后，单击"Import"按钮即可导入并创建正确的环境，如图 2.7 所示。

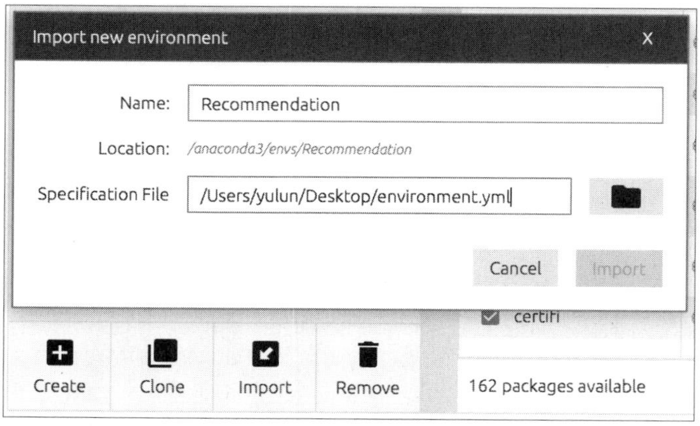

图2.7　导入环境配置信息

2.1.4 添加国内的安装源

在默认情况下，Anaconda 会使用国外的安装源来安装软件和软件包，因此下载速度不是很理想。我们建议读者添加国内的安装源，如清华大学的安装源，来加速安装过程。

在环境列表页，单击刚才新建的 Recommendation 右边的三角形图标。然后在弹出的菜单中选择"Open Terminal"打开终端窗口。在终端中，输入命令"conda info"后按"Enter"键，即可显示当前的安装源，如图 2.8 所示。

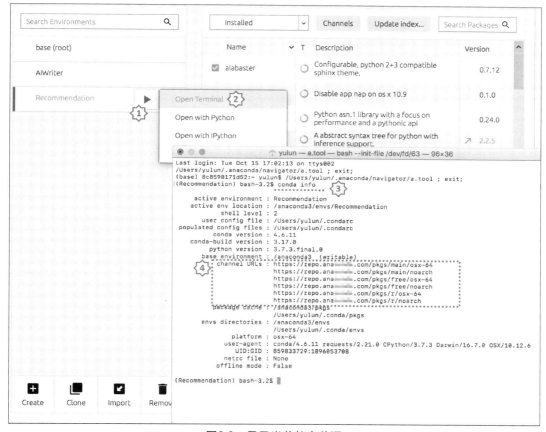

图2.8 显示当前的安装源

如果想添加国内的安装源，请在终端中依次运行下列命令。

1. conda config --add channels https://mirrors.███ ██.edu.cn/anaconda/pkgs/free/

2. conda config --add channels https://mirrors.███ ██.edu.cn/anaconda/pkgs/main/

3. conda config --set show_channel_urls yes

4. conda info

运行结果如图 2.9 所示，可以看到，安装源已经添加到"channel URLs"中。

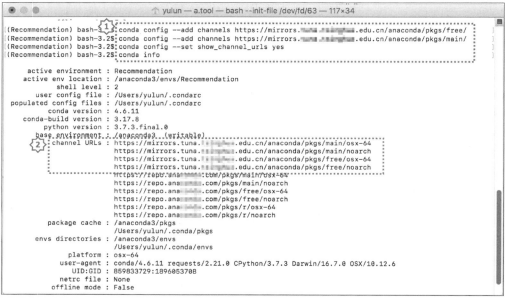

图2.9　添加国内的安装源

2.1.5　安装 scikit-surprise 软件包

本书项目依赖 Python 开源软件包 scikit-surprise。它简单易用，支持多种推荐算法和评测指标。更难得的是，它在最初设计时就充分考虑了下列需求。

➢　让用户掌控实验过程。文档清晰、准确，涵盖算法细节。

➢　减轻数据集处理的痛苦。既可以使用内置数据集（如 Movielens 等），也可以使用自定义数据集。

➢　支持各种即用型预测算法，包括基准算法、K-最近邻算法、矩阵分解法（包括 SVD、SVD++、NMF 等）。

➢　支持各种相似性衡量（余弦相似度、皮尔逊相关系数等）。

➢　支持自定义推荐算法。

➢　提供算法评估、比较的工具。

➢　支持强大的交叉验证（cross validation，CV）迭代器。

➢　支持超参数列表的详尽搜索。

美中不足的是，scikit-surprise 包既不支持隐式反馈数据，也不支持基于内容的召回。瑕不掩瑜，我们会在后文详细介绍如何利用它创建项目，并添加尚未实现的功能。这里先重点关注它的安装方法。

参考图 2.10，在 Anaconda Navigator 环境列表页，单击 Recommendation 右边的三角形图标。在弹出的菜单中单击"Open Terminal"打开终端窗口。然后输入"conda -c conda-forge install scikit-surprise"命令后按"Enter"键，即可开始安装 scikit-surprise 软件包。

安装过程中，系统会提示是否安装所需的依赖包，输入"y"后按"Enter"键。安装完毕后，关闭终端窗口即可。

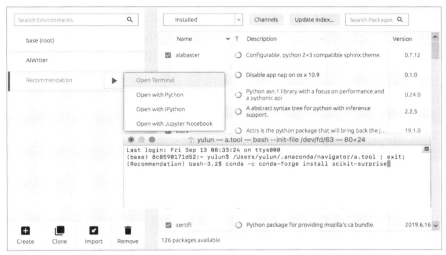

图2.10　安装scikit-surprise软件包

2.1.6　安装其他软件包

为了顺利运行本书项目的源代码，还需要安装下列软件包。

➢　pandas：数据分析。

➢　SciPy：科学计算。

➢　Matplotlib：绘图。

➢　pymc：贝叶斯统计、马尔可夫链蒙特卡罗（Markov chain Monte Carlo，MCMC）方法。

➢　Keras：深度学习框架。

➢　Pillow：Python 图像库。

这里我们只以 pandas 为例进行说明，其他软件包的安装方法是一样的。如图 2.11 所示，在 Anaconda Navigator 环境列表页，单击 "Recommendation"。在页面上方中部的

图2.11　安装pandas包

下拉列表中选择"Not Installed",然后在右边筛选框中输入"pandas"后按"Enter"键。在下方的列表中选择"pandas",单击页面右下角的"Apply"按钮开始安装。系统提示需要安装"pandas"和"openssl",单击"Apply"按钮即可[①]。

任务 2.2 获取实验数据集 MovieLens

【任务描述】

下载实验数据集 MovieLens,查看文件内容,并用 pandas 分析评分情况。

【关键步骤】

(1)下载数据集。

(2)检查数据集文件内容。

(3)分析评分数据。

本书使用免费、公开的数据集 MovieLens 来创建和测试推荐系统。MovieLens 数据集在推荐系统和机器学习领域非常出名,它由美国明尼苏达大学的 GroupLens 研究所创建,旨在开发更好的数据探索算法和实验工具。

2.2.1 下载数据集

访问 MovieLens 网站下载地址并参考图 2.12 下载 "ml-latest-small.zip"数据包。

注意

本书所涉及的实验数据集的下载地址参见课工场官网本书电子资料。

Name	Last modified	Size	Description
Parent Directory		-	
ml-100k-README.txt	2019-05-08 11:19	6.6K	
ml-100k.zip	2019-05-08 11:18	4.7M	
ml-100k.zip.md5	2019-05-08 11:18	53	
ml-100k/	2019-05-08 11:18	-	
ml-latest-README.html	2019-05-08 11:18	11K	
ml-latest-small-READ.>	2019-05-08 11:18	9.7K	
ml-latest-small.zip	2019-05-08 11:18	955K	
ml-latest-small.zip.md5	2019-05-08 11:18	61	
ml-latest.zip	2019-05-08 11:20	264M	
ml-latest.zip.md5	2019-05-08 11:20	55	
old/	2019-05-08 11:18	-	

图2.12 下载 "ml-latest-small.zip"数据包

为了集中管理书中的代码和资源,请在本地计算机的合适的路径下创建文件夹

---

① 请注意,在图 2.10 中安装 scikit-surprise 软件包时,是使用"conda -c conda-forge install"命令完成的,原因是 Anaconda 默认的安装源中没有这个包。本小节不存在这个问题,直接在图形界面中进行安装即可。

"Recommender" 作为本书项目的根目录，如 "/Users/yulun/Documents/work/mydocuments/MySoft/PythonProjects/Recommender"。然后把 "ml-latest-small.zip" 数据包解压缩到项目的根目录，如图 2.13 所示。

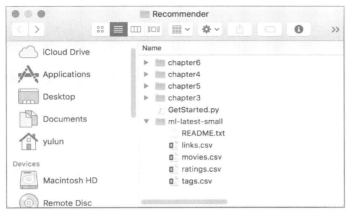

图2.13　根目录Recommender

2.2.2　检查文件内容

这个数据集包括 610 名用户 1996 年 3 月 29 日—2018 年 9 月 24 日在 MovieLens 网站上，对 9742 部电影给出的 100 836 个评分（ratings）和 3683 个标签数据（tags）[①]。所有用户都是随机选择的，而且至少评价过 20 部电影。用户都以 ID 表示，不包含任何人口统计信息。除了 "README.txt" 文件外，该数据集还包括 4 个 UTF-8 编码的文件："ratings.csv" "tags.csv" "movies.csv" "links.csv"。接下来分别说明。

1.　评分数据文件 ratings.csv

ratings.csv 文件第一行是表头。文件包含 4 列内容：userId（用户 ID）、movieId（MovieLens 网站的电影 ID）、rating（评分）和 timestamp（时间戳）。如图 2.14 所示。

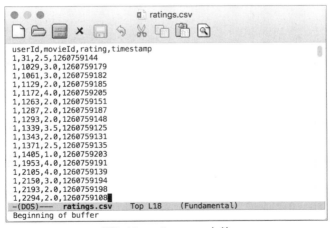

图2.14　ratings.csv文件

---

① 数据集内容可能因更新时间不同而有所差异。

文件内容先以 userId 升序排列，再以 MovieLens 网站的 movieId 升序排列。movieId 是 MovieLens 为电影分配的 ID，评分从 0.5 星到 5.0 星，共 10 级。timestamp 是从协调世界时（universal time coordinated，UTC）1970 年 1 月 1 日零点起计算的秒数。

2. **标签数据文件** tags.csv

tags.csv 文件包含 4 列内容：userId、movieId、tag（用户自定义标签）和 timestamp，如图 2.15 所示。

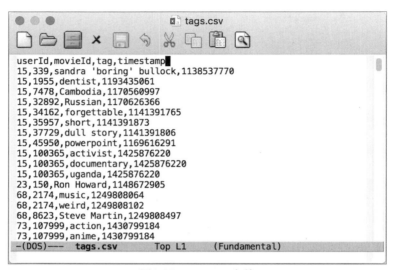

图2.15 tags.csv文件

文件内容先以 userId 升序排列，再以 movieId 升序排列。tag 是用户创建的关于电影的单词或短句，具体含义因人而异。timestamp 则是从 UTC1970 年 1 月 1 日零点起计算的秒数。

3. **电影数据文件** movies.csv

图 2.16 所示的文件包含 3 列内容：movieId、title（电影名）和 genres（电影流派）。

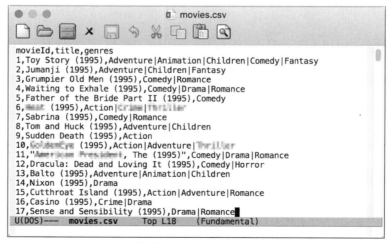

图2.16 movies.csv文件

文件内容以 MovieLens 网站的 movieId 升序排列。title 是用户手动输入或者从电影数据库网站导入的。genres 是竖线分隔的流派列表。本数据集中的主要电影流派如下。

动作（Action）	冒险（Adventure）	动画（Animation）
儿童（Children）	喜剧（Comedy）	纪录（Documentary）
浪漫（Romance）	科幻（Sci-Fi）	奇幻（Fantasy）
戏剧（Drama）	神秘（Mystery）	音乐剧（Musical）
……	……	……

4. 链接数据文件 links.csv

图 2.17 所示的文件包含 3 列内容：movieId、imdbId（imdb 网站的电影 ID）和 tmdbId（电影数据库网站的电影 ID）。

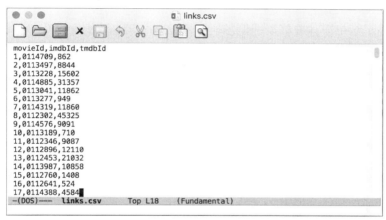

图2.17 links.csv文件

文件内容以 MovieLens 网站的 movieId 升序排列。

2.2.3 分析评分数据

为了对实验数据有更加全面的了解，我们使用 pandas 包中的相关方法来分析这个数据集中的评分情况。在 Anaconda Navigator 环境列表页，单击 Recommendation 右边的三角形图标，选择"Open Terminal"打开终端窗口。

在终端窗口中，输入命令"cd PATH_TO_YOUR_DATASET"后按"Enter"键，进入解压缩后的数据集所在的目录。请注意"PATH_TO_YOUR_DATASET"需要替换成读者本地计算机上数据集所在目录的绝对路径。输入命令"python"后按"Enter"键，进入 Python 环境。

在 Python 命令提示符">>>"后，按照下列方法进行操作。

➤ 输入命令"import pandas as pd"后按"Enter"键，导入 pandas 包并重命名为"pd"。

➤ 输入命令"ratings=pd.read_csv('./ratings.csv',index_col=None)"后按"Enter"键，读取电影评分数据。

➤ 输入命令"ratings.describe()"后按"Enter"键，显示评分文件中各列的统计信息。命令运行结果如图 2.18 所示。

```
Last login: Tue Sep 17 12:56:31 on ttys000
(base) 8c8590171d52:~ yulun$ /Users/yulun/.anaconda/navigator/a.tool ; exit;
(Recommendation) bash-3.2$ cd /Users/yulun/Desktop/hoge/ml-latest-small
(Recommendation) bash-3.2$ python
Python 3.6.9 |Anaconda, Inc.| (default, Jul 30 2019, 13:42:17)
[GCC 4.2.1 Compatible Clang 4.0.1 (tags/RELEASE_401/final)] on darwin
Type "help", "copyright", "credits" or "license" for more information.
>>> import pandas as pd
>>> ratings=pd.read_csv("./ratings.csv",index_col=None)
>>> ratings.describe()
              userId         movieId         rating     timestamp
count  100836.000000   100836.000000  100836.000000  1.008360e+05
mean      326.127564    19435.295718       3.501557  1.205946e+09
std       182.618491    35530.987199       1.042529  2.162610e+08
min         1.000000        1.000000       0.500000  8.281246e+08
25%       177.000000     1199.000000       3.000000  1.019124e+09
50%       325.000000     2991.000000       3.500000  1.186087e+09
75%       477.000000     8122.000000       4.000000  1.435994e+09
max       610.000000   193609.000000       5.000000  1.537799e+09
>>>
```

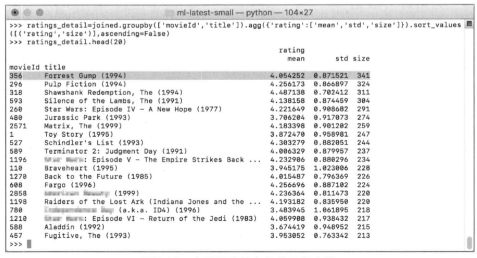

图2.18　查看评分数据

第 3 列显示了电影评分的统计信息。平均分为 3.50，最小值为 0.50，最大值为 5.0，标准差为 1.04。还可以使用下列命令，把评分数据文件 ratings.csv 和电影数据文件 movies.csv 连接起来，查看每部电影的评分。

（1）输入命令 “movies=pd.read_csv(‘movies.csv’,index_col=None)” 后按 “Enter” 键，读取电影数据。

（2）输入命令 “joined=pd.merge(ratings,movies,on=’movieId’)” 后按 “Enter” 键，使用 movieId 连接评分和电影文件。

（3）输入命令 “ratings_detail=joined.groupby(['movieId','title']).agg({'rating':['mean','std','size']}).sort_values([('rating','size')],ascending=False)” 后按 “Enter” 键，根据电影 ID 和电影名分组后，使用聚合函数获取平均分（mean）、标准差（std）和评分数（size），然后按评分数倒序排列。

（4）输入命令 “ratings_detail.head(20)” 后按 “Enter” 键，显示评分数高的前 20 部电影，如图 2.19 所示。

```
>>> ratings_detail=joined.groupby(['movieId','title']).agg({'rating':['mean','std','size']}).sort_values
([('rating','size')],ascending=False)
>>> ratings_detail.head(20)
                                                                  rating
                                                                    mean       std size
movieId title
356     Forrest Gump (1994)                                     4.054252  0.871521  341
296     Pulp Fiction (1994)                                     4.256173  0.866897  324
318     Shawshank Redemption, The (1994)                        4.487138  0.702412  311
593     Silence of the Lambs, The (1991)                        4.138158  0.874459  304
260     Star Wars: Episode IV - A New Hope (1977)               4.221649  0.908682  291
480     Jurassic Park (1993)                                    3.706204  0.917073  274
2571    Matrix, The (1999)                                      4.183398  0.901202  259
1       Toy Story (1995)                                        3.872470  0.958981  247
527     Schindler's List (1993)                                 4.303279  0.882051  244
589     Terminator 2: Judgment Day (1991)                       4.006329  0.879957  237
1196    [illegible]: Episode V - The Empire Strikes Back ...    4.232906  0.880296  234
110     Braveheart (1995)                                       3.945175  1.023006  228
1270    Back to the Future (1985)                               4.015487  0.796369  226
608     Fargo (1996)                                            4.256696  0.887102  224
2858    [illegible] (1999)                                      4.236364  0.811473  220
1198    Raiders of the Lost Ark (Indiana Jones and the ...      4.193182  0.835950  220
780     [illegible] (a.k.a. ID4) (1996)                         3.483945  1.061895  218
1210    [illegible]: Episode VI - Return of the Jedi (1983)     4.059908  0.938432  217
588     Aladdin (1992)                                          3.674419  0.948952  215
457     Fugitive, The (1993)                                    3.953052  0.763342  213
>>>
```

图2.19　查看评分数高的前20部电影

所有电影中评分数高的是 1994 年的电影《阿甘正传》（*Forrest Gump*）。前两条命令很好理解，不赘述。第 3 条命令相当于下面的 SQL 语句：

```
SELECT
 movieId,
 title,
 avg(rating) as mean,
 STDEV(rating) as std,
 COUNT(1) as size
FROM joined
GROUP BY movieId, title
ORDER BY COUNT(1) DESC
```

如果想查看所有电影中评分最高的电影，可以使用下面的 pandas 命令。

（5）输入命令“ratings_detail.sort_values([('rating','mean')],ascending=False).head()”后按“Enter”键，显示前 5 部高分电影，如图 2.20 所示。

```
ml-latest-small — python — 96×10
>>> ratings_detail.sort_values([('rating','mean')],ascending=False).head()
                                                          rating
                                                            mean std size
movieId title
163949  The [illegible] Eight Days a Week - The Touring Ye...   5.0 NaN    1
71180   Padre padrone (1977)                                5.0 NaN    1
51471   Amazing Grace (2006)                                5.0 NaN    1
52617   [illegible] (Haebyeonui yeoin) (2006)               5.0 NaN    1
53887   O Lucky Man! (1973)                                 5.0 NaN    1
>>>
```

图2.20　前5部高分电影

ratings_detail 是一个数据框（DataFrame），可以使用 sort_values()方法来排序。由于该数据集包含多层索引，因此传递一个元组数据来指定排序变量。但问题是，这几部电影的评分记录数量都非常少，无法从中得到有价值的信息。我们可以使用下列命令，对数据框进行筛选，只分析评分数大于 100 的电影。

（1）输入命令“filtered = ratings_detail['rating']['size']>=100”后按“Enter”键。然后在过滤过的电影中，根据平均分倒排，并显示前 5 部高分电影。

（2）输入命令“ratings_detail[filtered].sort_values([('rating','mean')],ascending=False).head()” 后按“Enter”键，如图 2.21 所示。

```
ml-latest-small — python — 96×23
>>> ratings_detail.sort_values([('rating','mean')],ascending=False).head()
                                                          rating
                                                            mean std size
movieId title
163949  The [illegible]: Eight Days a Week - The Touring Ye...  5.0 NaN    1
71180   Padre padrone (1977)                                5.0 NaN    1
51471   Amazing Grace (2006)                                5.0 NaN    1
52617   [illegible] (Haebyeonui yeoin) (2006)               5.0 NaN    1
53887   O Lucky Man! (1973)                                 5.0 NaN    1
>>> filtered = ratings_detail['rating']['size']>=100
>>> ratings_detail[filtered].sort_values([('rating','mean')],ascending=False).head()
                                               rating
                                                 mean       std size
movieId title
858     Godfather, The (1972)              4.487500  0.704325  200
318     Shawshank Redemption, The (1994)   4.487138  0.702412  311
1221    Godfather: Part II, The (1974)     4.385185  0.861578  135
50      Usual Suspects, The (1995)         4.370647  0.731904  201
527     Schindler's List (1993)            4.303279  0.882051  244
>>>
```

图2.21　评分数达标的高分电影

可以看到，评分数达标的高分电影是 1972 年的电影《教父》。图 2.21 中最后一条命令等价于下面的 SQL 语句：

```
SELECT
  movieId,
  title,
  AVG(rating) as mean,
  STDEV(rating) as std,
  COUNT(1) as size
FROM joined
 GROUP BY title
 HAVING COUNT(1)>=100
 ORDER BY 3 DESC
```

最后，我们想查看评分人数最多的电影（人气最高），因为后文中会用到这个数据。可以使用下面的 pandas 命令，按照评分数倒排数据。

➢ 输入“most_rated=joined.groupby('title').size().sort_values(ascending=False)”后按“Enter”键。

➢ 输入“most_rated.head(20)”后按“Enter”键，如图 2.22 所示。

```
ml-latest-small — python — 96×26
20      Money Train (1995)                        2.538462  1.265924   13
>>> most_rated=joined.groupby('title').size().sort_values(ascending=False)
>>> most_rated.head(20)
title
Forrest Gump (1994)                                                          341
Pulp Fiction (1994)                                                          324
Shawshank Redemption, The (1994)                                             311
[illegible], The (1991)                                                      304
[illegible] Episode IV - A New Hope (1977)                                   291
Jurassic Park (1993)                                                         274
Matrix, The (1999)                                                           259
Toy Story (1995)                                                             247
Schindler's List (1993)                                                      244
[illegible]: Judgment Day (1991)                                             237
[illegible] Episode V - The Empire Strikes Back (1980)                       234
Braveheart (1995)                                                            228
Back to the Future (1985)                                                    226
Fargo (1996)                                                                 224
Raiders of the Lost Ark (Indiana Jones and the Raiders of the Lost Ark) (1981)  220
[illegible] (1999)                                                           220
[illegible] (a.k.a. ID4) (1996)                                              218
[illegible]: Episode VI - Return of the Jedi (1983)                          217
Aladdin (1992)                                                               215
Fugitive, The (1993)                                                         213
dtype: int64
>>>
```

图2.22　人气最高的20部电影

可以看到，评分最多的是 1994 年的电影《阿甘正传》。图 2.22 中第一条命令的含义是先将数据框 joined 按电影标题分组，接下来利用 size()方法计算每组样本的个数，最后按降序方式排列。它相当于下面的 SQL 语句：

```
SELECT
  title,
  count(1)
```

```
4.  FROM joined
5.    GROUP BY title
6.    ORDER BY 2 DESC
```

任务 2.3　安装集成开发环境 PyCharm

【任务描述】

下载并安装 PyCharm，创建本书项目，创建测试文件。

【关键步骤】

（1）下载 PyCharm。

（2）创建本书项目。

（3）创建测试文件。

说到 Python 的集成开发环境，首选就是 PyCharm。它是 JetBrains 公司出品的一款优秀的 IDE，最新版直接集成了 Jupyter Notebook 功能，十分好用。下面介绍其使用方法。

2.3.1　下载 PyCharm

访问 PyCharm 官网下载地址，选择操作系统对应的选项卡，如 macOS，然后选择免费开源的社区版 "Community"，单击 "DOWNLOAD" 按钮开始下载（见图 2.23），然后双击下载好的安装包，按照提示安装 PyCharm。

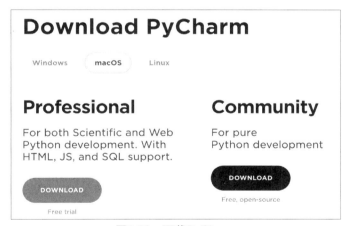

图2.23　下载PyCharm

2.3.2　创建项目 Recommender

打开集成开发环境 PyCharm。在启动界面，单击箭头处的 "Create New Project" 来新建一个项目，如图 2.24 所示。

在项目位置 "Location" 处输入本书项目根目录的绝对路径。确保项目名称是 "Recommender"，如图 2.25 所示。关于项目解释器 "Project Interpreter" 部分，因为在

2.1.2 小节中已经配置了环境 Recommendation，所以本项目直接使用这个环境。单击原有环境"Existing interpreter"右边的"…"按钮继续配置。

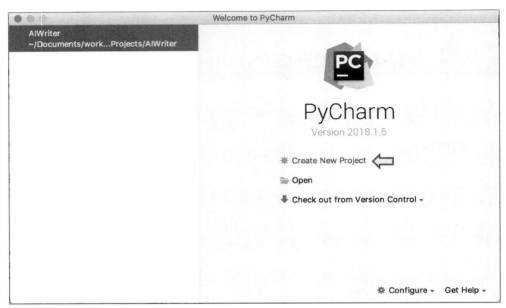

图2.24　新建项目

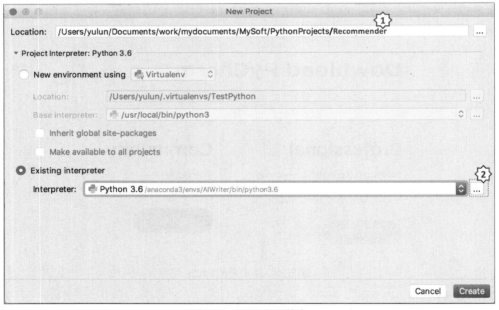

图2.25　配置项目信息

　　在添加 Python 解释器界面左边列表中选择"Conda Environment"，然后单击界面右上角的"…"按钮。在弹出的对话框中，选择 Recommendation 环境下的 bin 目录中的"python3.6"文件，单击 2 次"OK"按钮后，再单击"Create"按钮，新项目就创建好了，如图 2.26 所示。

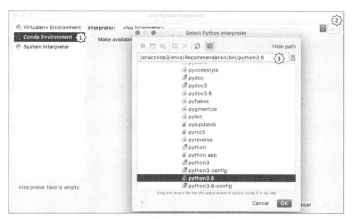

图2.26　选择Python解释器

2.3.3　创建测试文件

现在我们创建一个测试文件，检查项目的各种配置是否正常运作。在集成开发环境 PyCharm 中，右击项目名称，选择"New"后选择"Python File"新建 Python 文件，并将其命名为"GetStarted"，如图 2.27 所示。

图2.27　创建测试文件

复制下列代码，将它们粘贴到"GetStarted.py"文件中。请注意：行号和空格不要复制。

```
1.  from surprise import SVD
2.  from surprise import Dataset
3.  from surprise.model_selection import cross_validate
4.  # 加载 MovieLens-100k 数据集（首次运行时下载数据集）
5.  data = Dataset.load_builtin('ml-100k')
6.  algo = SVD()
7.  # 运行 5 折交叉验证并输出结果
8.  cross_validate(algo, data, measures=['RMSE', 'MAE'], cv=5, verbose=True)
```

代码的具体含义，我们会在后文中讲解。这里的任务是测试集成开发环境是否正常工作。右击"GetStarted.py"文件，在弹出的快捷菜单中单击"Run'GetStarted'"运行该文件，如图 2.28 所示。

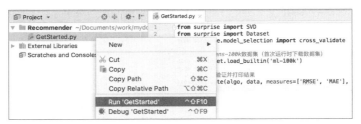

图2.28　运行测试文件

稍候片刻，集成开发环境输出如下内容，表示配置成功。

```
1.  Dataset ml-100k could not be found. Do you want to download it? [Y/n] y
2.  Trying to download dataset from http://files.grouplens.org/datasets/
movielens/ml-100k.zip...
3.  Done! Dataset ml-100k has been saved to /Users/yulun/.surprise_data/
ml-100k
4.  Evaluating RMSE, MAE of algorithm SVD on 5 split(s).
5.
6.                  Fold 1  Fold 2  Fold 3  Fold 4  Fold 5  Mean    Std
7.  RMSE (testset)  0.9361  0.9410  0.9324  0.9387  0.9237  0.9344  0.0061
8.  MAE (testset)   0.7371  0.7437  0.7356  0.7383  0.7305  0.7370  0.0043
9.  Fit time        3.98    4.32    4.13    4.27    4.20    4.18    0.12
10. Test time       0.15    0.16    0.14    0.15    0.14    0.15    0.01
11.
12. Process finished with exit code 0
```

在首次运行该测试代码时，系统会询问是否下载 MovieLens 的测试数据集"ml-100k"，输入"y"后按"Enter"键，系统会自动访问 GroupLens 网站下载所需数据。下载完毕后，程序使用奇异值分解①算法构建评分预测模型，然后使用 5 折交叉验证（5-fold Cross Validation, 5-fold CV），进行 5 次评估，最后给出模型的平均指标。

任务 2.4　测试集成开发环境 Spyder

【任务描述】

安装 Spyder，运行测试文件。

【关键步骤】

（1）安装 Spyder。

（2）运行测试文件。

Spyder 是另一款常用的 Python 集成开发环境。它和 PyCharm 都支持 Windows、macOS

---

① 奇异值分解是一种矩阵分解技术，它把巨大而稀疏的用户评分矩阵分解为几个小而稠密的矩阵，并使用这些小矩阵的乘积去拟合原来的用户评分矩阵，以此做出预测。我们会在后文中详细讲解其原理，这里直接使用该算法，确认项目配置无误即可。

和 Linux，二者功能各有千秋。总体说来，Spyder 适合数据处理工作，而 PyCharm 适合网络开发工作。

Spyder 和 Anaconda Navigator 是"孪生兄弟"。在 Anaconda Navigator 应用程序列表页中，可以在选定的环境中一键安装 Spyder。具体步骤可以参考任务 2.1 的相关内容。

在 Anaconda Navigator 应用程序列表页，确认当前环境是 Recommendation 后，单击 Spyder 程序的"Launch"按钮，启动该程序，如图 2.29 所示。

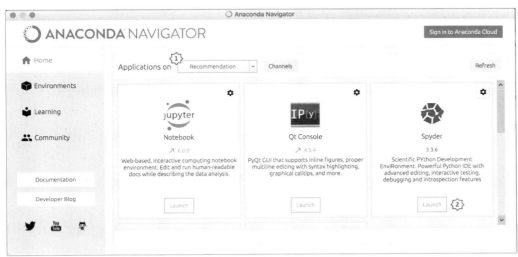

图2.29　启动Spyder程序

单击图 2.30 所示的"Open File"图标，在弹出的对话框中，选择之前创建的"GetStarted. py"文件，然后单击"Open"按钮，打开测试文件。

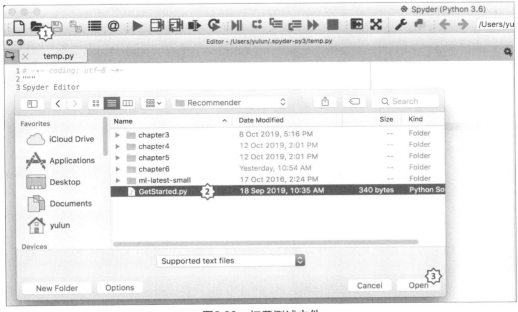

图2.30　打开测试文件

使用快捷键"F5"或者单击界面上方的三角形图标（运行按钮），运行测试文件。稍等片刻，程序输出结果如图 2.31 所示。

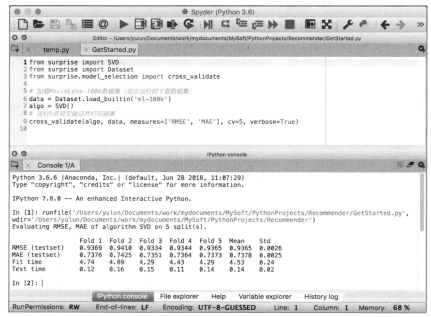

图2.31　程序输出结果

任务 2.5　测试 Jupyter Notebook

【任务描述】

安装并测试 Jupyter Notebook，了解 Jupyter 的一般用法，运行测试文件。

【关键步骤】

（1）安装并启动 Jupyter Notebook。

（2）设置根目录。

（3）了解基本用法。

（4）运行测试文件。

Jupyter Notebook 是一款开源的网络应用。它提供了一个集成环境，可以编写、运行代码，查看、输出、可视化数据等。Jupyter Notebook 支持众多编程语言，包括 Python、Java、Go、R、Scala 等。Jupyter Notebook 以网页的形式打开，可以在网页中直接编写代码和运行代码，代码的运行结果也会在代码块下直接显示。Jupyter Notebook 非常灵活，代码是按独立单元的形式编写的，可以独立测试。这在原型开发阶段具有极大的优势，因此它比集成开发环境更具交互性，更适合学习。读者可以使用 Jupyter Notebook 运行本书中的代码。

Jupyter Notebook 的主要特点包括：

➤ 编程时具有语法高亮、缩进、补全的功能。

➤ 可直接通过浏览器运行代码，同时在代码块下方展示运行结果。

> ➢ 以富媒体格式展示计算结果。富媒体格式包括：HTML、LaTeX、PNG、SVG 等。
> ➢ 当对代码编写说明文档或语句时，支持 Markdown 语法。
> ➢ 支持使用 LaTeX 编写数学性说明。

2.5.1　安装并启动 Jupyter Notebook

按照任务 2.1 中的步骤配置好 Anaconda 之后，请访问 Anaconda Navigator 程序列表页。确认环境是 Recommendation，然后单击 Jupyter Notebook 的"Install"按钮，如图 2.32 所示开始安装。稍等片刻，Jupyter Notebook 安装完毕。

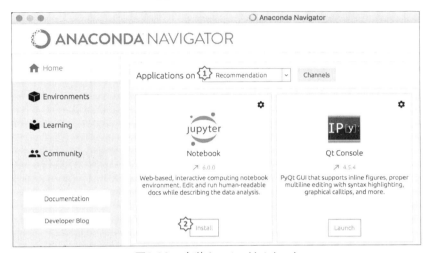

图2.32　安装Jupyter Notebook

在 Anaconda Navigator 程序列表页，确认环境是 Recommendation，单击 Jupyter Notebook 的"Launch"按钮，启动 Jupyter Notebook。此时会弹出图 2.33 所示的终端窗口，提示 Jupyter Notebook 正运行在本地计算机的 8888 号端口。

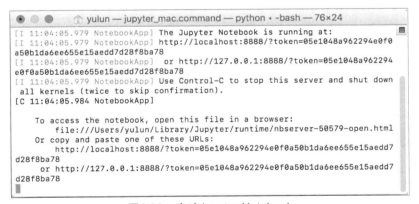

图2.33　启动Jupyter Notebook

系统会调用默认浏览器，打开网页并指向本地（localhost）的 8888 号端口（见图 2.34）。如果同时启动了多个 Jupyter Notebook，由于默认端口"8888"被占用，端口号将从"8888"起依次顺延，如"8889""8890"等。

图2.34　Jupyter Notebook首页

图 2.34 中显示的是 Jupyter Notebook 首页。根目录就是用户的家目录，例如"/Users/yulun/"，家目录下的文件都会显示出来。

2.5.2　设置根目录

由于默认安装的 Jupyter Notebook 的根目录指向了当前用户的家目录，所以需要把它重新指向本书项目的根目录。

打开终端窗口输入命令"jupyter notebook --generate-config"后按"Enter"键，获取配置文件路径，如图 2.35 所示。

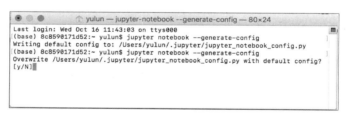

图2.35　获取Jupyter配置文件路径

 注意

如果第 2 次运行上述命令，系统会询问"是否用默认配置覆盖该文件？"如果输入"y"，那么之前所做的修改都将失效。如果只是为了查询路径，那么一定要输入"N"。在常规的情况下，Windows 和 Linux/macOS 的配置文件路径如下所述：

➤　Windows 为 C:\Users\<yulun>\.jupyter\jupyter_notebook_config.py。

➤　Linux 或 macOS 为/Users/<yulun>/.jupyter/ 或 ~ /.jupyter/jupyter_notebook_config.py。

其中"yulun"是本地计算机上的用户名，使用时两边不加"<>"。

使用我们熟悉的编辑器打开 jupyter_notebook_config.py 文件，搜索关键词"c.Notebook App.notebook_dir"，然后把它的值设为本书项目根目录的完整路径，如"/Users/yulun/Documents/work/mydocuments/MySoft/PythonProjects/Recommender"，如图 2.36 所示。别忘了删除换行前面的"#"。保存后退出编辑器。

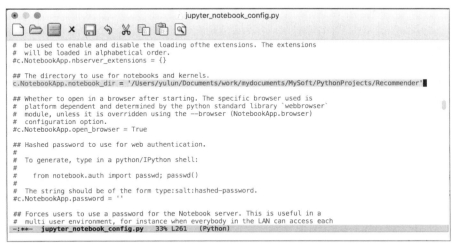

图2.36　修改Jupyter根目录位置

找到启动 Jupyter Notebook 时打开的终端窗口。按"Ctrl+C"组合键。当系统询问"Shutdown this notebook server（y/[n]）？y"时，输入"y"后按"Enter"键，关闭 Jupyter Notebook，如图 2.37 所示。

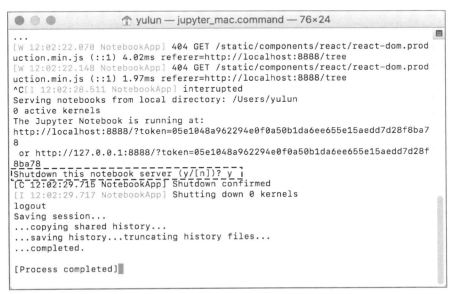

图2.37　关闭Jupyter Notebook

接下来，返回 Anaconda Navigator 程序列表页。确认环境是 Recommendation，单击 Jupyter Notebook 的"Launch"按钮，启动 Jupyter Notebook，如图 2.38 所示。

图2.38　Jupyter Notebook首页

现在 Jupyter Notebook 根目录已经指向本书项目的根目录。设置完毕。

2.5.3　Jupyter Notebook 基本用法

1．文件页面

文件（Files）页面是用于创建和管理文件内容的。对于现有的文件，可以通过选择文件的方式，对文件进行复制、重命名、移动、下载、查看、编辑和删除等操作。同时也可以根据需要，在新建（New）下拉列表中新建 Python 文件、文本文件、文件夹或终端，如图 2.39 所示。

图2.39　Jupyter Notebook的文件页面

在新建下拉列表中，单击"Python 3"打开新建 Notebook 页面，如图 2.40 所示。

图2.40　新建Notebook页面

图 2.40 所示是 Notebook 页面的基本结构和功能，图中注解已经可以解决绝大多数的使用问题。工具栏的使用方法如图中的注解，不赘述。需要特别说明的是，"单元格状态"包括代码（Code）、标记（Markdown）、标题（Heading）和原生 NBconvert。前两个是最常用的，分别是代码状态和标记编写状态。Jupyter Notebook 不再使用特殊的标题单元格，官方推荐使用 Markdown 单元中的标题。而 NBconvert 极少用到，本书也不做讲解。

菜单栏提供了 Notebook 的所有功能，而工具栏的功能也可以在菜单栏里找到。需要注意的是"Kernel"菜单，它主要是对内核进行操作，如中断、重启、连接、关闭、切换内核等。因为在创建 Notebook 时选择了内核，切换内核操作便于我们在使用 Notebook 时临时切换到其他内核环境中。其余功能都比较常规，按图操作即可。

2. 运行页面

运行（Running）页面展示的是正在运行中的终端和 Python 文件，可以单击"关闭"按钮彻底关闭它们，如图 2.41 所示。

图2.41　运行页面

注意

只有终端和 Python 文件需要在运行页面关闭。对于文本文件和文件夹，关闭程序运行的网页即可结束运行。

3．集群页面

集群（Clusters）页面现在已经由 IPython parallel 提供，且使用频率较低，本书不赘述。感兴趣的读者可以访问 IPython parallel 官网了解安装细节。

4．退出 Jupyter Notebook

如果想退出 Jupyter Notebook，仅仅关闭网页是无法退出的，因为后台服务器还在运行。想要彻底退出 Jupyter Notebook，需要找到当初打开 Jupyter Notebook 时的终端页面。在终端上按 "Ctrl+C" 组合键。当系统询问 "Shutdown this notebook server（y/[n]）？y"时，输入 "y" 后按 "Enter" 键，即可彻底关闭 Jupyter Notebook。

2.5.4 运行测试文件

在文件页面单击底部的 "GetStarted.py" 文件。在弹出的页面中，复制源代码，如图 2.42 所示。

图2.42 复制 "GetStarted.py" 文件的源代码

在文件页面的 "New" 下拉列表中，单击 "Python 3" 新建一个 Python 文件，如图 2.43 所示。

图2.43 新建Python文件

在打开的新页面（见图 2.44）中，把刚才复制的源代码粘贴到空白的单元中，单击"运行"按钮。稍候片刻，如果出现图 2.44 所示的结果，说明 Jupyter Notebook 运行正常。

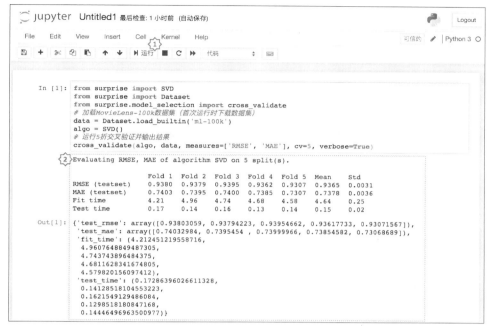

图2.44　在Jupyter Notebook中运行Python脚本

运行结束后，单击 File 菜单中的"Save as"，输入文件名称"GetStarted"后，单击"save"按钮，保存文件，如图 2.45 所示。

图2.45　保存文件

最后，不要忘记在运行页面关闭该文件。到此为止，推荐系统实验平台搭建完毕。

本章小结

（1）Anaconda 是 Python 语言的环境和包管理器。

（2）MovieLens 数据集旨在帮助开发出更好的数据探索算法和实验工具。

（3）两种最常用的集成开发环境是 PyCharm 和 Spyder。

（4）Jupyter Notebook 提供了一个集成环境，可以编写、运行代码，查看、输出、可视化数据等。

本章习题

1．简答题

（1）为什么需要在同一台计算机上配置不同的环境？

（2）MovieLens 数据集包含哪几个文件？

（3）在所有评分条数超过 100 的电影中，评分排名第 2 的电影有多少条评分？

（4）集成开发环境 Spyder 适合处理什么样的工作内容？

（5）在关闭 Jupyter Notebook 时，为什么要在终端页面里按"Ctrl+C"组合键？

2．操作题

（1）使用 pandas 获取评分条数超过 50 的电影中排名第 3 的电影信息。

（2）修改"GetStarted.ipynb"文件，使用非负矩阵分解（Nonnegative Matrix Factorization，NMF）算法建立模型，查看运行结果。

推荐系统的评测

➢ 理解优秀推荐系统的定位
➢ 掌握推荐系统的评测方法
➢ 掌握推荐系统的评测指标
➢ 实际动手评测一款推荐系统

本章任务

学习本章，读者需要完成以下 4 个任务。读者在学习过程中遇到的问题，可以通过访问课工场官网解决。

任务 3.1：学习用户成长飞轮模型

学习用户成长飞轮模型，理解优秀推荐系统的定位。

任务 3.2：掌握推荐系统的评测方法

掌握推荐系统的评测方法包括离线测试、用户测试和线上测试，理解它们的优点、缺点和相辅相成的关系。

任务 3.3：掌握推荐系统的评测指标

掌握评测指标的定义、计算方法和示例代码，理解评测指标与评测方法的对应关系。

任务 3.4：实际评测推荐系统

实际动手评测一款简单的推荐系统，包括线上测试和离线测试。

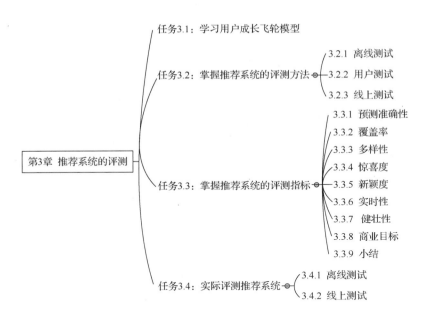

第3章 推荐系统的评测

任务3.1：学习用户成长飞轮模型

任务3.2：掌握推荐系统的评测方法
- 3.2.1 离线测试
- 3.2.2 用户测试
- 3.2.3 线上测试

任务3.3：掌握推荐系统的评测指标
- 3.3.1 预测准确性
- 3.3.2 覆盖率
- 3.3.3 多样性
- 3.3.4 惊喜度
- 3.3.5 新颖度
- 3.3.6 实时性
- 3.3.7 健壮性
- 3.3.8 商业目标
- 3.3.9 小结

任务3.4：实际评测推荐系统
- 3.4.1 离线测试
- 3.4.2 线上测试

任务 3.1 学习用户成长飞轮模型

【任务描述】

学习用户成长飞轮模型，理解优秀推荐系统应有的定位。

【关键步骤】

（1）学习用户成长飞轮。

（2）理解优秀推荐系统的定位。

之所以说推荐系统更像一门艺术，很大一部分原因在于推荐质量难以衡量，特别是离线开发推荐算法时更是如此，很多不同的评测指标甚至会相互矛盾。究竟什么样的推荐系统才算好系统呢？简单地说，好的推荐系统一定是让所有参与方，即用户、推荐系统（网站或者 App）和商家都受益，实现共赢。

图 3.1 所示的用户成长飞轮是一个比较好的推荐系统，首先要满足用户的基本需求——发现更多、更好的物品和内容。好的用户体验会带来更多的活跃用户，而更多的活跃用户意味着更多的长尾商品得到展示、转化和购买。这会刺激更多商家在这个网站或者 App 上投入更多的物品和内容等资源。巨大、丰富的选品库给用户提供了更多的可能。因此用户成长飞轮高速旋转，产生了更多的用户行为数据，这些数据会"反哺"推荐系统本身，使其得到不断的优化和成长，并且更加关注用户的长期收益。用户成长飞轮是评价推荐系统优劣的核心参考模型。

为了全面评测推荐系统对三方利益的影响，本章将从不同角度出发，介绍不同的指标，包括准确性、覆盖率、新颖度、惊喜度等。在这些指标中，有的可以在离线计算中获得，有的需要通过用户访谈获得，还有的需要通过线上测试获得，我们将分别进行说明。

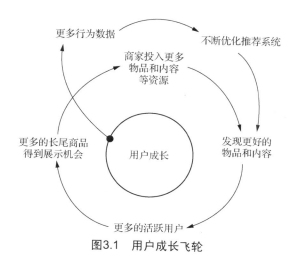

图3.1　用户成长飞轮

任务 3.2　掌握推荐系统的评测方法

【任务描述】

掌握推荐系统的评测方法包括离线测试、用户测试和线上测试，理解它们的优点和缺点以及相辅相成的关系。

【关键步骤】

（1）掌握离线测试方法及其优点和缺点。

（2）掌握用户测试方法及其优点和缺点。

（3）掌握在线测试方法及其优点和缺点。

推荐系统作为信息系统的一个分支，也遵循一般科学实验的方法，包括离线测试（offline testing）、用户测试（user testing）和线上测试（A/B testing）。离线测试保证新模型达到一定的离线测试标准再推向用户，防止出现低质量的残次品。用户测试邀请一部分用户到指定场所进行双盲测试，"望闻问切"获取第一手用户反馈，并以此进一步修正推荐模型。线上测试则是划分一部分真实的用户流量来体验新模型，收集数据并从统计学角度证明新模型是否足够优秀，然后做出是否上线的判断。

3.2.1　离线测试

可以使用机器学习的离线测试方法评估推荐系统的表现，步骤如下。

➤　收集日志并获取用户行为（如评分）数据。

➤　将用户行为数据划分为训练集（training set）和测试集（test set）。

➤　在训练集上训练推荐模型来拟合训练数据。

➤　在测试集上使用离线指标评估模型表现。

收集日志并获取用户评分数据是离线测试的第一步。除了常规的数据清洗之外，还要删除作弊数据（fraudster）和离群点（outlier）。因为它们会对某些损失函数（loss function）造成巨大的影响，细节我们会在后文中说明。拿到用户行为数据后，将数据划分为训练集和测试集。训练集通常更大（占比 80%～90%），以便充分利用训练数据提高模型表现。模型通过学习特征和标签之间的关联性，尽最大可能去拟合训练数据，并不断缩小模型预测值与训练标签之间的差异。因此，测试集绝对不能用于模型训练，这样可防止模型学习到测试集的特征与标签之间的关联性，造成模型性能指标虚高，而遇到新数据时又泛化很差的问题。在训练过程中，需要不断观察离线指标的变化。若指标达到标准，或者训练次数达到预设后，结束训练过程，然后使用测试集来测试模型表现。

可见离线测试不需要用户参与，简单、高效。但其问题在于：一是它很难与商业指标直接关联，如点击率（click through rate）、转化率（conversion rate）、销售额（gross merchandise volume，GMS）等；二是它无法知晓用户感受，如用户满意度等。

归纳一下，离线测试的优点体现在：

➢ 不需要用户参与，可将干扰降到最低。
➢ 不需要额外的系统支持，投入少。
➢ 速度快，可同时测试不同的模型。
➢ 可选取不同时间段、不同维度的数据，这样结果容易复现。

离线测试的缺点体现在：

➢ 离线测试是对过去的拟合，对未来的泛化有待观察。
➢ 很难与商业指标直接关联。
➢ 无法知晓用户感受。

3.2.2 用户测试

如前文所述，离线测试很难或无法获取商业指标或者用户观感，因此单纯追求极致的离线测试指标毫无意义。例如，预测准确性再高也无法证明推荐系统能带来商业价值并改善用户体验。假设一个用户在访问视频网站以前就想好了要看某部热门电影，结果视频网站推荐该影片给用户之后，并没有提升商业指标（如销售额）。用户也不觉得推荐系统了解他的喜好，甚至毫无惊喜可言，因为大部分人都想看热门电影。显然这个推荐结果不够理想。好的推荐系统，应该在了解用户的基础上，推荐用户可能感兴趣却不那么容易发现的东西，最好是长尾商品和内容。这样可促成用户、商家以及推荐系统三方共赢。

若想准确评测推荐模型，建议采取线上测试。但另一方面，我们又不想过多干扰用户。所谓"鱼和熊掌不可兼得"，此时采取用户测试是一个不错的选择。在进行用户测试的过程中，很多离线测试无法拿到的指标和潜在问题都有可能"浮出水面"。

首先，测试前要明确测试哪种用户。测试用户应该是独立、无偏见的普通用户。要让真实的用户而不是你的亲朋好友、同事来参与测试。其次，用户测试到底应该测试已有用户还是新用户呢？已有用户基本习惯了现有的推荐系统，对模型的新变化比较迟钝，访谈他们可能收获有限，所以新用户才是访谈的重点。借着新用户的视点，可以发现很多我们习以为常、见怪不怪的潜在问题。最后，要尽量保证用户性别、年龄以及活跃度的分布趋近真实分布。在预算允许的情况下，测试的用户越多，统计结果越可靠。

举个例子，现在推荐系统要用新算法 A_1 和 A_2 来替代原来的旧算法 A_0。通常我们基于结构方程模型（structural equation modeling，SEM）来分析用户测试的结果，检验算法更新、推荐质量以及用户满意度之间的因果关系是否成立。在结构方程模型中有两类变量：可观测的显变量和无法观测的隐变量。前者可通过用户访谈或者问卷评分得到，后者只能计算、分析。

首先定义隐变量算法 A_1 和算法 A_2。它们作为原因直接影响隐变量的推荐质量（quality，Q）。推荐质量直接影响隐变量"用户满意度"（satisfaction，S）。当然算法 A_1 和 A_2 也有可能直接影响用户满意度，正确与否要视分析结果而定。最后，推荐质量和用户满意度由它们的显变量（问卷评分）来衡量。这些变量之间的关系如图 3.2 所示。

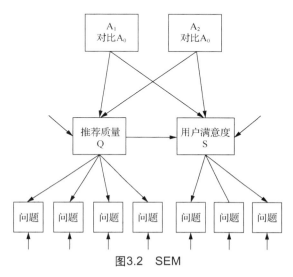

图3.2　SEM

实验设计人员事先把图 3.2 中的模型输入分析软件（如 Mplus 等）。箭头的方向表示因果，箭头的回归系数需要根据问卷得分计算。

实验开始后，参加测试的用户被随机分到算法 A_1 或 A_2 组。在充分体验新旧算法的推荐之后，回答下列问题（每题最高 5 分）。

请评价推荐质量：

（1）推荐电影合乎我的品位（1～5 分）。

（2）我给推荐电影打高分（1～5 分）。

（3）推荐电影很精彩（1～5 分）。

（4）推荐电影都与我相关（1～5 分）。

您的满意度：

（1）我愿意去电影院看这些推荐电影（1～5 分）。

（2）我愿意把推荐电影介绍给我的朋友（1～5 分）。

（3）我对推荐结果感到满意（1～5 分）。

实验人员收集问卷评分，输入分析软件，进行回归分析。分析软件自动标出各箭头的系数和 p 值，并删除统计学上不显著（p 值大于 0.05）的箭头，如图 3.3 所示。

可以看出，算法 A_1 和 A_2 并未直接影响用户满意度，因果关系的箭头被删除。算法 A_1 和 A_2 都比旧算法效果好。这表明推荐质量带来用户满意度的提升。

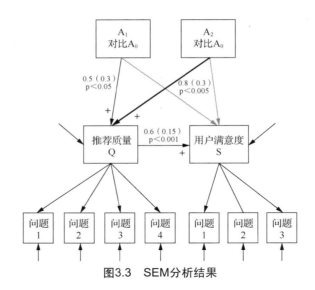

图3.3 SEM分析结果

3.2.3 线上测试

线上测试也叫 A/B 测试。作为一种随机测试，它应用统计学上的"统计假设检验"或者"贝叶斯统计检验"，可将变量的两个版本（A 和 B）进行比较，以此确定哪个版本更好。通常 A 组就是当前版本（对照组 control group），B 组是新版本（实验组 treatment group）。两组之间的差异只有一个，测试结果可以说明这个差异是否有益。

线上测试需要专门的测试系统支持，线上测试流程图如图 3.4 所示。进行线上测试之前，实验人员首先在 A/B 测试控制台中创建 A/B 测试，设置关键信息：A/B 组用户线上体验、A/B 组用户分配比例（如 A 组占比 80%，B 组 20%等）、实验期间（根据流量而定，通常为 4 周）、上线条件（B 组销售额显著提升 2%）等。然后控制台会把 A/B 流量配比下发到流量分配单元。当用户访问网站的一瞬间，网站/App 会询问流量分配单元该用户的 A/B 组归属。流量分配单元会按照事先配置的比例，基于会话 ID 或者用户 ID 进行 A/B 分组，然后将结果反馈给网站。此后网站就提供该组对应的体验（如新的推荐算法）给用户。用户的行为会以日志的方式推送到线下存储（日志数据库）中。线上测试系统会抽取用户行为数据，并计算线上测试所需的指标。最后 A/B 测试控制台会查询相应的指标并显示在对应的线上测试画面中，供实验人员查看。

为了达到统计学上的显著性指标，线上测试会持续一段时间。如果触发线上测试的流量很大，如网站首页的测试，可能只需要持续几天；如果线上测试的触发点流量较小，如网站某分类页面，则可能需要持续几周。

通常情况下，网站上的不同团队会同时进行多个线上测试。此时流量切分就更加关键，一定要保证不同的线上测试间的流量划分呈正交状态，即一个线上测试的流量划分不会对另一个造成影响，否则测试结果无效。

归纳一下，一个新的推荐算法基本上要经历下述 3 个阶段才能上线。

➢ 离线测试阶段，要保证主要离线测试指标不低于现有算法。

➢ 用户测试阶段，要保证用户满意度不低于现有算法。

➢ 线上测试阶段，要保证商业指标显著优于现有算法。

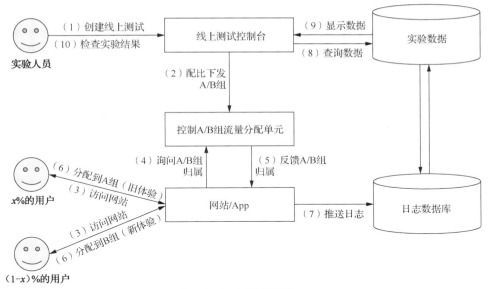

图3.4　线上测试流程图

接下来介绍推荐系统的评测指标。

任务 3.3　掌握推荐系统的评测指标

【任务描述】

掌握评测指标的定义、计算方法和示例代码，理解评测指标与评测方法的对应关系。

【关键步骤】

（1）掌握预测准确性的定义、计算方法和示例代码。

（2）掌握覆盖率的定义、计算方法和示例代码。

（3）掌握多样性的定义、计算方法和示例代码。

（4）掌握惊喜度的定义、计算方法。

（5）掌握新颖度的定义、计算方法和示例代码。

（6）掌握实时性、健壮性的定义。

（7）掌握商业目标的定义和线上测试的方法。

3.3.1　预测准确性

根据研究方向的不同，预测准确性（accuracy）可以分为：评分预测准确率和头部推荐命中率。下面分别介绍。

1. 评分预测准确性

很多网站都提供用户打分功能。图 3.5 显示了亚马逊、豆瓣和缤客的评分功能。用户既可以自己打分，还可以参考之前众多网友打出的平均分。这些分数对用户做出购买或者观看决定具有重要的参考价值。

图3.5 用户评分

如果能拿到一段时间内众多用户对物品或内容的打分数据，就可以训练并测试一个推荐模型针对用户打分的预测准确性。预测准确性是最常用的离线测试指标之一。如2.1.1 小节所述，通常按照 80∶20 的比例划分训练集和测试集。但这里有一个潜在风险，我们以 MovieLens 数据集为例，如果刚好训练集中的用户评分都偏高，而测试集中的评分都偏低，训练出来的模型在测试集中的预测准确性不会太好。为了解决这个问题，人们提出了 N 折交叉验证法（N-fold cross validation），如 10 折交叉验证法。先将数据集随机分成 10 份，使用其中的 9 份进行训练，而将另外 1 份用作测试。重复 10 次该过程，最后对结果求平均值，将平均值作为对预测准确性的评估。

评分预测准确性通常用平均绝对误差（mean absolute error，MAE）或者均方根误差（root mean square error，RMSE）来衡量。

平均绝对误差的计算公式是：

$$MAE = \frac{\sum_{i=1}^{n}|y_i - x_i|}{n}.$$

y_i 是第 i 部电影的预测评分，x_i 是第 i 部电影的实际评分，n 是电影样本数。假设我们有下列评分数据（见表 3.1），可以得到 MAE=(2+0+4)/3=2。

表 3.1 计算 MAE 用的评分数据

预测评分	实际评分	误差（绝对值）
5	3	2
1	1	0
5	1	4

可以使用 Python 语言 Surprise 库 accuracy 模块的 mae()方法计算 MAE。代码 3-1 如下。

```
1.  def getMAE(predictions):
2.      '''
3.      使用 surprise.accuracy 模块的 mae()方法
4.      :return: mae
5.      '''
6.      return accuracy.mae(predictions, verbose=False)
```

代码 3-1 计算 MAE

RMSE 的计算公式是：

$$\text{RMSE} = \sqrt{\frac{\sum_{i=1}^{n}(y_i - x_i)^2}{n}}$$

y_i 是第 i 部电影的预测评分，x_i 是第 i 部电影的实际评分，n 是电影样本数。与 MSE 不同的是，RMSE 使用平方数对偏离均值的样本给出了更严厉的惩罚。观察表 3.2 所示的计算 RMSE 用的评分数据。

表 3.2　计算 RMSE 用的评分数据

预测评分	实际评分	误差（平方）
5	3	4
1	1	0
5	1	16

RMSE 应该是(4+0+16)/3 的平方根，结果等于 2.58，大于 MAE。可以使用 Surprise 库 accuracy 模块的 rmse() 方法计算 RMSE。示例代码 3-2 如下。

```
1.  def getRMSE(predictions):
2.      '''''
3.      直接使用 surprise.accuracy 模块的 rmse() 方法
4.      :return: rmse
5.      '''
6.      return accuracy.rmse(predictions, verbose=False)
```

代码 3-2　计算 RMSE

2. 头部推荐命中率

网站上最常见的推荐形式之一是头部推荐（top N recommendation）。也就是给用户一组个性化的推荐列表，推荐列表中包括 N 个物品和内容。图 3.6 所示为 YouTube 和亚

图3.6　YouTube和亚马逊采用的头部推荐

马逊采用的头部推荐。YouTube 将推荐列表中的前 10 项分两行展示，后面的内容折叠起来。亚马逊则采用横向滚动页的方式，每页显示 7 项，共 7 页。

尽管展现形式不同，但各家关注的重点都是类似的，即在推荐的 N 个物品中有多少是用户曾经给过评分的，作为衡量推荐质量的一个重要维度。它有几种变体。

首先是命中率（hit rate）。它的计算公式是：

$$\text{hit rate} = \frac{\text{hits}}{\text{users}}$$

命中（hits）表示在推荐模型给出的所有推荐中，用户以前曾经给过评分的电影数量。users 是验证集中所有的用户数。在实际应用中，为了测试模型真实的性能，常把命中率与留一交叉验证法（leave-one-out cross validation，LOOCV）结合使用。具体做法是，我们从每名用户的训练数据中删除一部电影，放到验证集中。模型训练后，我们验证模型为每名用户生成的头部推荐中是否包含被删除的电影。这个标准是非常严格的，可以真正衡量模型的推荐精度。示例代码 3-3 如下：

```
1.  def getHR(topN, leftOutPred):
2.      '''
3.      命中率
4.      :param leftOutPred: 留一交叉验证法中的验证集
5.      :param topN:[(movieID,socre),…],推荐模型所推荐的 n 条数据
6.      :return: 命中率
7.      '''
8.      hits = 0
9.      total = 0
10.     # 遍历数据集
11.     for i in leftOutPred:
12.         userID = i[0]
13.         leftOutMID = i[1]
14.         # 检查头部推荐中是否包含该电影
15.         hit = False
16.         for mID, _ in topN[int(userID)]:
17.             if (int(leftOutMID) == int(mID)):
18.                 hit = True
19.                 break
20.         # 如果命中，计数器加 1
21.         hits += 1 if hit else 0
22.         total += 1
23.     # 计算并返回命中率
24.     return hits/total
```

代码 3-3　命中率与留一交叉验证法结合使用

命中率还有一个变体——平均倒数命中率（average reciprocal hit rate，ARHR）。它的计算公式是：

$$ARHR = \frac{\sum_{i=1}^{n} \dfrac{1}{\text{rank}_i}}{\text{users}}$$

它也考虑命中的电影在推荐列表中的位置。命中的电影 i 在列表中的位置越靠前，其 rank_i 越接近 1，平均倒数命中率得分就高；否则得分低。这是一种以用户为本的衡量指标，因为用户更倾向于关注推荐列表头部的内容，所以 rank_i 越大越容易被用户忽视。平均倒数命中率的示例代码 3-4 如下：

```
1.  def getARHR(topN, leftOutPred):
2.      '''
3.      平均倒数命中率
4.      :param leftOutPred: 留一交叉验证法中的验证集
5.      :return: 平均倒数命中率
6.      '''
7.      hitSum = 0
8.      total = 0
9.      # 遍历数据集
10.     for uID, leftOutMID, actRating, estRating, _ in leftOutPred:
11.         # 检查头部推荐中是否包含该电影
12.         hitRank = 0
13.         r = 0
14.         for mID,_ in topN[int(uID)]:
15.             r += 1
16.             if (int(leftOutMID) == mID):
17.                 hitRank = r
18.                 break
19.         # 如果 hitRank 大于 0，hitSum 累加 hitRank 的倒数
20.         hitSum += (1.0 / hitRank) if hitRank>0 else 0
21.         total += 1
22.     return hitSum / total
```

代码 3-4　平均倒数命中率

另外，我们还可以查看各评分的命中率，这种指标叫作评分命中率（rating hit rate，RHR），如表 3.3 所示。

表 3.3　评分命中率

评分	命中率
5	0.0026
4	0.0083
3	0.0510
2	0.0013
1	0.0006

评分命中率的示例代码 3-5 如下：

```
1.  def getRHR(topN, leftOutPred):
2.        '''
3.        评分命中率
4.        :param leftOutPred：留一交叉验证法中的验证集
5.        :return：评分命中率
6.        '''
7.        hits = defaultdict(float)
8.        total = defaultdict(float)
9.        # 遍历数据集
10.       for uID, leftOutMID, actRating, estRating, _ in leftOutPred:
11.               # 检查头部推荐中是否包含该电影
12.               hit = False
13.               for mID,_ in topN[int(uID)]:
14.                       if (int(leftOutMID) == mID):
15.                           hit = True
16.                           break
17.               # 如果命中，对应评分的电影计数器加1
18.               hits[actRating] += 1 if hit else 0
19.               total[actRating] += 1
20.       # 计算并显示评分命中率
21.       for rating in sorted(hits.keys()):
22.               if(rating>3.0):
23.                       print (str(rating) + \
24.       "分电影的命中率：" + str(hits[rating] / total[rating]))
```

代码 3-5　评分命中率

3．评分预测与头部推荐之争

自推荐系统诞生以来，评分预测准确性就一直是研究重点。原因有两个：一是最早的公开数据集 MovieLens 就是聚焦于评分预测的；二是后来"声势浩大"的 Netflix 大奖赛也是研究如何把 Netflix 的推荐系统的均方根误差提高 10%。随着对推荐系统的研究不断深入，不少学者发现线下评测指标，特别是均方根误差并非总是与线上评测指标同向而行，二者发生冲突的情况也很多。一些均方根误差改善不大，甚至略有下滑的新模型，在线上测试中表现得非常出色。这个现象揭示了一个道理，过度执着于优化代理问题（surrogate problem）的指标并不能解决真正的问题。在推荐系统中，提高评分预测就是代理问题，真正要解决的问题是：帮助用户发现他可能喜欢却不太常见的物品和内容。不能舍本逐末、本末倒置。

2009 年亚马逊前科学家格雷格·林登（Greg Linden）也明确地指出，评分预测准确性不能保证用户满意度。因为重要的是推荐用户可能喜欢的物品，而预测评分的能力不是重点。所以，头部推荐命中率更适合用来衡量推荐系统的准确性。

3.3.2　覆盖率

覆盖率（coverage）描述的是推荐系统对长尾商品和内容的发掘能力。覆盖率是商家最关心的指标之一，将更多的商品展示给更多的用户就可能带来更多的商业价值。在实际应用中，一些推荐系统因为缺少用户行为数据，在保证准确性的前提下，只能将少量物品推荐给用户。而另一些推荐系统可以辐射到绝大多数商品，但只能推荐给少数用户，即行为数据比较多的活跃用户。这里涉及两种覆盖率：商品覆盖率和用户覆盖率。

商品覆盖率的计算公式为：

$$商品覆盖率 = \frac{可推荐商品数}{所有商品数}$$

商品覆盖率的高低，在很大程度上取决于推荐系统的设计好坏。例如，基于协同过滤器的推荐系统，在没有足够的用户行为数据时无法做出准确的推荐。此时其商品覆盖率甚至低于基于内容的推荐系统。

当谈到商品覆盖率时，另一个指标也很重要，就是销售多样性（sales diversity）[1]。它衡量了推荐系统对商品销售的影响，即不同的商品被用户选择的概率分布。令 $p(i)$ 为商品 i 在所有用户购买中的占比，就可以用基尼系数（Gini index）来衡量这种不平衡性：

$$G = \frac{1}{n-1} \sum_{j=1}^{n} \left(2j - n - 1\right) p(i_j)$$

这里的 $i_1, \cdots i_j$ 是按照 $p(i)$ 占比升序排列的一列商品。如果所有商品被均等地销售，则基尼系数为 0；如果出现单品"爆款"，则基尼系数为 1。

信息论中的重要概念——熵（entropy）也可以用来衡量商品销售的不均等性：

$$H = -\sum_{j=1}^{n} p(i) \log^{p(i)}$$

熵衡量的是不确定性。如果总是某个"爆款"被卖掉，确定性很大，则熵为 0；否则熵为 1。

另一方面，用户覆盖率（user coverage）的计算公式为：

$$用户覆盖率 = \frac{可获得推荐的用户数}{所有用户数}$$

用户覆盖率的示例代码 3-6 如下：

```
1.  def getUserCoverage(topN, numUsers, ratingThreshold=0):
2.      '''''
3.      用户覆盖率（至少命中一次的用户占比）
4.      :param numUsers: 总用户数
5.      :param ratingThreshold: 最低评分阈值
6.      :return: 用户覆盖率
7.      '''
```

---

① 参考丹尼尔·弗莱德（Daniel M. Fleder）和卡蒂克·霍萨纳加尔（Kartik Hosanagar）2007 年的论文 *Recommender systems and their impact on sales diversity*。

```
8.          hits = 0
9.          for uID in topN.keys():
10.             hit = False
11.             for _, predRating in topN[uID]:
12.                 if (predRating >= ratingThreshold):
13.                     hit = True
14.                     break
15.             # 如果命中，计数器加1
16.             hits+=1 if hit else 0
17.         return hits / numUsers
```

代码 3-6　用户覆盖率

与商品覆盖率情况类似，用户覆盖率也取决于推荐系统所采用的技术。当用户行为数据较少时，用户覆盖率也较低。调整推荐系统中的阈值，可以提高覆盖率，但会"牺牲"推荐的准确性。例如，在协同过滤中，若降低推荐商品所需最少用户行为的数量，可以让更多商品获得推荐机会，但代价是准确性下降。

在前文提到的弗莱德和霍萨纳加尔的论文中，他们认为绝大多数的推荐系统都会降低基尼系数，导致马太效应（Matthew effect）加剧，强者越强，弱者越弱。这和推荐系统的初衷相违背。好的推荐系统应该让用户接触到更多他可能喜欢的物品和内容，而不是被"爆款淹没"。

3.3.3　多样性

多样性（diversity）衡量的是推荐给用户的列表中商品的异质性。推荐商品越多样，越容易击中用户多变的兴趣点，可避免产生信息孤岛。但多样性也并不是越高越好，实际应用中需要结合其他指标做全盘考虑。

多样性是相似性的对立面。当计算多样性时，首先计算推荐列表 L 中任意两个物品 i_j 和 i_k 之间的相似度的平均值，然后即可求出多样性。令 $S=$ 推荐物品间的平均相似度，则：

$$diversity=1-S$$

不同的相似度函数衡量不同的多样性。用内容相似度描述物品间的相似度，可以得到内容多样性函数；用协同过滤的相似度函数描述物品间的相似度，可以得到协同过滤的多样性函数。多样性的示例代码 3-7 如下：

```
1.  def getDiversity(topN, fullSet):
2.      '''''
3.      多样性
4.      :param fullSet: 完整数据集
5.      :return: 多样性
6.      '''
7.      n = 0
8.      simSum = 0
9.      # SVD 模型不提供物品间相似度数据，所以借用 KNN 模型获取皮尔逊相似度数据
```

```
10.        sim_options  =  {'name':  'pearson_baseline',  'user_based':
False}
11.        simsAlgo = KNNBaseline(sim_options=sim_options)
12.        simsAlgo.fit(fullSet)
13.        simsMatrix = simsAlgo.sim
14.        # 遍历所有用户的推荐列表
15.        for uID in topN.keys():
16.                # 生成电影组合（两个一组）
17.                pairs = itertools.combinations(topN[uID], 2)
18.                for pair in pairs:
19.                        movie1 = pair[0][0]
20.                        movie2 = pair[1][0]
21.                        innerID1 = simsAlgo.trainset.to_inner_iid (str
(movie1))
22.                        innerID2 = simsAlgo.trainset.to_inner_iid (str
(movie2))
23.                        # 获取两个电影间的相似度
24.                        similarity = simsMatrix[innerID1][innerID2]
25.                        # 累加相似度
26.                        simSum += similarity
27.                        n += 1
28.        # 计算平均相似度
29.        S = simSum / n
30.        # 计算并返回多样性
31.        return (1-S)
```

代码 3-7　多样性

3.3.4　惊喜度

如果一个推荐物品对用户来说，起初是出乎意料，看过后是欣喜异常，则推荐系统给用户带来了惊喜。惊喜度（serendipity）代表了推荐系统对用户的深刻理解，是近几年产品研发界最热门的话题之一。

如何量化惊喜度？美国明尼苏达大学教授约瑟夫·康斯坦（Joseph Konstan）和德克萨斯州立大学教授迈克尔·埃克斯特朗（Michael Ekstrand）建议从惊奇度（surprise）和相关度（relevance）来构建惊喜度方程。惊奇度就是推荐系统把某商品 i 推荐给某用户的概率和推荐给所有用户的概率 P_i 之差。

令 $P_i = \dfrac{n - \text{rank}_i}{n-1}$ ，则：

$$surprise = \max \left(p_i \left(user \right) - p_i \left(allUsers \right), 0 \right)$$

相关度是用户与某物品的关联程度，如用户给该物品给出的评分等。所以惊喜度的公式为：

$$\text{Serendipity}_{\text{user}} = \frac{1}{n} \sum_{i \in n} \text{surprise} \times \text{relevance}_i (\text{user})$$

3.3.5 新颖度

新颖度（novelty）衡量的是对用户来说推荐物品的不知名度。换句话说，推荐"爆款"没有新意，推荐用户不知道的好东西才有新颖度。新颖度类似于惊喜度的前半部分——惊奇度。为了量化新颖度，可以使用基于商品排名 rank_i 的概率 P_i，所以新颖度的公式为：

$$\text{Novelty} = \sum_{i \in L} \frac{\log_2 p_i}{n}$$

新颖度还有一种简单的计算方法，就是用推荐列表中所有商品的平均流行度排名来衡量。

新颖度越高，推荐的商品越冷门，越"长尾"。示例代码 3-8 如下：

```
1.  def getPopularityRanks(fn):
2.          '''''
3.          获取电影流行度排行榜
4.          :param fn: 评分文件 ratings.csv
5.          :return: 电影排行榜字典。格式：电影 id->流行度排名
6.          '''
7.          ratings = defaultdict(int)
8.          result = defaultdict(int)
9.          with open(fn) as f:
10.             r = csv.reader(f)
11.             # 跳过第一行
12.             next(r)
13.             for ln in r:
14.                 # ratings[movieId]是各电影被评分的次数
15.                 ratings[int(ln[1])] += 1
16.         # 按评分次数倒序排列，评分最多的电影排在第一个
17.         sortedRatings = sorted(ratings.items(), key=lambda x: x[1], reverse=True)
18.         rank = 1
19.         # 把电影 ID 及其排名级别 rank 写入结果字典
20.         for mID, _ in sortedRatings:
21.             result[mID] = rank
22.             rank += 1
23.         return result
24.
25. def getNovelty(topN, rankings):
26.         '''''
27.         新颖度
```

```
28.        :param rankings: 电影流行度排行榜
29.        :return: 新颖度
30.        '''
31.        n = 0
32.        rankSum = 0
33.        # 遍历所有用户的推荐列表
34.        for uID in topN.keys():
35.                for rating in topN[uID]:
36.                        mID = rating[0]
37.                        # 获取电影流行度排名
38.                        rank = rankings[mID]
39.                        rankSum += rank
40.                        n += 1
41.        # 平均排名就是新颖度
42.        return rankSum / n
```

代码 3-8　新颖度

3.3.6　实时性

实时性（responsiveness）是指推荐系统能够迅速地应对变化，调整推荐结果来反映该变化。实时性包括两个方面。首先，推荐系统要实时地应对物品和内容的变化。例如，YouTube 必须及时推荐用户新上传的视频内容；亚马逊也会应用基于内容的相似性，迅速推荐新上架商品，获取更多用户行为数据，为基于协同过滤的推荐做准备。其次，推荐系统要实时地应对用户的行为。例如，用户刚购买了智能手机，此时再推荐其他款智能手机是不明智的，而应该推荐手机配件、贴膜等。

3.3.7　健壮性

依赖于用户行为的推荐系统容易受到恶意攻击。不法分子采取各种方法，利用系统漏洞来提升某些商品在推荐系统中的排名，以此提升销量。其中"最著名"的就是行为注入攻击（profile injection attack）。它通过多个受控账号模拟用户行为，如浏览、评论等，来提升某些商品得到推荐的概率。

如何提升推荐系统的健壮性（robustness），防范攻击呢？可以从两方面开展工作。首先要提高作弊行为的成本。

➢ 经济成本：规定只有实际购买的用户才能写商品评价，只使用用户购买数据来创建协同过滤等。

➢ 时间成本：只有完整观看视频的用户才能写评价等。

➢ 风险成本：注册时必须绑定认证过的手机号，实名认证用户才能使用某些功能等。

其次，构建反作弊系统，使用机器学习、人工智能技术，结合下列特征鉴别作弊行为，将其从日志中清除，以此保证推荐系统不会受到作弊行为数据的影响。

➢ 注册时间：同一段时间忽然注册大量账号等。

➢ IP 地址：大量的会话总是从固定的几个 IP 地址发起等。

➤ 行为特征：注册后立即评论某商品，页面跳转时间固定不变，鼠标轨迹异常，等等。

"魔高一尺，道高一丈"。作弊手段在不断变换，反作弊系统也随之不断进化。提高系统健壮性，要"疏堵结合""双管齐下"。

3.3.8 商业目标

推荐系统除了要帮助用户发现他可能喜欢的长尾商品，还要帮助商家达到商业目标，实现共赢。只有如此，图 3.1 中的用户飞轮才会越转越快，并不断发展壮大。不同的商家有不同的商业目标。电子商务网站的商业目标主要包括点击率、转化率、销售额、复购率（repurchase rate）、留存率（retention rate）等。网络广告的商业目标包括匹配率（match rate）、展现次数（impression）、点击率、转化率等。

这里我们以电子商务网站中常用的点击率为例，来讲解如何进行线上测试。假设我们重新设计了商品详情页上的购买按钮：A 组的按钮是蓝色，B 组的按钮是绿色，两组页面的其他内容都是一样的。我们将一部分流量分给 A 组，剩下的流量分给 B 组。实验进行 2 周之后，采集到表 3.4 所示的数据。

表 3.4　在线测试结果

组	总人数	点击人数	点击率
A	3500	368	10.51%
B	3600	410	11.39%

从点击率角度来看，B 组较好，但我们有多大的信心说这个结论不是由于偶然因素导致的呢？换句话说，我们对这个数据的信心有多大呢？这里我们使用贝叶斯统计方法来解决这个问题。

先从 A 组的商品详情页说起。我们要推断用户在这个页面上单击购买按钮的概率 p_A。这个概率呈伯努利分布：

$$p\left(\text{click}|\text{page}=A\right)=\begin{cases}p_A, & \text{click}=1 \\ 1-p_A, & \text{click}=0\end{cases}$$

同样地，B 组页面的 p_B 也呈伯努利分布。应用贝叶斯理论，使用后验概率来进行推断。首先使用代码 3-9 准备数据：

```
1.  import pymc as pm
2.  from matplotlib import pyplot as plt
3.
4.  # 输入线上测试的结果
5.  # A 组总人数
6.  N_A = 3500
7.  # A 组点击人数
8.  Clicked_A = 368
9.
10. # B 组总人数
11. N_B = 3600
```

```
12. # B 组点击人数
13. Clicked_B = 410
14.
15. # A 组点击率（这是样本的平均点击率，并不是该组的点击概率）
16. p_A_true = Clicked_A/N_A
17. # B 组点击率（这是样本的平均点击率，并不是该组的点击概率）
18. p_B_true = Clicked_B/N_B
19.
20. # 根据点击率进行伯努利采样，生成数据
21. occurrences_A = pm.rbernoulli(p_A_true, N_A)
22. occurrences_B = pm.rbernoulli(p_B_true, N_B)
```

代码 3-9　准备数据 1

接下来，我们创建两组页面点击概率的先验分布（这里我们不对点击概率做任何假设，所以使用均匀分布），然后定义 delta() 函数返回两组点击概率的差异。准备数据的代码 3-10 如下：

```
1. # 创建先验分布（均匀分布），不进行任何预设
2. p_A = pm.Uniform('p_A', lower=0, upper=1)
3. p_B = pm.Uniform('p_B', lower=0, upper=1)
4.
5. # 两组间的概率差
6. @pm.deterministic
7. def delta(p_A=p_A, p_B=p_B):
8.         return p_B - p_A
```

代码 3-10　准备数据 2

把先验分布和观测数据带入蒙特卡罗马尔可夫链，进行随机拟合。产生的点击概率和概率差异的后验分布保存在模型的 trace 中。示例代码 3-11 如下：

```
1. # 把先验分布和采样数据带入蒙特卡罗马尔可夫链
2. # 推断 A、B 组真实的点击概率
3. obs_A = pm.Bernoulli('obs_A', p_A, value=occurrences_A, observed=
   True)
4. obs_B = pm.Bernoulli('obs_B', p_B, value=occurrences_B, observed=
   True)
5. mcmc = pm.MCMC([p_A, p_B, obs_A, obs_B,delta])
6. mcmc.sample(25000, 5000)
7. # 后验分布保存在 trace 中
8. p_A_samples = mcmc.trace('p_A')[:]
9. p_B_samples = mcmc.trace('p_B')[:]
10. delta_samples = mcmc.trace('delta')[:]
```

代码 3-11　随机拟合

最后分别绘制 A、B 组点击概率和概率差异的后验分布，输出实验结果的分析结果。示例代码 3-12 如下：

```
1.  # 绘制 A 组后验分布
2.  plt.subplot(3,1,1)
3.  plt.hist(p_A_samples, bins=35, histtype='stepfilled', density=True,
color='blue', label='Posterior of $p_A$')
4.  plt.vlines(p_A_true, 0, 90, linestyle='--', label='True $p_A$')
5.  plt.xlabel('Probability of clicking BUY via A')
6.  plt.legend()
7.
8.  # 绘制 B 组后验分布
9.  plt.subplot(3,1,2)
10. plt.hist(p_B_samples, bins=35, histtype='stepfilled', density=True,
color='green', label='Posterior of $p_B$')
11. plt.vlines(p_B_true, 0, 90, linestyle='--', label='True $p_B$')
12. plt.xlabel('Probability of clicking BUY via B')
13. plt.legend()
14.
15. # 绘制两组点击概率差异(A 组点击概率–B 组点击概率)的后验分布
16. plt.subplot(3,1,3)
17. plt.hist(delta_samples, bins=35, histtype='stepfilled', density=
True,color='red', label='Posterior of $delta$')
18. plt.vlines(p_A_true - p_B_true, 0, 90, linestyle='--', label='True
$delta$')
19. plt.xlabel('$delta$ = $p_B$ - $p_A$')
20. plt.legend()
21. plt.show()
22.
23. print (u'B 组点击概率高于 A 组的概率是: %s'%str((delta_samples>0).mean()))
24. print (u'B 组点击概率低于 A 组的概率是:%s'%str((delta_samples<0).mean()))
```

代码 3-12   结果输出

如果 B 组点击概率高于 A 组的概率超过 0.95，就可以放心地推断 B 组的新体验是好的，可以上线。否则，需要重新设计 B 组的体验，然后重新上线进行测试。

3.3.9　小结

如前文所述，不同的测试指标需要不同的测试手段才能得到。有些只能通过离线测试得到，有些必须面对面地询问用户，有的只能靠线上测试。测试指标矩阵如表 3.5 所示。

表 3.5　测试指标矩阵

方法	指标					
	预测准确性	覆盖率	多样性	惊喜度	新颖度	商业目标
离线测试	√	√	△	×	△	×
用户测试	√	△	√	√	√	×
线上测试	×	√	△	×	△	√

说明：表中的"√"表示该指标可以通过该种测试得到，"△"表示可以得到但可靠性不高，"×"表示无法得到。

推荐系统的最终效用，特别是能否达成商业目标，要通过离线测试来进行检验。很多离线测试指标优异的推荐模型，线上测试指标惨淡；一些离线测试指标一般，甚至略微难看的推荐模型，线上测试都成绩斐然。实践是检验真理的唯一标准，离线测试更能真实反映用户和推荐系统的互动情况。

任务 3.4　实际评测推荐系统

【任务描述】

实际动手评测一款简单的推荐系统，包括离线测试和线上测试。

【关键步骤】

（1）为推荐系统做离线测试。

（2）收集推荐系统离线测试的数据，进行线上测试。

在本节中，我们与读者一起实际评测一个推荐系统，加深对本书内容的理解。首先，请下载并解压缩第 3 章的源代码，然后放到项目根目录中，如图 3.7 所示。

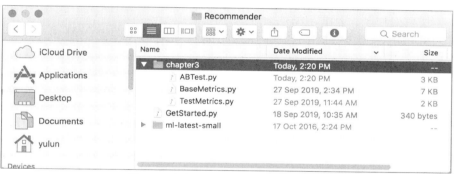

图3.7　将本章源代码放入项目根目录

启动 PyCharm，打开本书附带项目 Recommender。在第 3 章目录下有 3 个文件，如下：

➢　ABTest.py：线上测试的源代码。

➢　BaseMetrics.py：离线测试中主要的评测指标的具体实现。

➢　TestMetrics.py：离线测试的源代码。

我们先进行离线测试，再进行线上测试。

3.4.1　离线测试

在开始测试之前，先查看 TestMetrics.py 文件的内容，了解测试流程。该文件源代码（节选）如代码 3-13 所示：

```
1.  RATINGS='../ml-latest-small/ratings.csv'
2.  print("加载 MovieLens 数据...")
3.  data = Dataset.load_from_file(RATINGS, reader=Reader(line_format=
```

```
'user item rating timestamp', skip_lines=1, sep=','))
4.
5. print("创建 SVD 模型...")
6. trainSet, testSet = train_test_split(data, test_size=.2, random_
state=626)
7. algo = SVD(random_state=626)
8. algo.fit(trainSet)
9. predictions = algo.test(testSet)
10.
11. print("模型精确度...")
12. print("> 平均绝对误差(MAE): ", BaseMetrics.getMAE(predictions))
13. print("> 均方根误差(RMSE): ", BaseMetrics.getRMSE(predictions))
```

代码 3-13　TestMetrics.py 文件源代码（节选 1）

前 3 行加载 MovieLens 的评分数据（ratings.csv 文件），第 6 行把数据切分成训练集（80%）和测试集（20%）。第 7 行使用 Surprise 库内置函数创建一个基于 SVD 算法的推荐模型，SVD 的技术细节我们会在后文中说明。第 8 行训练模型来拟合数据，第 9 行使用训练好的模型进行预测。然后在第 12 和 13 行中，使用 BaseMetrics.py 文件中定义的方法显示平均绝对误差和均方根误差。下面继续查看 TestMetrics.py 文件的代码 3-14。

```
1. print("创建头部推荐(top-10)...")
2. leaveOne = LeaveOneOut(n_splits=1, random_state=626)
3.
4. for newTrainSet, newTestSet in leaveOne.split(data):
5.     algo.fit(newTrainSet)
6.     leftOutPred = algo.test(newTestSet)
7.     allPredictions = algo.test(newTrainSet.build_anti_testset())
8.     topN = BaseMetrics.GetTopN(allPredictions, n=10)
9.     print("> 命中率(hit rate): ", BaseMetrics.getHR(topN, leftOutPred))
10.    print("> 评分命中率(RHR): ")
11.    BaseMetrics.getRHR(topN, leftOutPred)
12.    print("> 平均倒数命中率(ARHR): ", \
13.        BaseMetrics.getARHR(topN, leftOutPred))
```

代码 3-14　TestMetrics.py 文件源代码（节选 2）

代码第 2 行创建留一法（leave one out）数据分割器。第 5 行使用新的训练集来训练 SVD 模型。第 6 行在测试集中测试模型。第 7 行中推荐模型为训练集中没出现的电影进行预测打分。第 8 行使用 BaseMetrics.py 文件中的 GetTopN()方法为每个用户创建 10 个头部推荐。第 9 行以后显示命中率、评分命中率和平均倒数命中率。下面继续查看代码 3-15：

```
1. fullTrainSet = data.build_full_trainset()
2. print("为评估覆盖率、多样性和新奇性，重新创建推荐列表...")
3. algo.fit(fullTrainSet)
4. allPredictions = algo.test(fullTrainSet.build_anti_testset())
```

```
5.  topN = BaseMetrics.GetTopN(allPredictions, n=10)
6.
7.  print("> 用户覆盖率(User Coverage): ", BaseMetrics.getUserCoverage \
8.        (topN, fullTrainSet.n_users, ratingThreshold=3.0))
9.  print("> 多样性(Diversity): ", BaseMetrics.getDiversity \
10.       (topN, fullTrainSet))
11. rankings = getPopularityRanks(RATINGS)
12. print("> 新奇性(Novelty): ", BaseMetrics.getNovelty(topN, rankings))
```

代码 3-15　TestMetrics.py 文件源代码（节选 3）

为了计算覆盖率、多样性等指标，在第 2 行中，不再区分训练集和测试集，使用所有数据创建一个训练集。第 3 行使用模型拟合数据。第 4 行为电影打分。第 5 行生成前 10 个头部推荐。然后以此计算各项指标。

接下来，在集成开发环境中，右击"TestMetrics.py"文件，在弹出的快捷菜单中单击"Run 'TestMetrics'"，如图 3.8 所示。

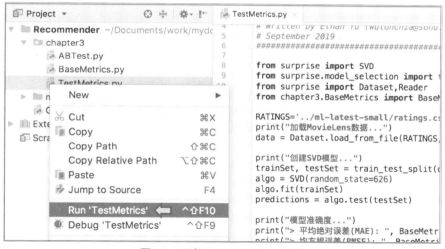

图3.8　运行TestMetrics.py文件

稍等片刻，出现代码 3-16 的运行结果则说明代码运行正常。

```
1.  /anaconda3/envs/Recommendation/bin/python3.6 /Users/yulun/Documents/
work/mydocuments/MySoft/PythonProjects/Recommender/chapter3/TestMetrics.py
2.  加载 MovieLens 数据...
3.  创建 SVD 模型...
4.  模型精确度...
5.  > 平均绝对误差(MAE)：0.69045347494
6.  > 均方根误差(RMSE)：0.895216385595
7.  创建头部推荐(top-10)...
8.  > 命中率(hit rate)：0.02384500745156483
9.  > 评分命中率(RHR)：
10. 3.5 分电影的命中率：0.02
```

11. 4.0 分电影的命中率：0.023255813953488372

12. 4.5 分电影的命中率：0.058823529411764705

13. 5.0 分电影的命中率：0.05147058823529415

14. > 平均倒数命中率(ARHR)：0.007134577626380905

15. 为评估覆盖率、多样性和新奇性，重新创建推荐列表...

16. > 用户覆盖率(User Coverage)：0.992548435171386

17. Estimating biases using als...

18. Computing the pearson_baseline similarity matrix...

19. Done computing similarity matrix.

20. > 多样性(Diversity)：0.968925809937

21. > 新奇性(Novelty)：528.9175117299834

22.

23. Process finished with exit code 0

代码 3-16　运行结果

第 5 行是该模型在 MovieLens 数据上的平均绝对误差，第 6 行是均方根误差，均小于随机推荐误差（其推荐误差分别是 1.1 和 1.4 左右），表现不错。头部推荐的命中率在第 8 行，2.38% 是个可以接受的成绩。第 10～13 行是各评分段电影的命中率。可以看到，该模型对高分段的电影的命中率在 5.15% 以上。因为考虑了命中电影所在的位置，所以平均倒数命中率分数稍低。用户覆盖率是 99.26%，很理想。第 20 行多样性分数很高，说明推荐列表中的电影之间的相似度很低，好坏有待继续观察。新颖度得分 528.92，它是推荐列表中的电影的平均流行度。考虑到 MovieLens 数据集包括 9742 部电影，这个得分偏高。

以上就是我们使用 Surprise 库内置函数创建的 SVD 推荐模型的表现。当只评价一个模型时，这些指标因为缺少参照，很难评出优劣。后文中，我们会为每个模型找参照系，即基准模型（baseline）来横向对比，并持续优化。最原始的基准模型就是随机推荐，我们要确认一个算法确实比扔硬币来得准确。在进行算法迭代时，基准模型就是该算法的上一个版本，以保证算法在优化的路径上持续前进。

3.4.2　线上测试

使用 ABTest.py 文件评估线上测试的结果。右击该文件名，在弹出的快捷菜单中单击 "Run 'ABTest'"，如图 3.9 所示。

稍候片刻，弹出窗口显示了 3 张图，如图 3.10 所示。第 1 张图是 A 组产品详情页上的购物按钮的点击概率（p_A）的后验分布（posterior）。黑色虚线是根据 A 组总人数和点击人数计算得出的点击率。后验分布大概呈正态分布，但形状偏扁平，说明样本量不够（总人数 3500），同时后验分布的平均值在 11% 附近，说明通过马尔可夫链模型拟合出来的点击概率比点击率（10.5%）高。B 组的情况也是如此，点击概率比点击率高一些，而且后验分布的均值（12%）比 A 组要高。第 3 张图是点击概率差异的后验分布。可以看到其均值在 1% 左右。

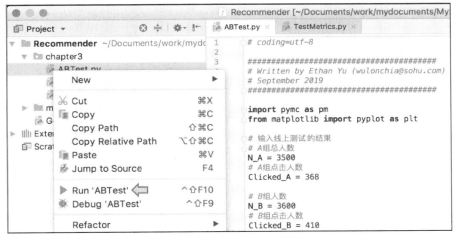

图3.9　运行ABTest.py文件

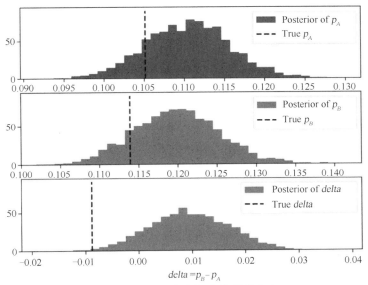

图3.10　A/B组点击概率的后验分布

关闭该窗口后，可以看到集成开发环境的输出内容如下所示。

```
1.  /anaconda3/envs/Recommendation/bin/python3.6 /Users/yulun/Documents/
work/mydocuments/MySoft/PythonProjects/Recommender/chapter3/ABTest.py
2.  [-----      21%    ] 5285  of 25000 complete in 0.5 sec
3.  [--------   40%    ] 10114 of 25000 complete in 1.0 sec
4.  [--------   60%-   ] 15084 of 25000 complete in 1.5 sec
5.  [--------   78%--  ] 19583 of 25000 complete in 2.0 sec
6.  [--------   95%--- ] 23929 of 25000 complete in 2.5 sec
7.  [--------   100----] 25000 of 25000 complete in 2.6 sec
8.  B 组点击概率高于 A 组的概率是：0.9564
9.  B 组点击概率低于 A 组的概率是：0.0436
```

10.

11. Process finished with exit code 0

第 8 行显示 B 组点击概率获胜的概率是 95.64%，我们可以上线 B 组的体验了。

本章小结

（1）好的推荐系统会让用户成长飞轮中的用户、推荐系统和商家实现共赢。

（2）推荐系统的 3 种评测方法包括离线测试、用户测试和线上测试。

（3）推荐系统的评测指标包括评分预测准确性、覆盖率、多样性、惊喜度、新颖度、实时性、健壮性和商业目标。

本章习题

1. 简答题

（1）简述用户成长飞轮中，各参与方如何实现共赢。

（2）简述离线测试的一般步骤。

（3）为什么头部推荐的命中率更能说明推荐模型的性能优劣？

（4）为什么要进行线上测试？

2. 操作题

（1）修改训练集和测试集的比例为 7∶3，重新运行 TestMetrics，查看指标变化。

（2）在 ABTest.py 文件中，修改 A、B 组人数，让后验分布呈现更理想的正态分布。

第 4 章

基于内容的召回

技能目标

➤ 掌握物品特征抽取的基本方法
➤ 掌握相似度的衡量方法
➤ 实际开发一款基于内容召回的推荐系统
➤ 掌握横向评测框架的开发和使用方法
➤ 理解基于内容召回的优点和缺点

本章任务

学习本章，读者需要完成以下 5 个任务。读者在学习过程中遇到的问题，可以通过访问课工场官网解决。

任务 4.1：掌握物品特征抽取的基本方法

学习物品固有特征的基本分类，以及各类特征的抽取方法。

任务 4.2：掌握相似度的衡量方法

掌握相似度衡量的基本原理和计算方法。

任务 4.3：实际开发一款基于内容召回的推荐系统

通过实际开发一款基于内容召回的推荐系统，掌握内容召回的基本步骤，找到持续优化方向。

任务 4.4：掌握横向评测框架的开发和使用方法

实际动手开发一款横向评测框架，使用它横向评测多款推荐算法。

任务 4.5：理解基于内容召回的优点和缺点

理解基于内容召回的优点和缺点。

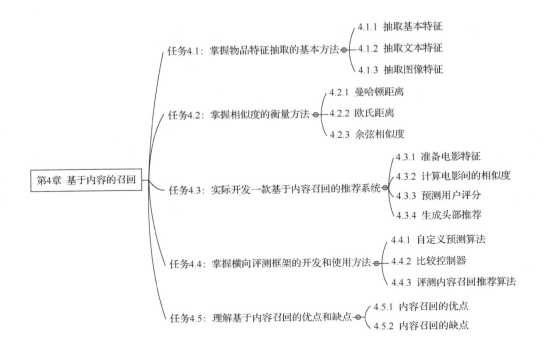

任务 4.1 掌握物品特征抽取的基本方法

【任务描述】

学习物品固有特征的基本分类，掌握各类特征的抽取方法。

【关键步骤】

（1）学习物品固有特征的分类。

（2）掌握基本特征、文本特征和图像特征的抽取方法。

在前文中我们曾经提到，一般将推荐系统分为召回、排序和过滤这 3 个模块。召回模块可根据用户和场景的不同，从物品和内容仓库（百万数量级）中粗筛出用户可能感兴趣的物品和内容形成候选列表（千数量级），并提供给排序模块进行排序和精选。召回模块也叫"检索"或者"匹配"模块。常用的召回算法包括基于内容的召回、基于协同过滤的召回和基于深度学习的召回等。在实际应用中，通常会构建多路召回，组合使用不同的算法取长补短，提升召回的全面性，以取得更好的效果。

本章我们介绍基于内容的召回，即基于物品之间的相似性进行召回。基于内容的召回，是基于比较物品之间的相似性来找到更多当前用户可能感兴趣的物品和内容。这种相似性的比较是建立在物品固有特征的基础上的，包括可直接获取和比较的基本特征，如题材、分类、歌曲风格、作者、出版年份；来自物品描述、长文本的归纳特征；使用算法和机器学习模型抽取的来自图像和声音等富媒体中的高阶特征。这些固有特征构成了推荐系统中对物品和内容的表示（item representation）。

有了特征，就可以使用诸如余弦相似度、欧氏距离等来计算物品和内容间的相似度。特征的抽取和比较过程是很耗时的，通常是在线下集中计算后保存在存储介质中，以供线上系统快速匹配并进行推荐。例如，当用户在查看电影《哪吒之魔童降世》的相关信息时，我们可以基于离线计算结果推荐诸如《大圣归来》《姜子牙》等动画电影给他。

因此，抽取固有特征来恰当地表示物品和内容，是进行基于内容召回的第一步。所谓的"恰当"是指以下几个方面。

➤　特征要能最大程度地代表该物品与其他物品的不同之处。选取最能突出物品"个性"的特征，使得分类器错误率最小。

➤　在保证正确区分不同物品的情况下，特征数量要尽可能地少。即给定错误率阈值，特征维度要最低。

➤　特征应该尽量独立，不要互相关联。每个特征都要"独挑大梁"，不依赖于其他特征。

4.1.1　抽取基本特征

基本特征是可直接获取的、较基础的特征，如电商网站上的商品标题、品类、价格、上市日期；书店里的书籍名称、作者、国际标准书号（International Standard Book Number，ISBN）、分类、出版日期、出版社；电影的片名、题材、分类；歌曲的歌名、演唱者、作曲者、风格等。这里我们以 MovieLens 数据集为例进行说明。

下载 MovieLens 数据集后，查看电影数据文件"movies.csv"的内容，如图 4.1 所示。它包含 3 列："movieId"（电影 ID）、"title"（电影名）和"genres"（电影流派）。

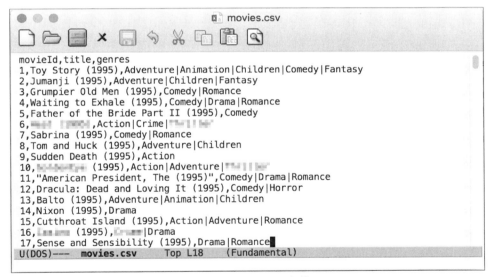

图4.1　movies.csv文件

movie.csv 文件内容是按照电影 ID 进行升序排列的。只提供了电影名、上市时间和电影流派。如果想获取更多特征，可以使用 MovieLens 数据集中的"links.csv"文件，到其他网站上获取信息，如图 4.2 所示。

links.csv 文件内容同样以 movieId 升序排列。imdbId 是 imdb 网站的电影 ID。例如，假设图 4.2 中第一部电影的链接是 http://www.***.com/xx0114709，其中数字 0114709 为电影 ID 编号。此外，还可以根据需要编写一个网络爬虫，自动抓取相应的信息。

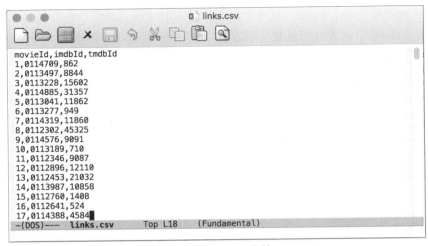

图4.2 links.csv文件

如果想获取 links.csv 文件中第 1 行的电影的更多信息，可以使用它对应的 imdbId（0114709）和 tmdbId（862）分别从两个网站中抓取信息即可。从图 4.3 中可以看出，电影信息还包括诸如电影简介、影人推荐、背景故事、影评信息等非结构化的长文本信息。这些长文本信息中蕴涵了大量的特征，可以充分体现电影的不同之处。那么如何抽取这些信息，然后以比较简洁的方式提供给推荐系统呢？我们来看 4.1.2 小节。

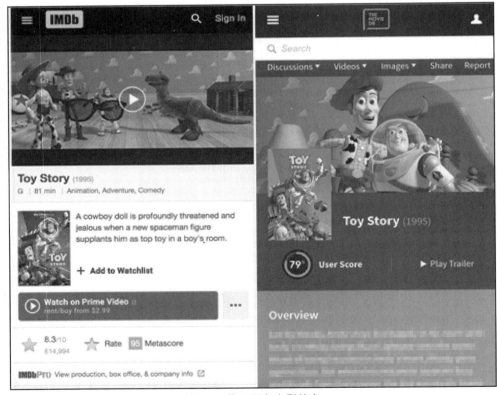

图4.3 获取更多电影信息

4.1.2　抽取文本特征

长文本信息丰富，是数据挖掘、信息检索和特征抽取的"宝藏"。这里我们介绍几种经典的解决方案来提炼长文本中的关键特征。

1. 加权词频法

加权词频法（term frequency-inverse document frequency，TF-IDF）是用于信息检索与数据挖掘的常用技术。数据项频率（term frequency，TF）是文本内某个词的出现频率，反文档频率（inverse document frequency，IDF）是跨文本的词汇罕用度。TF 与 IDF 的乘积说明了某个词的重要性，即它在文本内是高频的、重要的，同时在这门语言中又不是特别热门的常用词。例如，在文本中"是""的"一类的高频词并没有重要含义[①]，同时这两个词在汉语中的罕用度是很低的，我们用出现频率乘以罕用度，就可以表示其重要性。这个跨文本罕用度（IDF）就是算法名称中的"权重"。

抽取文本关键词的一般过程是：

➢　抽取文本的各个词，剔除掉"的""是""在"等停用词。

➢　为每个词分别计算 TF 与 IDF 的乘积，得到该词的评分。

➢　按照评分从高到低的顺序，对词进行排序。

➢　使用前几个关键词代表长文本的内容。

某个词在文本内的出现频率 TF 计算公式是：

$$TF_i = \frac{\text{Frequency}_i}{\text{Frequency}_p}$$

公式中 i 代表某个关键词，p 代表文档中出现次数最多的词语。所有词语的出现频率范围都为[0,1]。

另外，跨文本罕用度（IDF）计算公式是：

$$IDF_i = \log \frac{\text{Documents}}{\text{Documents}_i + 1}$$

公式中，i 代表某个关键词。Documents 代表语料库中所有文档数，Documents$_i$ 则是包含关键词 i 的文档数。加 1 是为了防止出现分母为零的情况。

有了排名前 N 个的关键词列表，如何以特征的形式提供给推荐系统呢？这涉及词嵌入（word embedding）的知识。

2. 词嵌入

为什么要进行词嵌入？读者可能会想，直接给每个词编一个号码，"一字长蛇阵"似地交给推荐系统处理不就行了吗？当然这是一种解决方案，但实际效果很差。语言学知识告诉我们，每个词的含义是由它周边的词共同决定的。所谓"物以类聚、人以群分"，近义词应该聚集在一起，非近义词则疏远。如果简单地给词汇编个号码，一字排开，从推荐系统的角度来看有以下问题：这一串号码是离散的、无意义的；即使可以调整位置，一维空间表达能力毕竟有限。那使用二维表来给单词编号呢？例如，词汇表总长度是 8，包括"推荐""系统""是""机器""学习""的""重要""应用"这 8 个字或词。我们用

[①] 这些词也叫停用词（stop words）。在信息检索和自然语言处理（natural language processing，NLP）中，为节省存储空间和提高搜索效率，在处理文本时会自动过滤掉的字或词。

8×8 的二维表来编码词汇，最后每个词得到一个 8 位长度的向量编码，也就是独热编码（one-hot encoding），如表 4.1 所示。

表 4.1　独热编码

词汇	位置								对应的编码
	1	2	3	4	5	6	7	8	
推荐	1	0	0	0	0	0	0	0	10000000
系统	0	1	0	0	0	0	0	0	01000000
是	0	0	1	0	0	0	0	0	00100000
机器	0	0	0	1	0	0	0	0	00010000
学习	0	0	0	0	1	0	0	0	00001000
的	0	0	0	0	0	1	0	0	00000100
重要	0	0	0	0	0	0	1	0	00000010
应用	0	0	0	0	0	0	0	1	00000001

独热编码简单明了，但它的问题是它具有稀疏性（sparsity）。如果词汇表有 5000 个单词，独热编码产生的向量维度将达到 5000 位，而且只有一个位置上是 1，其他都是 0。这带来了计算复杂度增加和空间浪费的问题。因此需要将向量合理地压缩，同时保证相似的单词距离较近。这个过程其实就是词嵌入。通过词嵌入，词汇根据语义关系被安排在更短的词向量空间中。观察图 4.4，国家名等词汇是词向量空间中偏右的点，而且靠得很近；大学名等词汇则是偏左下的点，学科名等词汇是散落中间的点。

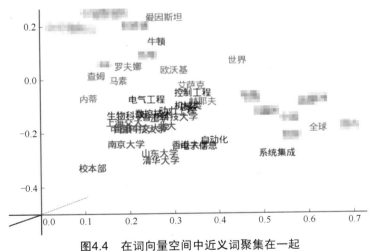

图 4.4　在词向量空间中近义词聚集在一起

早期的词嵌入方法包括对词语共现矩阵（co-occurrence matrix）降维、概率模型等。2013 年，谷歌公司发明了名为"单词到向量"的算法来进行词嵌入，训练速度得到大幅提升。该算法包括两种方法：用一个词语作为输入来预测上下文单词的跨元（skip-gram）模型；用上下文单词作为输入来预测中心单词的连续词袋（Continuous Bag-Of-Words，CBOW）模型。它们的核心思想都是词语的含义来源于上下文单词和语境。近年来，新兴的词嵌入大多基于深度学习。

从零开始进行词嵌入需要大量的语料和计算资源。好消息是，网络上有很多公开的预训练（pretrained）词向量可供使用。例如：

➢ 基于维基百科的文本语料预训练了 12 种语言的词向量，包括中文。

➢ 基于百度百科、《人民日报》、搜狗新闻等语料预训练的中文词向量。

➢ FastText 提供了 157 种不同的预训练词向量。

具体参考地址见课工场官网提供的电子资料。

4.1.3　抽取图像特征

在日常生活中，绝大多数的信息都是以图像的方式进入我们的感官系统。事实上，连接到大脑神经纤维的 40%来自视网膜。视觉在"争夺"大脑皮层的战争中，取得了绝对的优势。举个例子，听到一段信息的 3 天后，人们只能记住 10%，而看到一张图片的 3 天后，人们可以记住图片的 65%。在机器学习和人工智能领域，图像处理、计算机视觉（Computer Vision，CV）也是占有统治地位的学科。机器视觉的核心任务之一就是从绚烂多彩的图像中获取有用信息和特征。

20 世纪 60 年代，大卫·休伯尔（David H.Hubel）和托斯坦·维厄瑟尔（Torsten Nils Wiesel）在研究猫和猴子大脑皮层的视觉神经元时发现，其独特的结构可以有效地降低神经网络的复杂度。每个视觉神经元只负责处理局部视觉信号，而不是整个图像。多个视觉神经元横向聚合在一起形成一个感受层（layer），多个感受层纵向叠加，处理不同的图像模式。低级感受层捕获简单模式（如点、线）；中级感受层接收来自低级感受层的信号，并把它组合起来以识别更加复杂的模式（如简单几何图形）；高级感受层接收中级感受层的输出并组合起来以识别更复杂的模式（如房子、鱼等），如图 4.5 所示。该研究成果获得了 1981 年的诺贝尔生物学奖。

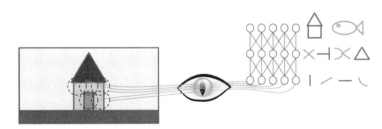

图4.5　视觉神经网络的分层结构

随后杨立昆（Yann LeCun）等学者从这项研究中获得启发，用人工神经元模拟这个图像处理结构，并在 1989 年发表论文提出卷积神经网络[①]。

卷积神经网络最大的亮点在于自动抽取图片特征。它使用基于大量图片训练得到的卷积核（convolution kernel）和过滤器（filter）对图片进行卷积操作。不同的卷积核负责抽取不同的特征。

如图 4.6 所示，原始图右侧第一个框的卷积核抽取横向条纹，第二个框的卷积核抽取斜线条纹。经过卷积操作后，生成两张特征图。横向条纹卷积核对应的特征图中，横向条纹部分会被强化；而斜线条纹卷积核对应的特征图中，斜线条纹会被强化。这些特

---

① 参考杨立昆等学者 1989 年发表的 *Backpropagation Applied to Handwritten Zip Code Recognition*。

征图接下来会被更复杂的卷积核过滤，抽取出更复杂的图像特征。

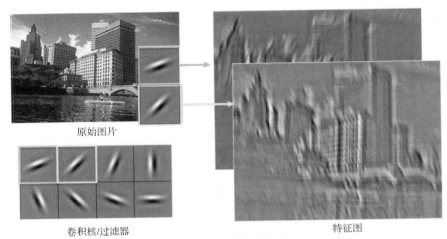

原始图片

卷积核/过滤器

特征图

图4.6　卷积核与特征图

经过 5 层卷积操作后，可以抽取图像中的特征（25 088 维），如图 4.7 所示。还可以拼接更多自定义特征，如原始图像中的三原色浓度等。这些图像特征可以输出到推荐系统来比较物品和内容的相似性。

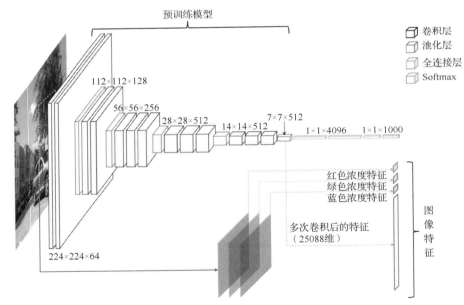

图4.7　使用卷积神经网络抽取图像特征

前文提到，卷积核是通过大量图片训练得到的。如果从头开始训练一个卷积神经网络，需要大量带标记的图片和很多计算资源，而且需要相当的调试技巧。在深度学习高速发展的今天，网络上有很多基于海量图片训练好的模型，即预训练模型（pretrained model），可以拿来直接使用。例如，"大规模图像识别挑战赛"（imagenet large scale visual recognition challenge，ILSVRC），就是要在图片和视频中识别出 1000 种物品，并评选出

表现最好的算法。深度学习框架 Keras 提供了多达 10 种预训练模型以供调用，包括
Xception、VGG16、VGG19、ResNet、ResNetV2、InceptionV3、InceptionResNetV2、
MobileNet、MobileNetV2、DenseNet、NASNet。

使用 Keras 框架提供的预训练模型 VGG16 来实现图 4.7 中的模型也是非常方便的，
示例代码 4-1 如下：

```
1.  from keras import applications
2.  from keras.preprocessing import image as kerasImage
3.  from keras.applications.vgg16 import preprocess_input
4.  import numpy as np
5.
6.  # 默认图片尺寸
7.  targetImageSize = 224
8.  # 预训练模型 VGG16，include_top=False 表示不需要全连接层
9.  model = applications.VGG16(include_top=False,weights='imagenet')
10.
11. def extractImageFeatures(fileName):
12.     '''''
13.     抽取图像特征
14.     :param fileName: 图像文件完整路径
15.     :return: 图像特征（图像卷积操作后的特征 + 三原色浓度特征）
16.     '''
17.     # 加载图像
18.     img = kerasImage.load_img(fileName, target_size=(targetImageSize,
targetImageSize))
19.     # 预处理图像
20.     img = preprocessImage(img)
21.     # 获取三原色浓度特征
22.     colorDensity = computeColorDensity(img)
23.     # 获取卷操作特征
24.     img_features = model.predict(img).ravel()
25.     # 拼接图像的卷积操作特征和三原色浓度特征
26.     theFeatures = np.hstack((colorDensity, img_features))
27.     return theFeatures
28.
29. def preprocessImage(img):
30.     x = kerasImage.img_to_array(img)
31.     x = np.expand_dims(x, axis=0)
32.     x = preprocess_input(x)
33.     return x
34.
```

```
35. def computeColorDensity(targetImage):
36.     '''''
37.     计算三原色浓度特征
38.     :param targetImage: 输入图片
39.     :return: 三原色浓度特征
40.     '''
41.     img=targetImage[0]
42.     # 获取图像的宽和高
43.     w, h = img.shape[:2]
44.     redSum=0
45.     greenSum=0
46.     blueSum=0
47.     pixelCount=0
48.     # 只计算图像中央区域(1/4~3/4)的三原色浓度特征
49.     for pixi in range(int(w/4), int(w*3/4)+1):
50.         # 只计算图像中央区域(1/4~3/4)的三原色浓度特征
51.         for pixj in range(int(h/4),int(h*3/4)+1):
52.             if (img[pixi, pixj] != (255, 255, 255)).any():
53.                 redSum += img[pixi,pixj][0]
54.                 greenSum+=img[pixi,pixj][1]
55.                 blueSum+= img[pixi,pixj][2]
56.                 pixelCount+=1
57.     colorDensity= np.array([redSum/pixelCount/255.0,greenSum/pixel
Count/ 255.0,blueSum/pixelCount/255.0])
58.     return colorDensity
```

代码 4-1　使用预训练模型 VGG16 抽取图像特征

调用代码中的 extractImageFeatures()方法即可获得图像的特征。

任务 4.2　掌握相似度的衡量方法

【任务描述】

掌握相似度衡量的基本原理和计算方法。

【关键步骤】

（1）学习相似度衡量的基本原理。

（2）掌握各衡量方法的计算方法。

有了物品和内容的特征集合之后，就可以使用曼哈顿距离、欧式距离、余弦相似度等来计算物品和内容之间的相似度了。物品间的距离越小，越相似；距离越大，越不同。

4.2.1　曼哈顿距离

曼哈顿距离（Manhattan distance）来自我们的日常生活。例如，有一辆出租车在曼哈顿街区中穿行。如果要从左下角的黑点行驶到右上角的黑点，显然直线距离最短，但因为有楼宇的阻隔无法直接穿行，只能走其他路线。其实这 3 条路线的距离相同，即 12 个街区长度，曼哈顿距离由此得名。如图 4.8 所示。

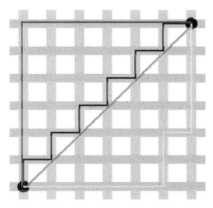

图4.8　曼哈顿距离

图 4.8 所示为二维平面的例子，扩展可得到任意维度空间中的曼哈顿距离公式：

$$d_1(\boldsymbol{p}, \boldsymbol{q}) = \sum_{i=1}^{n} |p_i - q_i|$$

公式中 $\boldsymbol{p}$ 和 $\boldsymbol{q}$ 都是 n 维向量。曼哈顿距离就是，n 维空间中的两个点在笛卡尔坐标系各坐标轴上的投影间距之和。

4.2.2　欧氏距离

欧氏距离（Euclidean distance）也叫欧几里得距离，它是欧几里得空间中两点间的直线距离。在曼哈顿距离的图片中，z 线长度就是欧氏距离。图 4.9 所示为三维空间中 p 和 q 两点间的欧氏距离。

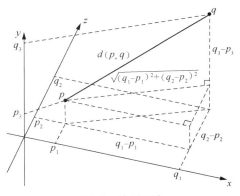

图4.9　欧氏距离

由图4.9可知，第一维度的坐标轴上 p 和 q 的投影间距是 $(q_1 - p_1)$，第二维度是 $(q_2 - p_2)$，第三维度是 $(q_3 - p_3)$，因此这两点间直线距离是 $\sqrt{(q_1 - p_1)^2 + (q_2 - p_2)^2 + (q_3 - p_3)^2}$。扩展到 n 维空间就是：

$$d(p,q) = \sqrt{(q_1 - p_1)^2 + (q_2 - p_2)^2 + \cdots + (q_n - p_n)^2} = \sqrt{\sum_{i=1}^{n}(q_i - p_i)^2}$$

4.2.3 余弦相似度

使用欧氏距离衡量两点间距简单明了，但也并非万能。很多时候，我们更在乎高维空间中两点间，或者说两个向量之间的夹角大小。夹角越小，两个向量越相似，如图4.10所示。

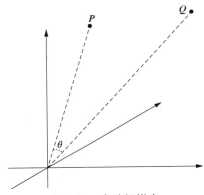

图4.10 余弦相似度

余弦相似度就是衡量这个夹角的余弦值大小。它的公式是：

$$\text{similarity}(\boldsymbol{P}, \boldsymbol{Q}) = \cos(\theta) = \frac{\boldsymbol{P} \cdot \boldsymbol{Q}}{\|\boldsymbol{P}\|\|\boldsymbol{Q}\|} = \frac{\sum_{i=1}^{n} P_i Q_i}{\sqrt{\sum_{i=1}^{n} P_i^2}\sqrt{\sum_{i=1}^{n} Q_i^2}}$$

公式中 $\|\boldsymbol{P}\|$ 是向量 $\boldsymbol{P}$ 的模，$\boldsymbol{P} \cdot \boldsymbol{Q}$ 是两个向量的点积。余弦相似度的取值范围是 [-1,1]。-1 表示向量之间的夹角是 $180°$，即两个向量反向；1 表示向量之间的夹角是 $0°$，即两个向量同向；0 表示夹角是 $90°$，即两个向量正交。

任务 4.3 实际开发一款基于内容召回的推荐系统

【任务描述】

通过实际开发一款基于内容召回的推荐系统，掌握内容召回的基本步骤，找到持续优化方向。

【关键步骤】

（1）掌握基于内容进行召回的几个关键步骤。

（2）深入理解各步骤的技术细节，找出优化的方向。

本章我们使用 MovieLens 数据集开发一个基于内容召回的推荐系统。我们沿用第 1 章中的推荐系统构成图，并聚焦于虚线框中的部分。

图 4.11 所示为基于内容召回的推荐系统的操作过程，包括以下 4 步。

（1）准备所有电影的特征集合。本章只使用电影流派一个特征。

（2）基于电影特征，计算所有电影之间的相似度。本章使用余弦相似度。

（3）针对当前用户未评分的每一部电影，使用 K 最近邻算法找到 k 个最相似的用户已评分电影，使用加权平均值预测该用户针对该电影的评分。

（4）在当前用户未评分的电影中，根据预测评分高低，找到头部推荐的 n 部电影，将头部推荐的 n 部电影返回给当前用户。

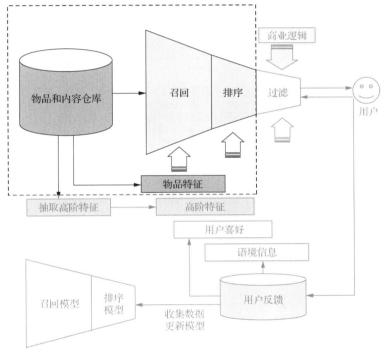

图4.11　基于内容的召回

下面针对每一步分别加以说明。

4.3.1　准备电影特征

每部电影的流派都是竖线分隔的列表。例如，《玩具总动员》（1995 年）的流派包括 5 项：冒险、动画、儿童、喜剧和奇幻。如果我们把电影流派属性定义为一个维度为 18 的向量，《玩具总动员》的流派向量中，就有 5 个维度的值是 1（真），其他 13 个维度的值是 0（假）。其他电影的流派向量也如法炮制，所以前 4 部电影的流派特征如表 4.2 所示。

表 4.2   前 4 部电影的流派特征

电影	流派							
	动作（Action）	冒险（Adventure）	动画（Animation）	儿童（Children）	喜剧（Comedy）	纪录片（Documentary）	戏剧（Drama）	奇幻（Fantasy）
玩具总动员（Toy Story）	0	1	1	1	1	0	0	1
勇敢者游戏（Jumanji）	0	1	0	1	0	0	0	1
斗气老顽童（Grumpier old men）	0	0	0	0	1	0	0	0
待到梦醒时分（Waiting to exhale）	0	0	0	0	1	0	1	0

电影	流派							
	黑电影（Film-Noir）	恐怖（Horror）	音乐剧（Musical）	神秘（Mystery）	浪漫（Romance）	科幻（Sci-Fi）	惊险（Thriller）	西部（Western）
玩具总动员（Toy Story）	0	0	0	0	0	0	0	0
勇敢者游戏（Jumanji）	0	0	0	0	0	0	0	0
斗气老顽童（Grumpier old men）	0	0	0	0	1	0	0	0
待到梦醒时分（Waiting to exhale）	0	0	0	0	1	0	0	0

　　获取电影流派的代码 4-2 所示。调用 getGenres()方法可以获取所有电影的流派向量。例如，第一部电影"玩具总动员"（movieID=1）的流派向量是[0,1,1,1,1,0,0,0,1,0,0,0,0,0,0,0]。

```
1.  def getGenres(self):
2.      '''''
3.      获取所有电影的流派向量
4.      :return: 所有电影的流派向量
5.      '''
6.      # 电影流派向量。格式：genres[1]=[0,1,1,1,1,0,0,0,1,0,0,0,0,0,0,0,0,0]
7.      genres = defaultdict(list)
```

```
8.          # 电影流派数字编码。格式：genreIDs['Adventure']=1
9.          genreIDs = {}
10.         maxGenreID = 0
11.         with open(MOVIES, newline='', encoding='UTF-8') as rf:
12.             mr = csv.reader(rf)
13.             # 跳过第 1 行
14.             next(mr)
15.             for r in mr:
16.                 # 电影 ID
17.                 movieID = int(r[0])
18.                 # 流派列表
19.                 lst = r[2].split('|')
20.                 genreIDList = []
21.                 for g in lst:
22.                     if g in genreIDs:
23.                         genreID = genreIDs[g]
24.                     else:
25.                         genreID = maxGenreID
26.                         genreIDs[g] = genreID
27.                         maxGenreID += 1
28.                     genreIDList.append(genreID)
29.                 genres[movieID] = genreIDList
30.         # 将整数型的流派转为向量
31.         for (movieID, genreIDList) in genres.items():
32.             bitfield = [0] * maxGenreID
33.             for genreID in genreIDList:
34.                 # 在相应流派的维度上设置值为 1
35.                 bitfield[genreID] = 1
36.             genres[movieID] = bitfield
37.         return genres
```

代码 4-2　电影流派特征

4.3.2　计算电影间的相似度

第 2 步就是计算所有电影之间的相似度。在实际生产环境的推荐系统中，多达几十甚至上百个特征会被用于相似度的计算。这些特征有些是数值型的，如电影长度、评论数量；有些是类别型的，如电影流派、拍摄地点等。这些特征首先要经过一些特殊处理，才能交给召回算法使用。例如，数值型特征要首先进行归一化（normalization）处理，以避免取值范围较大的特征获得更多控制权。而类别型特征通常都有数据稀疏的问题，所以要把高维稀疏向量转为低维稠密向量。我们会在后文中讲解数值型特征的归一化和高维稀疏向量的稠密化等特征工程的方法。这里只聚焦于召回本身，讲解使用余弦相似度来衡量各电影的流派向量，以获得电影之间的相似度。

如前文所述，计算所有电影之间的相似度是非常耗时的。一般都是定期离线计算相似度矩阵后保存在存储介质中，供下游系统使用。示例代码 4-3 演示这个过程。

```
1.  # 预先计算相似度矩阵
2.  def fit(self, trainset):
3.  # AlgoBase 是 Surprise 库中的所有预测算法的基类。详见任务 4.4
4.      AlgoBase.fit(self, trainset)
5.      # 获取所有电影的流派向量
6.      genres = self.getGenres()
7.      # 程序首次运行成功后，会以训练集长度为 ID 将相似度矩阵保存到本地。之后
8.      # 运行程序，会首先使用训练集长度作为 ID 来检测是否有预先计算好的相似度矩阵
9.      trainsetID=len(trainset.all_items())
10.     # 加载预先计算好的相似度矩阵
11.     theMap = None
12.     try:
13.         with open("similarity_matrix.db","rb") as rf:
14.             theMap = pickle.load(rf)
15.     except:
16.         pass
17.     # 如果找到预先计算好的相似度矩阵，就直接使用
18.     if(theMap and (trainsetID in theMap)):
19.         print(" > 加载"+str(trainsetID)+"号相似度矩阵 ...")
20.         self.similarities = theMap[trainsetID]
21.     # 否则重新计算相似度矩阵
22.     else:
23.         print(" > 计算相似度矩阵...")
24.         sim = np.zeros((self.trainset.n_items, self.trainset.n_
items))
25.         for i in range(self.trainset.n_items):
26.             # 每 200 行输出一次状态
27.             if (i % 200 == 0):
28.                 print(" > "+str(i), "/", str(self.trainset.n_items))
29.             for j in range(i+1, self.trainset.n_items):
30.                 mID = int(self.trainset.to_raw_iid(i))
31.                 mID2 = int(self.trainset.to_raw_iid(j))
32.                 # 计算两部电影之间的相似度
33.                 genreSimilarity = self.cosineSimilarity(genres[mID],
genres[mID2])
34.                 sim[i, j] = genreSimilarity
35.                 sim[j, i] = sim[i, j]
```

```
36.        # 保存相似度矩阵
37.        with open("similarity_matrix.db","wb") as wf:
38.            if(theMap is None):
39.                theMap = {}
40.            theMap[trainsetID] = sim
41.            print(" > 保存" + str(trainsetID) + "号相似度矩阵...")
42.            pickle.dump(theMap,wf)
43.        self.similarities = sim
44.    return self
45.
46. # 计算余弦相似度
47. def cosineSimilarity(self, v1, v2):
48.    return (np.dot(v1, v2) / (np.sqrt(np.dot(v1, v1)) * np.sqrt
(np.dot(v2, v2))))
```

代码 4-3　计算所有电影之间的相似度矩阵

代码第 4 行使用 "AlgoBase.fit()" 是因为这段代码所在的类继承 Surprise 库的 AlgoBase 类。在重写它的 fit() 方法时，必须先调用父类的 fit() 方法。详见任务 4.4。

4.3.3　预测用户评分

第 3 步是要对用户未评分的电影进行评分，它是基于内容召回的核心部分。大体上可分为以下几步：

➤ 针对当前用户 u，找到一部未评分电影 i。

➤ 基于电影之间的相似度，在 u 已经评分的电影中找到与 i 最相似的 k 部电影。

➤ 根据这 k 部电影的评分和相似度得分，使用加权平均的方法，预测 u 对于 i 的评分。

示例代码 4-4 如下：

```
1.  # 预测用户 u 对电影 i 的评分
2.  def estimate(self, u, i):
3.
4.      if not (self.trainset.knows_user(u) and self.trainset.knows_
item(i)):
5.          raise PredictionImpossible('未知用户或电影！')
6.
7.      # 获取当前电影 i 与用户 u 已经评分的所有电影的相似度
8.      neighbors = []
9.      for rating in self.trainset.ur[u]:
10.         # self.similarities 是预先计算好的所有电影之间的相似度矩阵
11.         genreSimilarity = self.similarities[i, rating[0]]
12.         neighbors.append((genreSimilarity, rating[1]))
13.     # 找到相似的 k 部电影
```

```
14.     k_neighbors = heapq.nlargest(self.k, neighbors, key=lambda t:
t[0])
15.
16.     # 使用加权平均值，预测用户 u 对电影 i 的评分
17.     simTotal = weightedSum = 0
18.     for (simScore, rating) in k_neighbors:
19.         if (simScore > 0):
20.             simTotal += simScore
21.             weightedSum += simScore * rating
22.
23.     if (simTotal == 0):
24.         raise PredictionImpossible('未找到类似电影！')
25.
26.     predictedRating = weightedSum / simTotal
27.     return predictedRating
```

代码 4-4　预测用户对电影的评分

代码第 9 行的"self.trainset.ur[u]"返回的是用户 u 的电影评分列表，格式为（电影 ID，预测评分）。更多信息请参考 Surprise 库官方文档。

4.3.4　生成头部推荐

第 4 步是在当前用户未评分的电影中，按照预测分数从高到低的顺序，选出前 n 部电影，作为头部推荐返回给当前用户。示例代码 4-5 如下：

```
1. def getTopN(predictions, n=10, minimumRating=3.5):
2.     '''''
3.     创建头部推荐(topN)
4.     :param n: N 值
5.     :param minimumRating: 最低评分阈值
6.     :return: 所有用户的头部推荐字典。格式：用户 id -> (电影 id，预测评分)
7.     '''
8.     topN = defaultdict(list)
9.     for userID, mID, actRating, estRating, _ in predictions:
10.         if (estRating >= minimumRating):
11.             topN[int(userID)].append((int(mID), estRating))
12.     for userID, ratings in topN.items():
13.         ratings.sort(key=lambda x: x[1], reverse=True)
14.         topN[int(userID)] = ratings[:n]
15.     return topN
```

代码 4-5　生成头部推荐

掌握横向评测框架的开发和使用方法

【任务描述】

实际动手开发一款横向评测框架，使用它横向评测多款推荐算法。

【关键步骤】

（1）基于 Surprise 库快速开发一款横向评测框架。

（2）实际评测多款算法，为今后的算法优化打好基础。

在 4.3 节中，我们基于 K 最近邻算法创建了基于内容召回的推荐系统。在后文中，我们还会陆续创建其他类型的推荐系统。为了便于横向比较不同推荐算法的性能，有必要构建一套标准的框架。本任务中我们基于开源的 Python 推荐系统开发包 scikit-surprise 来创建这套框架。scikit-surprise 提供了一系列方便的预测和相似度算法，还支持用户自行添加新的推荐算法进行实验。

4.4.1　自定义预测算法

Surprise 库自带很多实用的预测算法，如 NormalPredictor（随机推荐）、KNNBasic（协同过滤算法）、SVD（因在 Netflix 大奖赛中获胜而名声大噪的矩阵分解法）等。它还支持自定义新的预测算法，如图 4.12 中的 TestAlgorithm。所有的预测算法都继承 Surprise 库中的父类 AlgoBase。这样的好处是用户只需要专注于推荐算法本身，而 Surprise 库则提供了其他辅助功能，从而使得开发效率大幅提升，横向比对各种算法也是"信手拈来"。

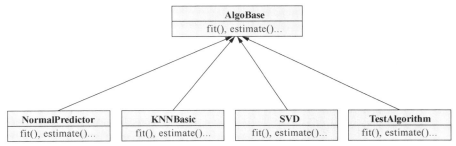

图4.12　所有的预测类都继承AlgoBase

当创建自定义推荐算法时，首先继承父类 AlgoBase，然后必须实现 estimate()方法。该方法会被 Surprise 库自动调用，它有两个参数：内部用户 ID（inner user ID）和内部物品 ID（inner item ID）[①]。调用后返回一个预测值，即用户 u 对物品 i 的预测评分 $\hat{r}_{ui}$。

下面的代码 4-6 创建了 MyOwnAlgorithm 类，它的功能非常简单。对任何用户和物品，都一律预测 3 分。

[①] 内部 ID 是相对于训练集（trainset）中的原始 ID（raw ID）而言的，它是 Surprise 库内部的 ID，是连续的整数。训练集中的原始 ID 可以是字符串或者数字。在创建训练集时，每个原始 ID 都会被映射到唯一的内部 ID。可以使用 trainset 对象的下列方法，在原始 ID 和内部 ID 间转换。例如，trainset.to_inner_uid()、trainset.to_raw_uid()、trainset.to_inner_iid()、trainset.to_raw_iid()等，其中 uid 是用户 ID，iid 是物品 ID。

```
1.  from surprise import AlgoBase
2.  from surprise import Dataset
3.  from surprise.model_selection import cross_validate
4.
5.  class MyOwnAlgorithm(AlgoBase):
6.
7.      def __init__(self):
8.          # 首先调用父类的初始化方法
9.          AlgoBase.__init__(self)
10.
11.     def estimate(self, u, i):
12.         # 总是预测 3 分
13.         return 3
14.
15. data = Dataset.load_builtin('ml-100k')
16. algo = MyOwnAlgorithm()
17. cross_validate(algo, data, verbose=True)
```

代码 4-6　自定义预测算法 1

如果要创建更复杂的预测算法，可以结合 fit()方法一起使用。该方法适合进行一些复杂运算，然后将结果保存下来备用。下面的代码 4-7 计算了训练集中电影的平均评分，然后保存到类的实例变量 the_mean，而 estimate()方法返回该评分。

```
1.  class MyOwnAlgorithm(AlgoBase):
2.      def __init__(self):
3.          # 首先调用父类的初始化方法
4.          AlgoBase.__init__(self)
5.      def fit(self, trainset):
6.          # 首先调用父类的 fit()方法，然后添加其他内容
7.          AlgoBase.fit(self, trainset)
8.          # 计算训练集中电影的平均评分
9.          self.the_mean = np.mean([r for (_, _, r) in self.trainset.all_
ratings()])
10.         return self
11.     def estimate(self, u, i):
12.         return self.the_mean
```

代码 4-7　自定义预测算法 2

进行 n 折交叉验证时会调用 fit()方法。要注意，在添加自己的代码之前，首先要调用父类的 fit()方法。因为 fit()方法返回类实例 self，所以可以继续调用实例的其他方法，如 algo.fit（trainset）.test（testset）。

4.4.2　比较控制器

有了若干要比较的预测算法，还缺少一个控制器来自动运行整个流程。本书项目中使用 Helper 类作为评测控制器。它的主要工作流程包括：

➢ 实例化数据集封装类，分割训练集、留一法数据集等。

➢ 创建算法列表，保存所有待评估的算法。

➢ 依次评估所有算法的正确性和头部推荐的相关指标。

➢ 输出横向评测结果。

代码 4-8 是 Helper 类的主要内容。

```
1.  class Helper:
2.
3.      # 算法列表
4.      algos = []
5.
6.      # 初始化
7.      def __init__(self, dataset, ranking):
8.          # 实例化数据集封装类
9.          self.dataset = LensDataWrapper(dataset,ranking)
10.
11.     # 添加算法
12.     def AddAlgorithm(self, algorithm, name):
13.         self.algos.append([algorithm,name])
14.
15.     # 评估算法列表中的全部算法
16.     def evaluateAlgorithms(self, doTopN):
17.         results = {}
18.         for a,n in self.algos:
19.             print("开始评估\"", n, "\" ...")
20.             results[n] = self.evaluateTheAlgorithm(a, self.dataset,
doTopN)
21.         if (doTopN):
22.             for (name, metrics) in results.items():
23.                 print("算法:{:<6} | RMSE:{:<6.3f} | MAE:{:<6.3f} |
命中率:\
24.                     {:<6.3f} | ARHR:{:<6.3f} | 覆盖率{:<6.3f} | \
25.                                         多样性{:<6.
3f} | 新颖性{:<6.1f}"\.
26.                     format(name, metrics["RMSE"], metrics["MAE"],\
27.                     metrics["HR"],metrics["ARHR"],metrics["Coverage"],\
28.                     metrics["Diversity"], metrics["Novelty"]))
```

```
29.          else:
30.              for (name, metrics) in results.items():
31.                  print("算法:{:<6} | RMSE:{:<6.3f} | MAE:{:<6.3f}" \
32.                      .format(name, metrics["RMSE"], metrics["MAE"]))
33.
34.      # 评估某个算法
35.      def evaluateTheAlgorithm(self, theAlgorithm, theData, doTopN, n=10):
36.          metrics = {}
37.          print("评估准确性...")
38.          theAlgorithm.fit(theData.getTrainSet())
39.          predictions = theAlgorithm.test(theData.getTestSet())
40.          metrics["RMSE"] = BaseMetrics.getRMSE(predictions)
41.          metrics["MAE"] = BaseMetrics.getMAE(predictions)
42.
43.          # 头部推荐
44.          if (doTopN):
45.              print("评估头部推荐...")
46.              theAlgorithm.fit(theData.getLOOCVTrainSet())
47.              leftOutPredictions = theAlgorithm.test(theData. getLOOCVTestSet())
48.              allPredictions = theAlgorithm.test(theData. getLOOCVTestData())
49.              topNPredicted = BaseMetrics.getTopN(allPredictions, n)
50.
51.              print("计算命中率...")
52.              metrics["HR"] = BaseMetrics.getHR(topNPredicted, \
53.                          leftOutPredictions)
54.              metrics["ARHR"] = BaseMetrics.getARHR(topNPredicted, \
55.                          leftOutPredictions)
56.              print("使用所有数据进行推荐...")
57.              theAlgorithm.fit(theData.getFullTrainSet())
58.              allPredictions = theAlgorithm.test(theData.getFull TestData())
59.              topNPredicted = BaseMetrics.getTopN(allPredictions, n)
60.              print("分析覆盖率、多样性和新颖性...")
61.              metrics["Coverage"] = BaseMetrics.getUserCoverage \
62.      (topNPredicted,theData.getFullTrainSet().n_users, ratingThreshold=3.0)
63.              metrics["Diversity"] = BaseMetrics.getDiversity \
```

```
64.                              (topNPredicted, theData)
65.           metrics["Novelty"] = BaseMetrics.getNovelty \
66.                     (topNPredicted,theData.getPopularityRankings())
67.        return metrics
```

代码 4-8　控制器 Helper 的主要代码

4.4.3　评测内容召回推荐算法

本小节的任务是在前文介绍的代码的基础上，编写一个简单的脚本来横向比较内容召回推荐算法和基准推荐算法（baseline algorithm）。因为内容召回算法是本书中编写的第一个算法，所以就以 Surprise 库内置的随机推荐算法作为比较基准。在后文中，我们会编写更多算法，那时基准算法就可以有更多选择。

代码 4-9 中，第 19 行实例化测试算法（TestAlgorithm）。第 21 行把它添加到 helper控制器。第 23 行实例化随机推荐算法。第 25 行把它添加到 helper 控制器。代码运行到第 29 行就会横向评测这两个算法。evaluateAlgorithms()方法有个布尔型的参数，控制是否评测头部推荐的相关指标（如命中率等）。

```
1.  import random
2.  import numpy as np
3.  from surprise import NormalPredictor
4.  from surprise import Dataset,Reader
5.  from chapter4.Helper import Helper
6.  from chapter4.BaseMetrics import getPopularityRanks
7.  from chapter4.TestAlgorithm import TestAlgorithm
8.
9.  RATINGS='../ml-latest-small/ratings.csv'
10. # 设置随机数种子
11. random.seed(626)
12. np.random.seed(626)
13. # 加载 MovieLens 数据集和电影流行度排名
14. lensData = Dataset.load_from_file(RATINGS, reader=Reader(line_format=
'user item rating timestamp', skip_lines=1, sep=','))
15. rankings = getPopularityRanks(RATINGS)
16. # 创建 Helper 来评估不同的算法
17. helper = Helper(lensData, rankings)
18. # 创建测试算法的实例
19. testAlgorithm = TestAlgorithm()
20. # 把测试算法的实例添加到 helper
21. helper.AddAlgorithm(testAlgorithm, "测试算法")
22. # 创建随机推荐实例
23. Random = NormalPredictor()
```

```
24. # 将随机推荐实例添加到 helper
25. helper.AddAlgorithm(Random, "随机推荐")
26. # 评测多个算法
27. # 参数为 True 则评测准确性和头部推荐相关指标（耗时 20min）
28. # 参数为 False 则只评测准确性指标（3min）
29. helper.evaluateAlgorithms(False)
```

代码4-9　比较内容召回和随机推荐算法

在集成开发环境 PyCharm 中，右击 "ContentBasedRecommender.py" 文件。然后在弹出的快捷菜单中单击 "Run'ContentBasedRecommen…'"，如图 4.13 所示。

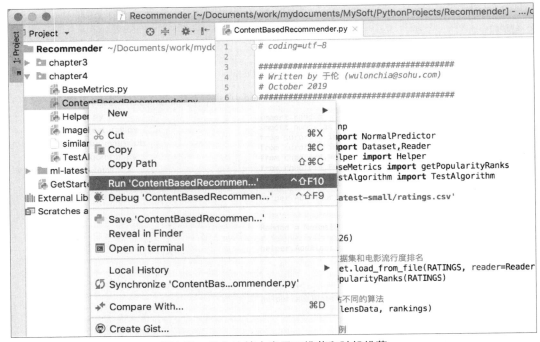

图4.13　横向比较内容召回推荐和随机推荐

如果 evaluateAlgorithms()方法的参数设为 False，则只比较准确性指标。代码运行 3min 左右，输出结果如代码 4-10：

```
1. /anaconda3/envs/Recommendation/bin/python3.6/Users/yulun/Documents/
work/mydocuments/MySoft/PythonProjects/Recommender/chapter4/ContentBased-
Recommender.py
2. Estimating biases using als...
3. Computing the cosine similarity matrix...
4. Done computing similarity matrix.
5. 开始评估 " 测试算法 " ...
6. 评估准确性...
7. > 计算相似度矩阵...
8.  > 0 / 8414
```

```
9.   > 200 / 8414
10. ...
11. > 8400 / 8414
12. > 保存 8414 号相似度矩阵...
13. 开始评估 " 随机推荐 " ...
14. 评估准确性...
15. 算法:测试算法 ｜ RMSE:0.928 ｜ MAE:0.717
16. 算法:随机推荐 ｜ RMSE:1.428 ｜ MAE:1.142
```

代码 4-10　准确性的比较结果

可以看到基于内容召回的测试算法，无论是均方根误差还是平均绝对误差的表现都优于随机推荐算法。如果还想测试头部推荐的相关指标，需要把 evaluateAlgorithms()方法的参数设为 True，然后重新运行该脚本。代码运行 20min 左右，即可看到准确性和命中率、覆盖率、多样性等结果。

任务 4.5　理解基于内容召回的优点和缺点

【任务描述】

深入理解基于内容召回的优点和缺点。

【关键步骤】

（1）理解基于内容召回的优点。

（2）理解基于内容召回的缺点。

内容召回是推荐系统召回模块中最简单的一种算法。它通过物品的固有特征寻找相似物品，然后根据当前用户的喜好给出推荐。它逻辑简单、容易实现，但也有不少固有的缺点。下面分别加以说明。

4.5.1　内容召回的优点

（1）抗干扰性强：内容召回只依赖于物品本身的特征，与用户和物品间的互动行为无关。例如，在第 5 章将要介绍的协同过滤召回中，攻击者为了提升某些商品的热度，用爬虫或机器人制造很多虚假的用户行为数据（浏览、收藏、先购买再退货等）来影响召回结果。而内容召回算法则不会受到这些虚假行为数据的影响，其抗干扰能力很强。

（2）可解释性强：可解释性强在某些场合非常重要。假设执法部门正在调查某电商向某用户推荐某书的原因，内容召回可以很明确地给出解释，即这本书的某些属性与用户曾浏览或购买的书非常类似等。而那些复杂模型，如因子分解机或者深度学习的推荐模型在可解释性方面就不具备优势。

（3）可解决部分冷启动问题：所谓"冷启动"问题是指当新上架的物品或者新用户访问网站时，因为没有足够的数据支持而无法给出合适推荐的问题。针对新上架的物品，内容召回可以只根据内容相似性立即给出推荐，而协同过滤召回需要储备足够多的用户行为数据后才能推荐新上架的物品。针对新用户，协同过滤召回几乎完全没有对应方法来提供服务，而内容召回可以结合热销排行榜等推荐内容来服务新用户。

4.5.2　内容召回的缺点

（1）特征工程难度大：物品特征抽取一般都很复杂，可直接使用的基本特征非常有限。针对长文本信息可使用常规的信息检索方法，加权词频法也未必能涵盖所有重要词汇。图像和视频中的特征抽取更要借助深度学习模型才能实现。同时，现有的特征集合也不能完全代表物品的所有特质，仅仅基于内容召回难免出现以偏概全的问题。假设只基于电影演员、导演等信息进行推荐，那么有些演员和有些导演合作的若干电影都是高度相似、无法区分的了。

（2）拘泥于过去，无法发掘用户的潜在喜好：内容召回依赖于当前用户喜欢的物品进行推荐，那么它产生的推荐也都会和用户过去喜欢的物品相似。也就是说，内容召回无法推测用户尚未明确显露的喜好。如果用户购买过一本科幻书，内容召回推荐系统就会用更多科幻图书将用户"淹没"。但如果用户只是为朋友购买的那本书，其实他自己喜欢文学书呢？内容召回则无法很好地处理这种情况。

综上所述，基于内容的召回是推荐系统发展初期最流行的推荐算法之一。但由于它精度不高，加上与生俱来的限制，其注定无法"独挑大梁"。在实际的生产环境中，通常同时使用多路召回系统，如内容召回、协同过滤召回、深度学习模型召回等，取长补短，全面提高召回的整体表现。

本章小结

（1）基于内容的召回是基于物品固有特征的召回。固有特征分为基本特征、归纳特征和高阶特征等。

（2）抽取文本特征的基本步骤：使用加权词频法等抽取关键词；进行词嵌入。

（3）图像特征的抽取方法：使用预训练模型抽取图像特征。

（4）相似度的衡量方法：曼哈顿距离、欧氏距离、余弦相似度等。

（5）基于内容召回的关键步骤：准备电影特征；计算电影间的相似度；根据当前用户喜好寻找最相似电影；根据评分找到头部推荐。

（6）基于 Surprise 库自定义推荐算法时的关键步骤：继承 AlgoBase 类；实现 estimate() 方法。

（7）基于内容召回的优点：抗干扰性强；可解释性强；可解决部分冷启动问题。

（8）基于内容召回的缺点：特征工程难度大；无法发掘用户的潜在喜好。

本章习题

1.　简答题

（1）为什么要进行词嵌入？

（2）如何抽取图像特征？

（3）如何衡量相似度？

（4）如何使用 Surprise 库自定义推荐算法？

2．操作题

（1）修改代码 4-1 的内容，使用 VGG19 预训练模型抽取图像特征。

（2）修改代码 4-9 的内容，查看头部推荐的相关指标。

基于协同过滤的召回

➤ 掌握协同过滤的基本思想和主要分类
➤ 掌握协同过滤中相似性的衡量方法
➤ 开发一款基于用户的协同过滤推荐系统
➤ 开发一款基于物品的协同过滤推荐系统
➤ 实际评测协同过滤与评分预测融合模型

本章任务

学习本章，读者需要完成以下 5 个任务。读者在学习过程中遇到的问题，可以通过访问课工场官网进行解决。

任务 5.1：掌握协同过滤的基本思想和主要分类

掌握协同过滤的基本思想和两种分类：基于用户的协同过滤和基于物品的协同过滤。

任务 5.2：掌握协同过滤中相似性的衡量方法

理解协同过滤中用户行为数据的特点，学习协同过滤中相似性的衡量方法。

任务 5.3：实际开发一款基于用户的协同过滤推荐系统

通过实际开发一款基于用户的协同过滤推荐系统，掌握基于用户的协同过滤的基本步骤，找到持续优化的方向。

任务 5.4：实际开发一款基于物品的协同过滤推荐系统

通过实际开发一款基于物品的协同过滤推荐系统，掌握基于物品的协同过滤的基本步骤，找到持续优化的方向。

任务 5.5：实际评测协同过滤与评分预测融合模型

厘清协同过滤应用于评分预测的基本思路，通过实际评测，找到持续优化的方向。

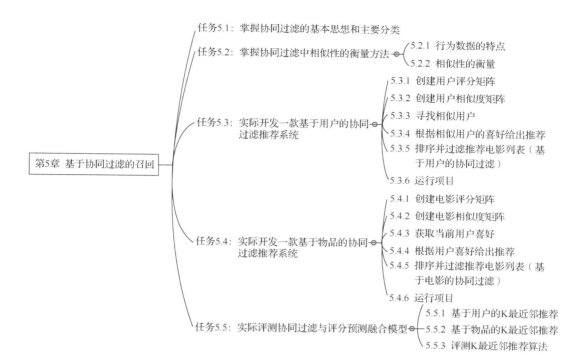

任务 5.1　掌握协同过滤的基本思想和主要分类

【任务描述】

掌握协同过滤的基本思想和两种分类：基于用户的协同过滤和基于物品的协同过滤。

【关键步骤】

（1）掌握协同过滤的基本思想。

（2）掌握协同过滤的两种分类。

第 4 章介绍了基于内容的召回，即基于物品和内容之间的相似性进行召回。但是使用特征集合来表示物品有很多局限性，一方面，特征通常是难以获取的；另一方面，现有特征只能描述物品的某个方面，用这些特征代表物品难免以偏概全。既然如此，那能不能换个思路？我们不抽取物品本身的特征，而是采用众包（crowd sourcing）的方式，借用海量用户的大脑，观察他们对物品的反应，在此基础上找到类似的物品呢？答案是肯定的。这就是协同过滤的基本思想。

与内容召回不同，协同过滤不依赖于物品和内容的特征，而是观察不同的用户与物品之间的互动，在此基础上寻找物品之间的关系。这里还是以电影推荐为例，如果我们收集用户对不同电影的评分来构建评分向量，就可以计算不同用户之间的相似度。然后找到与当前用户最相似的 k 个用户，把他们喜欢的电影推荐给当前用户，这就是基于用户的协同过滤。

图 5.1 所示的用户 1 是推荐系统现在服务的用户，图中的箭头表示用户对电影给出了评分。从箭头和电影的组合情况可以看出，用户 1 和用户 3 是相似的，因为他们都评论过电影 1、电影 2 和电影 4。用户 1 和用户 2 相似度比较低，因为用户 2 只评分过电影 3，且与用户 1 没有交集。因此，我们把用户 3 喜欢的电影 3 推荐给用户 1，应该是合理的。

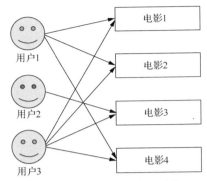

图5.1　基于用户的协同过滤

　　可以看出，基于用户的协同过滤是以用户为中心来计算相似度的。相反地，如果我们以电影为中心来计算相似度，就是基于物品的协同过滤。即把用户当成特征来计算电影之间的相似度。这与内容召回的思路一致，但角度迥异。内容召回是"内观"，而基于物品的协同过滤是"瞭望"。不同的电影在不同的用户那里有不同的评分，也就是说，不同的电影具有吸引不同用户的特质。以此计算不同电影之间的相似度，然后推荐与当前用户感兴趣的电影高度相似的电影就可以了。

　　图 5.2 所示的用户 3 是推荐系统需要服务的用户。从箭头组合情况可以看出，电影 1 和电影 3 是相似的，因为它们都得到了用户 1、2 和 4 的评分，即带有用户 1、2 和 4 的特征。而电影 2 与它们都不同，因为它带有的是用户 2 和 3 的特征。在这种情况下，推荐系统可以为用户 3 推荐电影 1，因为它没给电影 1 评分，而且电影 1 和 3 足够类似。基于物品的协同过滤算法是目前业界应用较多的算法之一，亚马逊、Netflix 和 YouTube 都以它为基础构建了自己的推荐系统。

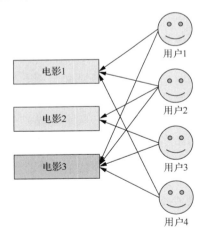

图5.2　基于物品的协同过滤

任务 5.2　掌握协同过滤中相似性的衡量方法

【任务描述】

理解协同过滤中用户行为数据的特点，掌握协同过滤中相似性的衡量方法。

【关键步骤】

（1）理解协同过滤中用户行为数据的特点。

（2）掌握协同过滤中相似性的衡量方法。

如前文所述，基于协同过滤的召回利用海量用户行为数据中体现出来的、关于人或物的相似性来进行推荐，而协同过滤面临的最大挑战，也来自行为数据。

5.2.1　行为数据的特点

行为数据来自用户和系统之间的交互事件。根据场景和性质的不同，交互事件可以显式或隐式地反映用户对物品和内容的喜好。

1. 显式反馈

显式反馈数据来源于用户明确地给物品和内容打分。例如，Netflix 上的电影评分或者亚马逊网站上的商品评分等。显式反馈以量化的方式明确地体现了用户对物品和内容的喜好程度，然而显式反馈也有其自身的问题：

➤ 显式反馈要求用户额外给出反馈，因而数据很稀疏。

➤ 除了刺激因素（如反馈有奖等）的影响，用户一般会在极端的情绪下给出显式反馈，如极度喜欢或讨厌等，所以反馈数据容易呈现两极分化。

➤ 用户个性可能会影响显式评分。保守的人打分较低，宽容的人打分较高。

2. 隐式反馈

隐式反馈是指虽然用户没有明确地针对物品和内容给出评分，但我们可以根据用户的行为推断其喜好。例如，页面浏览、点击、加入购物车、购买、退货，以及线上媒体的观看、收听等。隐式反馈不需要用户的额外输入，因而易于获取。但如果用户没有浏览该物品，能否推断用户不喜欢它呢？很显然答案是否定的。也许用户根本不知道该物品，又或者只是没有时间浏览该物品，总之无法得出不喜欢的结论。

无论是电商网站还是视频网站，选品的数量都是非常巨大的。具体到某个用户，他不可能和所有物品产生互动。虽然用户整体数量庞大，但在计算相似度时，需要两两比较共性行为中蕴含的相似度。此时数据稀疏的问题就非常明显。

表 5.1 中我们列举了 4 名用户对 7 部电影的评分情况。空白单元格表示该用户没有给电影评分。可以看到，用户 1 和 2 都评分的电影有 2 部；用户 1 和 3 则只有 1 部电影；用户 1 和 4 之间则完全没有交集。如果我们把用户对电影的评分转为向量，然后两两比较用户的评分向量时，稀疏的评分数据给相似度的计算带来了很大的挑战。

表 5.1　4 名用户对 7 部电影的评分情况

	玩具总动员	星球大战	阿凡达	夏洛特烦恼	哪吒之魔童降世	中国机长	普罗米修斯
用户 1	4.5	3	3.5		4		
用户 2		4.5	5			4	
用户 3	4			4.5			
用户 4							5

5.2.2　相似性的衡量

基于用户行为数据来计算人或物的相似度的方法有很多。这里从余弦相似度讲起，还会提到修正余弦相似度（adjusted cosine similarity）、皮尔逊相关系数、斯皮尔曼秩相关系数（Spearman rank correlation coefficient）、均方差异相似度（mean squared difference similarity，MSD）、杰卡德相似度（Jaccard similarity）等。

1. 余弦相似度

为了便于理解，我们把第 4 章的余弦相似度公式中的向量 P 和 Q 替换成用户 u 的评分向量 r_u 和用户 v 的评分向量 r_v 来计算用户之间的相似度：

$$\text{cosine\_sim}(u,v) = \frac{r_u \cdot r_v}{\|r_u\|\|r_v\|} = \frac{\sum_{i \in I_{uv}} r_{ui} \cdot r_{vi}}{\sqrt{\sum_{i \in I_{uv}} r_{ui}^2} \sqrt{\sum_{i \in I_{uv}} r_{vi}^2}}$$

在上式中，I_{uv} 是用户 u 和用户 v 都评分过的物品集合。同理，还可以计算物品 i 和 j 之间的相似度：

$$\text{cosine\_sim}(i,j) = \frac{r_i \cdot r_j}{\|r_i\|\|r_j\|} = \frac{\sum_{u \in U_{ij}} r_{iu} \cdot r_{ju}}{\sqrt{\sum_{u \in U_{ij}} r_{iu}^2} \sqrt{\sum_{u \in U_{ij}} r_{ju}^2}}$$

公式中，U_{ij} 是同时评价过物品 i 和 j 的用户集合。

2. 修正余弦相似度

前文提到过，用户在给出评分时会有个人差异。例如，有的人很严谨，很少给出 5 分这种高分；有的人则很随意，评分总是很高。更进一步，不同的性格也会有不同的表现。有的性格严谨，给出的评分偏低；有的性格奔放，高分评价是标配。那么，如何减少这种评分尺度差异给余弦相似度带来的影响呢？一种方法是，在每个人的评分中减去该用户的平均评分，再使用余弦相似度进行比较。这就是修正余弦相似度的基本思想。其公式如下：

$$\text{adjusted\_cosine\_sim}(u,v) = \frac{\sum_{i \in I_{uv}} (r_{ui} - \overline{r}_u) \cdot (r_{vi} - \overline{r}_v)}{\sqrt{\sum_{i \in I_{uv}} (r_{ui} - \overline{r}_u)^2} \sqrt{\sum_{i \in I_{uv}} (r_{vi} - \overline{r}_v)^2}}$$

公式中 $\overline{r}_u$ 就是用户 u 对所有物品评分的平均值。减去平均值就可以降低评分尺度差异带来的影响。

3. 皮尔逊相关系数

余弦相似度还会受到向量平移的影响，如何才能实现平移不变性？以电影评分为例，可以在每个人的评分中都减掉该电影的平均评分，再使用余弦相似度进行比较，就可以得到物品间的皮尔逊相关系数。其公式如下：

$$\text{pearson\_sim}(i,j) = \frac{\sum_{u \in U_{ij}} (r_{iu} - \overline{r}_j) \cdot (r_{ju} - \overline{r}_j)}{\sqrt{\sum_{u \in U_{ij}} (r_{iu} - \overline{r}_i)^2} \sqrt{\sum_{u \in U_{ij}} (r_{ju} - \overline{r}_j)^2}}$$

公式中，$\overline{r}_i$ 就是所有用户对物品 i 评分的平均值。皮尔逊相关系数也可以用来衡量用户之间的相似性，其实就是修正余弦相似度。

4. 斯皮尔曼秩相关系数

斯皮尔曼秩相关系数是皮尔逊相关系数的一种变体。它基于秩（rank）而非原始数值来计算两组变量的相关程度。表 5.2 所示为 5 名用户针对 2 部电影给出的不同评分，第 3 列和第 4 列则是根据各自评分排序得到的秩。如果使用皮尔逊相关系数来计算前 2 列之间的相关系数，两部电影之间的相关系数为 0.898。使用皮尔逊系数计算第 3、4 列的相关系数则高达 0.975，这就是斯皮尔曼秩相关系数。结果表明，后者对异常评分不敏感，只对排序得到的秩敏感。

表 5.2　5 名用户针对 2 部电影给出的不同评分

	电影 1 的评分	电影 2 的评分	电影 1 的秩	电影 2 的秩
用户 1	5	5	5	5
用户 2	4	4	4	(3+4)/2=3.5
用户 3	3.5	4	3	(3+4)/2=3.5
用户 4	2.5	3.5	2	2
用户 5	2	1.5	1	1

此外，皮尔逊相关系数要求两个变量均服从正态分布，而斯皮尔曼秩相关系数没有这个要求。如果每行中的秩都不相同（电影 1 的秩-电影 2 的秩=d_i 都不为 0），还可以使用下面的公式计算斯皮尔曼秩相关系数：

$$Spearman\_sim(i,j) = 1 - \frac{6\sum_{i=1}^{n} d_i^2}{n(n^2-1)}$$

公式中 $\sum_{i=1}^{n} d_i^2$ 表示所有样本中电影 1 的秩与电影 2 的秩的差值的平方和。如果某变量中有相同的值，则使用原本秩的均值作为秩。例如，用户 2 和 3 都为电影 2 打了 4 分，则他们的秩都是 3.5。

5. 均方差异相似度

均方差异衡量的是不同用户针对共同物品打分时的差异程度。计算公式如下：

$$MSD(u,v) = \frac{1}{|I_{uv}|} \cdot \sum_{i \in I_{uv}} (r_{ui} - r_{vi})^2$$

公式中的 $|I_{uv}|$ 是用户 u 和 v 都评分过的物品集合的长度。MSD 还可以衡量不同物品被共同用户打分时体现出的差异程度，公式为：

$$MSD(i,j) = \frac{1}{|U_{ij}|} \cdot \sum_{u \in U_{ij}} (r_{iu} - r_{ju})^2$$

公式中的 $|U_{ij}|$ 是对物品 i 和 j 都打过分的用户集合的长度。上面是计算均方差异的方法。计算均方差异相似度也很简单，即计算均方差异的倒数。在分母上加 1 是为了防止出现分母为 0 的情况。

$$MSD\_sim = \frac{1}{MSD+1}$$

6. 杰卡德相似度

杰卡德相似度使用集合概念来衡量用户 u 和 v 之间的相似度。分子是用户 u 和 v 共同评分过的电影数，分母是用户 u 和 v 评分过的总电影数量。

$$\text{Jaccard\_sim}(u, v) = \frac{|I_u \cap I_v|}{|I_u \cup I_v|}$$

杰卡德相似度只计算评分的电影数量，而忽略了评分值本身。因此，它更适合处理隐式反馈数据（如用户是否浏览、是否购买等行为数据）。

通常，余弦相似度是更常用的相似度算法，而且它也可以处理隐式反馈数据。在本书项目中，除了特殊说明之外，都是用余弦相似度进行计算。

任务 5.3 实际开发一款基于用户的协同过滤推荐系统

【任务描述】

通过实际开发一款基于用户的协同过滤推荐系统，掌握基于用户的协同过滤的基本步骤，找到持续优化的方向。

【关键步骤】

（1）掌握基于用户的协同过滤的基本步骤。

（2）开发一款基于用户的协同过滤推荐系统。

（3）尝试调整参数来优化推荐系统。

基于用户的协同过滤的基本思路就是，观察用户对电影的评分情况，计算用户之间的相似度。然后找到与当前用户最相似的若干用户，把他们评分过的电影排序过滤后推荐给当前用户。

5.3.1 创建用户评分矩阵

在电影网站中，用户为某电影评分后，相关信息会被记录在用户评分表中，如表 5.1 所示。这个基础数据表是实时更新的。推荐系统在此基础上为每个用户创建评分向量。向量的维度数就是表 5.1 中的电影数（列数）。表中的空白单元格在向量对应维度上的值为 0。推荐系统通常会设置一个阈值。如果某用户的空白格数超过阈值，则不会为他创建评分向量，即该用户不参与后期的相似度计算。

5.3.2 创建用户相似度矩阵

推荐系统基于用户评分向量计算余弦相似度来创建用户相似度矩阵，如表 5.3 所示。

表 5.3 用户相似度矩阵

	用户 1	用户 2	用户 3	用户 4
用户 1	1	0.5223658	0.3942617	0
用户 2	0.5223658	1	0	0
用户 3	0.3942617	0	1	0
用户 4	0	0	0	1

可以看到用户 1 与用户 2 之间的相似度是 0.52，因为他们都曾经给《星球大战》和《阿凡达》评分。用户 1 和用户 3 之间的相似度比较低，因为他们之间共同评分的电影只有《玩具总动员》。用户 1 和用户 4 完全不相似，因为没有共同评分的电影。

下面的代码 5-1 为使用 Surprise 库内置的 KNNBasic 模型计算用户相似度矩阵。

```
1.  # 使用 KNNBasic 模型计算用户相似度矩阵：cosine=余弦相似度，user_based=用户
相似度
2.  knn = KNNBasic(sim_options={'name': 'cosine','user_based': True})
3.  knn.fit(ratings)
4.  simsMatrix=knn.sim
```

代码 5-1　计算用户相似度矩阵

实例化 KNNBasic 模型时，指定相似度参数为计算用户间的余弦相似度。之后调用模型实例的 fit()方法计算 ratings 对象中包含的用户相似度矩阵。ratings 对象是 Surprise 库 surprise.Trainset 类的实例。Trainset 是数据集的封装类，它包含很多实用的方法和属性，例如：

➢ 属性 ur，是 user ratings 评分字典。索引是内部用户 ID，值是二元组（item_inner_id, rating）的列表。

➢ 属性 ir，是 item ratings 评分字典。索引是电影内部 ID，值是二元组（user_inner_id, rating）的列表。

➢ 方法 all_users()，是生成器，依次返回所有用户的内部 ID。

更多信息可以参考 Surprise 库官方文档。

5.3.3　寻找相似用户

有了用户相似度矩阵，就可以为当前用户寻找相似用户了。在本章的例子中，与用户 1 相似的用户是用户 2，然后是用户 3。通常，推荐系统还会设定相似度阈值。超过阈值的用户才会被系统纳入考虑范围。

```
1.  # 基于用户相似度矩阵，寻找与当前用户相似的用户
2.  similarUserList = []
3.  innerUserID = ratings.to_inner_uid(currentUserID)
4.  for id, score in enumerate(simsMatrix[innerUserID]):
5.      if (id != innerUserID and score >= 0.998):
6.          similarUserList.append((id, score))
```

代码 5-2　寻找相似用户

代码 5-2 第 4 行中的 simsMatrix 就是用户相似度矩阵。以当前用户内部 ID（innerUserID）为键值，可以取得他和所有用户（包括他自己）之间的相似度数据。代码第 5 行找到所有相似度不小于阈值（0.998）的用户。代码第 6 行把他们添加到相似用户列表中。

5.3.4　根据相似用户的喜好给出推荐

找到相似用户后，就可以根据他们的喜好进行推荐了。在本章例子中，我们把用户 2 和用户 3 评分过的电影推荐给用户 1。具体做法是，遍历用户 2 和用户 3 打分的所有电

影，用评分乘相似度得到推荐电影的分数，供后期排序使用。如果某电影出现多次，则分数会累加。

```
1.  # 根据相似用户的喜好给出推荐
2.  movies = defaultdict(float)
3.  for u in similarUserList:
4.      (u_id,u_sim) = u[0],u[1]
5.      # 遍历该相似用户的所有评分
6.      for u_rating in ratings.ur[u_id]:
7.          # 用评分乘相似度得到推荐电影的分数，同名电影得分会累加
8.          movies[u_rating[0]] += (u_rating[1] / 5.0) * u_sim
```
代码 5-3　生成推荐电影列表

代码 5-3 中 similarUserList 是（用户内部 ID，相似度）二元组的列表。ratings.ur[u_id] 返回相似用户 u_id 的评分字典 u_rating，其格式为（电影内部 ID，评分）二元组。因为电影评分最大值是 5，所以 u_rating[1]/5 是归一化的评分，它乘以相似度 u_sim 后累加得到归一化评分的加权平均值。

5.3.5　排序并过滤推荐电影列表（基于用户的协同过滤）

把推荐电影列表按照分数倒排，然后删除用户 1 已经评分的电影得到最后的头部推荐列表。在实际生产环境的推荐系统中，排序和过滤过程还会考虑一些附加需求，如"爆款"推荐、黑名单等，我们会在后文中介绍。

```
1.  # 获取当前用户已经评分的电影
2.  rated_movies = set()
3.  [rated_movies.add(mID) for mID, _ in trainSet.ur[uiid]]
4.  
5.  # 生成头部推荐（n=10）
6.  n = 0
7.  for itemID, s in sorted(movies.items(), key=itemgetter(1), reverse=
True):
8.      if not itemID in rated_movies:
9.          mID = trainSet.to_raw_iid(itemID)
10.         topN[int(trainSet.to_raw_uid(uiid))].append((int(mID), 0.0))
11.         n += 1
12.         if sampleUserID!="all":
13.             print("(" + str(n) + ") " + movie_list[int(mID)] + ",
得分:" + str(s))
14.         if (n >= 10):
15.             break
```
代码 5-4　排序并过滤推荐列表

代码 5-4 第 2、3 行获取用户已经评分过的电影。第 7 行根据电影分数（评分乘相似度）倒排推荐列表。第 8 行确保只推荐当前用户没评分过的电影。

5.3.6　运行项目

将本章代码放到项目的根目录中，然后在集成开发环境 PyCharm 中右击"UserBased CF.py"文件，在弹出的快捷菜单中选择运行该文件，如图 5.3 所示。

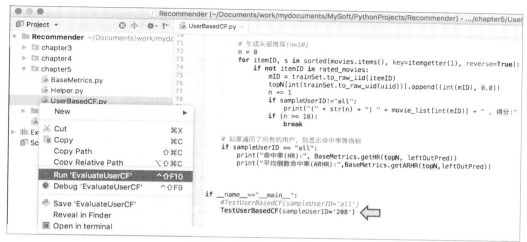

图5.3　为用户208推荐电影

图 5.3 所示的箭头处的代码值得留意。这里指定用户原始 ID 是 208，原因是该用户的电影喜好与编者很接近，都喜欢科幻、冒险、悬疑类影片。让推荐系统为他做推荐，编者可以很容易地对推荐结果给出定性的评价。稍等片刻，结果如代码 5-5 所示。

1. /anaconda3/envs/Recommendation/bin/python3.6 /Users/yulun/Documents/ work/mydocuments/MySoft/PythonProjects/Recommender/chapter5/UserBasedCF.py

2. Estimating biases using als...

3. Computing the cosine similarity matrix...

4. Done computing similarity matrix.

5. (1) Shawshank Redemption, The (1994) ，得分:43.6793800377

6. (2) Silence of the Lambs, The (1991) ，得分:31.7810391337

7. (3) Star Wars: Episode IV - A New Hope (1977) ，得分:29.5897674039

8. (4) Toy Story (1995) ，得分:28.585535955

9. (5) Matrix, The (1999) ，得分:27.2865572619

10. (6) Jurassic Park (1993) ，得分:25.2919598899

11. (7) Aladdin (1992) ，得分:24.0899248407

12. (8) Usual Suspects, The (1995) ，得分:24.0891451622

13. (9) Schindler's List (1993) ，得分:22.884817888

14. (10) True Lies (1994) ，得分:22.4901300714

代码 5-5　用户 208 的推荐结果

可以看到，头部推荐中得分最高的是《肖申克的救赎》（*Shawshank Redemption*），然后是《沉默的羔羊》（*Silence of the Lambs*）、《星球大战》（*Star Wars*）等。

如果想评测该算法在所有用户中的表现，请按照图 5.4 所示的方法，将 sampleUserID

的值改为 all，之后重新运行该文件即可。

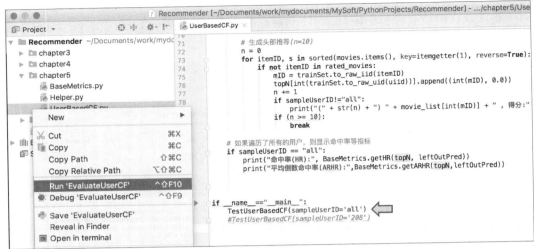

图5.4　为所有用户推荐电影

稍等片刻，结果如代码 5-6 所示。

```
1.  /anaconda3/envs/Recommendation/bin/python3.6/Users/yulun/Documents/
work/mydocuments/MySoft/PythonProjects/Recommender/chapter5/UserBasedCF.py
2.  Estimating biases using als...
3.  Computing the cosine similarity matrix...
4.  Done computing similarity matrix.
5.  命中率(HR): 0.03129657228017884
6.  平均倒数命中率(ARHR): 0.013118302462564757
```

代码 5-6　所有用户的推荐结果

程序不会输出推荐电影的具体名称，但会显示该算法的主要评测指标，如命中率 3.13%，平均倒数命中率 1.31%等。

任务 5.4　实际开发一款基于物品的协同过滤推荐系统

【任务描述】

通过实际开发一款基于物品的协同过滤推荐系统，掌握基于物品的协同过滤的基本步骤，找到持续优化的方向。

【关键步骤】

（1）掌握基于物品的协同过滤的基本步骤。

（2）开发一款基于物品的协同过滤推荐系统。

（3）尝试调整参数来优化推荐系统。

协同过滤的第二种方法，就是以物品为中心，以共同用户为特征来计算相似度，即基于物品的协同过滤。不同的电影从不同的用户那里得到了不同的评分，也就是说，不同的电影身上具有不同用户的特征，以此计算电影之间的相似度。然后挑选与当前用户感兴趣的电影高度类似的电影，排序并筛选后就可以推荐给当前用户了。

许多大型公司的推荐系统都是基于物品协同过滤的。例如，亚马逊早在 1998 年就上线了基于物品的协同过滤，服务千万量级的用户并产生了质量良好的效果。2003 年，亚马逊发表论文，公布了基于物品的协同过滤算法。

基于物品的协同过滤的优势体现在以下几个方面。

（1）稳定性：用户的兴趣喜好是频繁变化的。也许某个用户上个月还在追科幻剧集，这个月就喜欢上喜剧片了。用户的兴趣点随着用户的年龄、生活状态、社会热点而不断变化。相比较而言，物品通常更稳定。以图书为例，经管类和小说类，科技类和少儿类，特色鲜明，"各说各话"。任凭时间流逝，世事变化，它们之间的相似度也不会有太多不同。虽然协同过滤是依靠"众包力量"，即用户行为来定义相似度。除了极个别和瞬变数据外，各类图书之间依然泾渭分明。

（2）网站用户数量巨大，而物品的种类有限。中国互联网信息中心（China Internet Network Information Center，CNNIC）数据显示，截至 2019 年 6 月，我国网民规模达 8.5 亿。电商产品种类达千万级，电影网站的物品数量就较少。基于用户的协同过滤意味着需要计算更大的用户相似度矩阵，而基于物品的协同过滤的相似度矩阵更小，计算效率更高，实时性更好，这对大型公司来说都是极其重要的优势。

下面，我们以 MovieLens 数据集为例，实现一个基于物品的协同过滤推荐系统。

5.4.1　创建电影评分矩阵

将表 5.1 进行转置，行是电影，列是用户评分，就得到了电影评分，如表 5.4 所示。这个数据表同样是实时更新的。

表 5.4　电影评分

	用户 1	用户 2	用户 3	用户 4
玩具总动员	4.5		4	
星球大战	3	4.5		
阿凡达	3.5	5		
夏洛特烦恼			4.5	
哪吒之魔童降世	4			
中国机长		4		
普罗米修斯				5

推荐系统在此基础上为每部电影创建评分向量。向量的维度数就是表中用户数（列数）。表中的空白单元格在向量对应维度上的值为 0。推荐系统通常会设置一个阈值，如果某部电影的空白单元格数超过阈值，则不会为它创建评分向量，即该电影无法使用协同过滤算法获取相似度。例如，刚上映的电影因为没有获得足够多的用户评分，就无法参与协同过滤的计算。此时的备选方案是基于内容的召回，相似度计算是基于电影本身的特征进行的。

5.4.2 创建电影相似度矩阵

推荐系统基于电影评分向量计算余弦相似度来创建电影相似度矩阵，如表 5.5 所示。

表 5.5 电影相似度矩阵

	玩具总动员	星球大战	阿凡达	夏洛特烦恼	哪吒之魔童降世	中国机长	普罗米修斯
玩具总动员	1	0.4146	0.4286	0.6644	0.7474	0	0
星球大战	0.4146	1	0.9997	0	0.5547	0.8321	0
阿凡达	0.4286	0.9997	1	0	0.5735	0.8192	0
夏洛特烦恼	0.06644	0	0	1	0	0	0
哪吒之魔童降世	0.7474	0.5547	0.5735	0	1	0	0
中国机长	0	0.8321	0.8192	0	0	1	0
普罗米修斯	0	0	0	0	0	0	1

可以看到《玩具总动员》和《哪吒之魔童降世》的相似度是 0.7474，因为用户 1 都给出了评分。《星球大战》和《阿凡达》的相似度高达 0.9997，因为用户 1 和用户 2 都给出了评分。另外，《星球大战》和《中国机长》的相似度也不低，因为用户 2 给出了高分。《普罗米修斯》和表中的任何电影都不相似，只是因为用户评分数据不够，并不是这些电影真的不相似。之前也说过，这些相似性都是用户投票的结果，即众包结果。

代码 5-7 演示了如何使用 Surprise 库内置的 KNNBasic 模型计算电影相似度矩阵。请注意参数 user_based 值必须设为 False。

```
1.  # 使用 KNNBasic 模型计算电影相似度矩阵：cosine=余弦相似度，user_based=电影相似度
2.  knn = KNNBasic(sim_options={'name': 'cosine','user_based': False})
3.  knn.fit(ratings)
4.  simsMatrix=knn.sim
```

代码 5-7　计算电影相似度矩阵

这里的相似度参数为电影间的余弦相似度。ratings 对象还是 Surprise 库 surprise.Trainset 类的实例。

5.4.3 获取当前用户喜好

有了电影相似度矩阵，就可以根据当前用户喜欢的电影寻找相似电影了。寻找当前用户喜欢的电影有很多方法：可以根据评分倒排当前用户打分过的电影，选取前 n 部；也可以设定一个评分阈值，选取当前用户评分超过阈值的电影。具体哪种方法更好，要看线上测试结果。下面的代码 5-8 使用了后者。

```
1.  # 该用户喜欢的电影 favoriteItems
2.  favoriteItems=[]
3.  for (mID,rating) in trainSet.ur[uiid]:
4.      if (rating > 3.0):
5.          favoriteItems.append((mID,rating))
```

代码 5-8　获取当前用户喜欢的电影

代码 5-8 中第 4 行的 3.0 就是评分阈值。

5.4.4　根据用户喜好给出推荐

接下来可以根据用户喜好，寻找相似的电影了。具体做法是，遍历当前用户喜欢的电影，用评分乘相似度得到推荐电影的分数，供后期排序使用。如果某电影出现多次，则分数会累加。示例代码 5-9 如下：

```
1.  # 根据当前用户喜欢的电影，寻找最相似电影
2.  movies = defaultdict(float)
3.  for itemID, rating in favoriteItems:
4.      for innerMID, sim in enumerate(simsMatrix[itemID]):
5.          # 用评分乘相似度得到推荐电影的分数，同名电影得分会累加
6.          movies[innerMID] += (rating / 5.0) * sim
```
代码 5-9　生成推荐列表

5.4.5　排序并过滤推荐电影列表（基于电影的协同过滤）

把推荐电影列表按照分数倒排，然后删除当前用户已经评分过的电影得到最后的头部推荐列表。示例代码 5-10 如下：

```
1.  # 获取当前用户已经评分的电影
2.  rated_movies = set()
3.  [rated_movies.add(mID) for mID, _ in trainSet.ur[uiid]]
4.
5.  # 生成头部推荐
6.  n = 0
7.  for itemID, s in sorted(movies.items(), key=itemgetter(1), reverse=True):
8.      if not itemID in rated_movies:
9.          mID = trainSet.to_raw_iid(itemID)
10.         topN[int(trainSet.to_raw_uid(uiid))].append((int(mID), 0.0))
11.         n += 1
12.         if sampleUserID!="all":
13.             print("(" + str(n) + ") " + movie_list[int(mID)] + ", 得分:" + str(s))
14.         if (n >= 10):
15.             break
```
代码 5-10　排序并过滤推荐列表

代码第 2、3 行获取用户已经评分过的电影。第 7 行根据电影分数（评分乘相似度）倒排推荐列表。第 8 行确保只推荐当前用户没评分过的电影。

5.4.6　运行项目

在集成开发环境 PyCharm 中右击"ItemBasedCF.py"文件。在弹出的快捷菜单中选

115

择运行该文件，如图 5.5 所示。

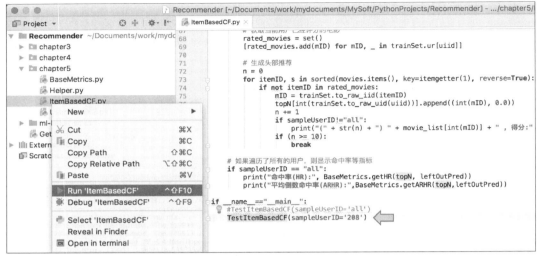

图5.5　为用户208推荐电影

图 5.5 中箭头所示，指定用户原始 ID 为 208 后运行代码，输出如代码 5-11 所示。

1. /anaconda3/envs/Recommendation/bin/python3.6/Users/yulun/Documents/work/mydocuments/MySoft/PythonProjects/Recommender/chapter5/ItemBasedCF.py

2. Estimating biases using als...

3. Computing the cosine similarity matrix...

4. Done computing similarity matrix.

5. (1) Munich (2005)，得分:32.1921688534

6. (2) Town, The (2010)，得分:32.1427037159

7. (3) Monty Python's And Now for Something Completely Different (1971)，得分:32.1308186016

8. (4) Hurt Locker, The (2008)，得分:32.0721016115

9. (5) Ray (2004)，得分:32.0536237673

10. (6) Inglourious Basterds (2009)，得分:32.0331560805

11. (7) Blood Diamond (2006)，得分:32.0308447876

12. (8) Step Brothers (2008)，得分:32.0296619505

13. (9) Boyz N the Hood (1991)，得分:32.0203358441

14. (10) Inconvenient Truth, An (2006)，得分:32.0174062966

代码 5-11　用户 208 的推荐结果

可以看到，头部推荐中得分最高的是《慕尼黑》，然后是《城中大盗》《巨蟒组》等。如果想测试该算法在所有用户数据中的头部命中率，可以按照图 5.6 所示的方法，将 sampleUserID 的值改为 all，之后重新运行该文件即可。

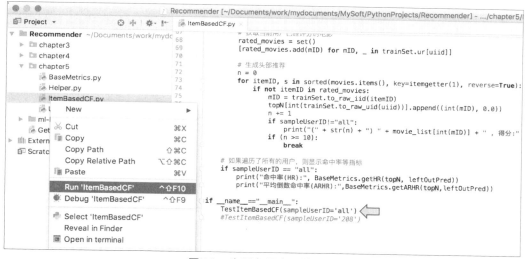

图5.6　为所有用户推荐电影

稍等片刻，代码输出如代码 5-12 所示。

```
1.  /anaconda3/envs/Recommendation/bin/python3.6/Users/yulun/Documents/
work/mydocuments/MySoft/PythonProjects/Recommender/chapter5/ItemBasedCF.py
2.  Estimating biases using als...
3.  Computing the cosine similarity matrix...
4.  Done computing similarity matrix.
5.  命中率(HR)：0.011922503725782414
6.  平均倒数命中率(ARHR)：0.004081801622785229
```

代码 5-12　所有用户的推荐结果

可以看到命中率为 1.19%，低于物品协同过滤的 3.13%。平均倒数命中率 0.41% 也低于物品协同过滤的 1.31%。理论上，基于物品的协同过滤的效果要优于基于用户的协同过滤。这两个指标表现不佳的原因主要如下。

（1）MovieLens 数据集对用户进行了预处理。如任务 2.2 中提到的，这个数据集包括 610 名用户在 1996 年 3 月—2018 年 9 月，在 MovieLens 网站上对 9742 部电影给出的 100 836 个评分和 3683 个标签数据。所有用户都至少评价过 20 部电影。这说明数据集剔除了评论少的用户，可能是注册时间晚所以评论少，或者虽然是老用户但在评分方面不是很积极。总之，留下的用户都是比较均质、积极的用户。所以，以评分行为进行用户相似度比较的时候，更容易找到类似的优质用户。以此为基点找到的相似电影也会相对均衡，命中率和倒数命中率都会比较高。

（2）基于物品的协同过滤中，需要先找到当前用户喜欢的电影。我们的算法（代码 5-9）中是以 3 分为分水岭，找到评分较高的电影作为用户喜欢的电影。隐含的意思是，如果留一法的测试集中，某用户的电影评分低于 3 分，推荐列表中的电影都是基于他过去评分在 3 分以上的电影找到的，这些电影在大概率下都无法"击中"测试集中的低分电影。

任务 5.5 实际评测协同过滤与评分预测融合模型

【任务描述】

厘清协同过滤应用于评分预测的基本思路，通过实际评测，找到持续优化的方向。

【关键步骤】

（1）厘清将协同过滤应用于评分预测的基本思路。

（2）掌握基于用户和基于物品的 K 最近邻推荐方法。

（3）实际评测 K 最近邻推荐算法。

如前文所述，不管是基于用户的协同过滤，还是基于物品的协同过滤，都是利用海量用户行为数据来计算用户或物品之间的相似度，进而给出推荐的。它不会预测当前用户对某物品的评分，所以前文中关于评测指标也没有准确性（平均绝对误差、均方根误差）的"身影"。但是，协同过滤也确实被应用到了基于评分预测的模型中，最典型的例子就是 K 最近邻推荐模型（K-nearest neighbors recommender）。

5.5.1 基于用户的 K 最近邻推荐

基于用户的 K 最近邻推荐（user-based KNN）的步骤是：针对当前用户 u，为每一个未评分的物品 i 生成预测评分 $\hat{r}_{ui}$。然后把所有未评分物品根据预测分数倒排，选出前 n 个物品推荐给当前用户 u。预测评分 $\hat{r}_{ui}$ 的逻辑如下。

➤ 基于协同过滤的相似度矩阵，在所有已经给物品 i 评分过的用户中，找到 k 个与当前用户最相似的邻居。

➤ 根据这 k 个最近邻的相似度和评分，使用加权平均法预测用户 u 对物品 i 的评分。

预测评分 $\hat{r}_{ui}$ 的公式如下：

$$\hat{r}_{ui} = \frac{\sum_{v \in N_i^k(u)} \text{sim}(u,v) \cdot r_{vi}}{\sum_{v \in N_i^k(u)} \text{sim}(u,v)}$$

公式中 $N_i^k(u)$ 表示由用户 u 的 k 个最近邻所构成的集合。$\text{sim}(u,v)$ 是用户 u 和用户 v 之间的相似度，它是从协同过滤的相似度矩阵中抽取的。这是协同过滤和评分预测模型的结合点。r_{vi} 是用户 v 针对物品 i 的实际评分。

5.5.2 基于物品的 K 最近邻推荐

基于物品的 K 最近邻的推荐步骤与基于用户的 K 最近邻推荐相同，区别在于预测评分 $\hat{r}_{ui}$ 的方式。具体如下：

➤ 在用户 u 评分过的物品中，基于协同过滤相似度矩阵找到 k 个与物品 i 最相似的物品。

➤ 根据这 k 个最近邻物品的相似度和评分，使用加权平均法预测用户 u 对物品 i 的评分。

预测评分 $\hat{r}_{ui}$ 的公式如下：

$$\hat{r}_{ui} = \frac{\sum\limits_{j \in N_u^k(i)} \text{sim}(i,j) \cdot r_{uj}}{\sum\limits_{j \in N_u^k(i)} \text{sim}(i,j)}$$

公式中 $N_u^k(i)$ 表示由物品 i 的 k 个最近邻所构成的集合。$\text{sim}(i,j)$ 是物品 i 和 j 之间的相似度，它是从协同过滤的相似度矩阵中抽取的。这是协同过滤和评分预测模型的结合点。r_{uj} 是用户 u 给物品 j 的实际评分。

5.5.3　评测 K 最近邻推荐算法

本小节我们编写脚本 "KNN-Recommender.py"，使用第 4 章中介绍的比较控制器（helper 类）来横向比较 3 种算法：基于用户的 K 最近邻、基于物品的 K 最近邻和随机推荐。脚本代码 5-13 如下：

```
1.  import random
2.  import numpy as np
3.  from surprise import KNNBasic
4.  from surprise import NormalPredictor
5.  from surprise import Dataset,Reader
6.  from chapter5.Helper import Helper
7.  from chapter5.BaseMetrics import getPopularityRanks
8.
9.  # 设置随机种子
10. random.seed(626)
11. np.random.seed(626)
12.
13. # MovieLens 数据集文件路径
14. rating_file='../ml-latest-small/ratings.csv'
15.
16. # 加载 MovieLens 数据集的评分数据
17. data = Dataset.load_from_file(rating_file, reader=Reader(line_ format=
'user item rating timestamp', skip_lines=1, sep=','))
18. # 加载 MovieLens 数据集的电影流行度排行数据
19. rankings = getPopularityRanks(rating_file)
20.
21. # Helper 实例负责横向比较多个算法
22. helper = Helper(data,rankings)
23.
24. # 基于用户的 K 最近邻推荐
25. uKNN = KNNBasic(sim_options = {'name': 'cosine', 'user_based': True})
26. helper.addAlgorithm(uKNN, "用户 K 最近邻")
27. # 基于物品的 K 最近邻推荐
28. iKNN = KNNBasic(sim_options = {'name': 'cosine', 'user_based': False})
```

```
29. helper.addAlgorithm(iKNN, "物品 K 最近邻")
30. # 随机推荐模型
31. r = NormalPredictor()
32. helper.addAlgorithm(r, "随机推荐")
33.
34. # 评测多个算法
35. # 参数为 True 则评测准确性和头部推荐相关指标（耗时 20min）
36. # 参数为 False 则只评测准确性指标（2min）
37. helper.evaluateAlgorithms(False)
```

代码 5-13　比较 3 种推荐算法

代码的前半部分我们已经比较熟悉了。第 26 行添加了基于用户 K 最近邻的实例，第 29 行添加了基于物品 K 最近邻的实例，第 32 行添加了随机推荐的实例。代码运行到第 37 行时，开始横向比较 3 种推荐算法。

在集成开发环境 PyCharm 中，右击 "KNN-Recommender.py" 文件。在弹出的菜单中单击运行该文件。代码运行 2min 后，输出结果如代码 5-14 所示。

```
1. /anaconda3/envs/Recommendation/bin/python3.6  /Users/yulun/Documents/
work/mydocuments/MySoft/PythonProjects/Recommender/chapter5/KNN-Recommender.py
2. Estimating biases using als...
3. Computing the cosine similarity matrix...
4. Done computing similarity matrix.
5. 开始评估 " 用户 K 最近邻 " ...
6. 评估准确性...
7. ...
8. 开始评估 " 物品 K 最近邻 " ...
9. 评估准确性...
10. ...
11. 开始评估 " 随机推荐 " ...
12. 评估准确性...
13. 算法:用户 K 最近邻 | RMSE:0.999 | MAE:0.774
14. 算法:物品 K 最近邻 | RMSE:0.993 | MAE:0.774
15. 算法:随机推荐  | RMSE:1.428 | MAE:1.142
```

代码 5-14　准确性比较结果

可以看到基于物品的 K 最近邻推荐算法取得了最好的成绩，无论是均方根误差还是平均绝对误差都要优于用户 K 最近邻和随机推荐算法。我们要强调的是，离线测试指标的高低并不是评判推荐算法优劣的关键因素。一个推荐算法好不好，还是要经过线上测试的检验才能确定。

本章小结

（1）协同过滤中体现的"众包"思想。

（2）协同过滤的两种基本方法：基于用户的协同过滤和基于物品的协同过滤。

（3）协同过滤中用户行为数据的特点。

（4）协同过滤中的相似性及其衡量方法。

（5）协同过滤与评分预测的融合——K 最近邻推荐算法。

（6）横向评测 K 最近邻推荐算法。

本章习题

1. 简答题

（1）协同过滤召回与内容召回的最大区别是什么？

（2）为什么基于物品的协同过滤的表现会更好？

（3）为什么不能衡量协同过滤的准确性？

（4）比较基于物品的 K 最近邻推荐算法与基于内容召回的推荐算法。说出它们在预测用户评分时的最大差异是什么。

2. 操作题

编写 Python 代码，根据表 5.1 所示的内容，计算表 5.3 的数值。

第 6 章

基于深度学习的召回

技能目标

➢ 掌握并实际评测矩阵分解算法
➢ 掌握并实际评测受限玻尔兹曼机算法
➢ 掌握并实际评测自动编码机算法
➢ 掌握 YouTube 基于深度学习的召回模型
➢ 了解 Netflix 的推荐模型

本章任务

学习本章,读者需要完成以下 5 个任务。读者在学习过程中遇到的问题,可以通过访问课工场官网解决。

任务 6.1:掌握并实际评测矩阵分解算法

掌握矩阵分解的基本思想,了解推荐系统中 SVD 算法与奇异值分解的不同,实际评测一款矩阵分解算法的性能。

任务 6.2:掌握并实际评测受限玻尔兹曼机算法

掌握受限玻尔兹曼机的基本思想,理解它被称作"人工神经网络始祖"的原因,实际评测一款受限玻尔兹曼机的性能。

任务 6.3:掌握并实际评测自动编码机算法

掌握自动编码机的原理,理解使用现代的深度学习框架训练它时存在的问题,实际评测一款自动编码机算法。

任务 6.4:掌握 YouTube 基于深度学习的召回模型

了解 YouTube 推荐系统面临的挑战,理解 YouTube 深度学习模型解决数据稀疏问题的方法,掌握其模型架构和主要特征的处理方法。

任务 6.5：了解 Netflix 的推荐模型

了解 Netflix 的同时使用多种推荐算法进行集成学习的基本思路，理解 Netflix 放弃追求评分准确性转而全面拥抱在线测试的原因，理解整页优化的概念。

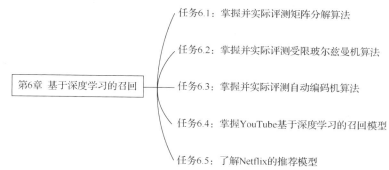

第 5 章介绍了基于协同过滤的召回，包括基于用户的协同和基于物品的协同。这些传统的召回方法，在推荐系统发展初期就得到了大规模部署，可服务于千万量级用户，并产生了良好的推荐效果。但协同过滤器对行为数据中的噪声和缺失值非常敏感，要想取得理想的效果，必须有海量干净且齐整的数据。这给中小型网站的实际应用带来了许多限制，人们开始探索新的召回方法。

2006 年 10 月 2 日，Netflix 公司举办了推荐算法大奖赛。这是一个机器学习与数据挖掘的比赛，目的是在全球范围内征集新的推荐算法，来提升 Netflix 公司现有算法的评分预测准确性。谁能将准确性提升 10%，谁就能拿走 100 万美元（约 779 万元人民币）奖金。来自全球 150 多个国家的 2 万支队伍报名参赛。大赛持续了将近 3 年。就在组委会宣布比赛结束前的 24min，时间定格在 2009 年 7 月 26 日 18 点 18 分，BellKor's Pragmatic Chaos 联合团队力压 The Ensemble 团队夺得冠军。排名情况如图 6.1 所示。他们采用了包括矩阵分解机和受限玻尔兹曼机在内的集成学习方法。

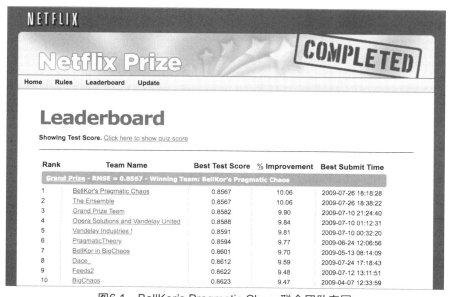

图6.1　BellKor's Pragmatic Chaos联合团队夺冠

那么，矩阵分解和受限玻尔兹曼机到底有什么优势，能在 Netflix 大奖赛中拔得头筹？其实矩阵分解和受限玻尔兹曼机都是应用机器学习的方法，即先根据用户评分数据训练一个模型，然后使用这个模型来预测用户对新物品的评分。所谓"他山之石可以攻玉"，使用机器学习模型来预测评分，可以将机器学习的潜能释放出来，改善推荐系统的表现。下面，我们依次介绍这两种模型。

任务 6.1　掌握并实际评测矩阵分解算法

【任务描述】

掌握矩阵分解的基本思想，了解推荐系统中 SVD 算法与奇异值分解的不同，实际评测一款矩阵分解算法的性能。

【关键步骤】

（1）掌握矩阵分解的基本思想。

（2）了解推荐系统中 SVD 算法与标准奇异值分解的不同。

（3）实际评测矩阵分解算法与随机推荐算法。

矩阵分解就是把原本巨大的、稀疏的用户评分矩阵分解成两个小而稠密的矩阵的乘积。然后就可以使用这两个稠密矩阵的乘积来复原用户评分矩阵中的缺失值，即预测用户对新物品的评分。接下来，结合电影评分的案例进行说明。表 6.1 所示为稀疏的用户评分矩阵，包含很多缺失值（表 6.1 中的问号）。

表 6.1　稀疏的用户评分矩阵

	玩具 总动员	星球大战	阿凡达	夏洛 特烦恼	哪吒之 魔童降世	中国机长	普罗 米修斯
用户 1	4.5	3	3.5	?	4	?	?
用户 2	?	4.5	5	?	?	4	?
用户 3	4	?	?	4.5	?	?	?
用户 4	?	?	?	?	?	?	5

我们知道，协同过滤器需要计算相似度矩阵。具体来说，就是把稀疏的评分矩阵中的缺失值（表 6.1 中的问号）设为 0，然后使用余弦相似度等方法进行计算。这个操作实际上修改了用户评分。用户没有给某电影评分，可能是没看过某电影，或者没时间、没意愿去评分。我们把缺失值设为 0，意味着代替用户表态，这会引起失真。但使用矩阵分解技术，就可以解决这个问题。

矩阵分解有多种算法。我们先以标准的奇异值分解为例进行说明。奇异值分解按照事先指定的维度（如二维），将原本稀疏的评分矩阵 R 分解为：稠密的用户隐特征矩阵 U、电影隐特征矩阵的转置 V^{T} 和一个对角阵 Σ。所谓隐特征[①]，是指这些特征是隐藏在数据中的被算法挖掘出来的特征。隐特征本身没有明确的含义，但是在隐特征所代表的新维度上，原始特征被最大程度地保留下来，即方差最大化。奇异值分解的公式如下：

$$R = U\Sigma V^{\mathrm{T}}$$

---

① 隐特征即 latent feature 或 latent factor。

在获取了 U 和 V^T 后，就可以把二者相乘来复原评分矩阵 R。需要说明的是，用户评分矩阵 R 中有很多缺失值，没办法用标准的奇异值分解算法来处理。

因此，推荐系统中的"SVD"算法其实是奇异值分解的一种变形。它把复杂的求解问题转化为相对简单的优化问题。首先，随机初始化用户隐特征矩阵和电影隐特征矩阵；然后使用梯度下降法（gradient descent，GD）处理，或者在初始化过程中结合均值和随机值再运用交替最小二乘法（Alternating-Least-Squares，ALS），反复修正两个隐特征矩阵中的值，来最小化预测分数与实际分数之间的差异，即：

$$\min_{p,q,b} \sum_{u,i} (r_{ui} - \mu - b_u - b_i - \boldsymbol{p}_u^{\mathrm{T}} \cdot \boldsymbol{q}_i)^2 + \lambda \left(\|\boldsymbol{p}_u\|^2 + \|\boldsymbol{q}_i\|^2 + b_u^2 + b_i^2 \right)$$

公式中的 r_{ui} 是用户 u 对电影 i 的实际评分，而 $\boldsymbol{p}_u^{\mathrm{T}} \cdot \boldsymbol{q}_i$ 是用户 u 对电影 i 的预测评分。μ 是所有电影的平均评分，b_u 是用户 u 的评分偏见（bias），b_i 是电影 i 的评分表现出的偏见，λ 是 L2 类型正则化系数，$\boldsymbol{p}_u$ 是用户 u 的隐特征向量，$\boldsymbol{q}_i$ 是电影 i 的隐特征向量。它们和后面两个偏见平方数一起作为正则化项，防止模型过拟合实际的电影评分。

SVD 算法实际上只考虑了显式反馈数据。它的另一种变形算法"SVD++"则加入了对隐式反馈数据的支持，这里不赘述。使用 SVD 或者 SVD++算法可以得到用户隐特征矩阵和电影隐特征矩阵。

观察图 6.2，使用 SVD 或者 SVD++算法进行矩阵分解后，可得到右下角的用户隐特征矩阵和左下角的电影隐特征矩阵。

	喜剧	科幻
用户1	1.428169	1.583146
用户2	2.435157	1.398546
用户3	1.383281	1.393857
用户4	1.126475	1.784216

×

	玩具总动员	星球大战	阿凡达	夏洛特烦恼	哪吒之魔童降世	中国机长	普罗米修斯
喜剧	1.5721909	1.3509171	1.7055317	1.5114488	1.3572892	1.2602773	1.3400346
科幻	1.360547	0.7765	0.6334493	1.6884983	1.2973236	0.6676721	1.9507488

≈

	玩具总动员	星球大战	阿凡达	夏洛特烦恼	哪吒之魔童降世	中国机长	普罗米修斯
用户1	4.5	3	3.5	?	4	?	?
用户2	?	4.5	5	?	?	4	?
用户3	4	?	?	4.5	?	?	?
用户4	?	?	?	?	?	?	5

图6.2　矩阵分解

有了隐特征矩阵，我们就可以根据需要抽出某用户 i 和某电影 j 的隐特征向量，转置其中一个向量后再进行点乘（dot product），即可拟合出该用户对该电影的评分，其公式如下：

$$r_{ij} \approx \boldsymbol{u}_i^{\mathrm{T}} \cdot \boldsymbol{v}_j$$

与此同时，我们通过用户和电影的隐特征矩阵，可以得到一个新的用户评分矩阵，它与原本的评分矩阵高度接近，如图 6.3 所示。

	喜剧	科幻
用户1	1.428169	1.583146
用户2	2.435157	1.398546
用户3	1.383281	1.393857
用户4	1.126475	1.784216

×

	玩具总动员	星球大战	阿凡达	夏洛特烦恼	哪吒之魔童降世	中国机长	普罗米修斯
喜剧	1.5721909	1.3509171	1.7055317	1.5114488	1.3572892	1.2602773	1.3400346
科幻	1.360547	0.7765	0.6334493	1.6884983	1.2973236	0.6676721	1.9507488

=

	玩具总动员	星球大战	阿凡达	夏洛特烦恼	哪吒之魔童降世	中国机长	普罗米修斯
用户1	4.399	3.159	3.439	*4.832*	3.992	*2.857*	*5.002*
用户2	*5.731*	4.376	5.039	*6.042*	*5.120*	4.003	*5.991*
用户3	4.071	*2.951*	*3.242*	4.444	*3.686*	2.674	*4.573*
用户4	*4.199*	2.907	3.051	4.715	*3.844*	2.611	4.990

图6.3　新评分矩阵

新评分矩阵中斜体的值，就是对原来稀疏评分矩阵中缺失评分的预测。到用户层面就是某用户 i 针对电影 j 的预测评分 r_{ij}，为：

$$\boldsymbol{u}_i^{\mathrm{T}} \cdot \boldsymbol{v}_j = \hat{r}_{ij}$$

矩阵分解的示例代码 6-1 如下：

```
1.  from numpy.random.mtrand import _rand as rng
2.  import numpy as np
3.  # 用户 u 的评分偏见
4.  bu = np.zeros(trainset.n_users, np.double)
5.  # 电影 i 受到的评分偏见
6.  bi = np.zeros(trainset.n_items, np.double)
7.  # 用户 u 的隐特征向量
8.  pu = rng.normal(self.init_mean, self.init_std_dev,
9.              (trainset.n_users, self.n_factors))
10. # 电影 i 的隐特征向量
11. qi = rng.normal(self.init_mean, self.init_std_dev,
12.              (trainset.n_items, self.n_factors))
13. # 所有电影的平均评分，即 μ
14. if not self.biased:
15.     global_mean = 0
16. # epoch 迭代
17. for current_epoch in range(self.n_epochs):
18.     if self.verbose:
19.         print("Processing epoch {}".format(current_epoch))
20.     # 遍历训练集中的评分数据：用户 u、电影 i、评分 r
21.     for u, i, r in trainset.all_ratings():
```

```
22.            # u 是用户内部 ID，i 是电影内部 ID，r 是评分。下面开始计算误差
23.            dot = 0  # q_i 和 p_u 的点乘
24.            for f in range(self.n_factors):
25.                dot += qi[i, f] * pu[u, f]
26.            err = r - (global_mean + bu[u] + bi[i] + dot)
27.
28.            # 更新偏见
29.            if self.biased:
30.                bu[u] += lr_bu * (err - reg_bu * bu[u])
31.                bi[i] += lr_bi * (err - reg_bi * bi[i])
32.
33.            # 更新隐特征
34.            for f in range(self.n_factors):
35.                puf = pu[u, f]
36.                qif = qi[i, f]
37.                pu[u, f] += lr_pu * (err * qif - reg_pu * puf)
38.                qi[i, f] += lr_qi * (err * puf - reg_qi * qif)
```

代码 6-1　SVD

因为 Surprise 库已经实现了矩阵分解的主要算法，包括 SVD、SVD++等，所以这里可以直接调用，横向比较不同算法的表现。"chapter6/SVD.py"文件代码 6-2 如下：

```
1.  import random
2.  import numpy as np
3.  from surprise import KNNBasic
4.  from surprise import NormalPredictor
5.  from surprise import Dataset,Reader
6.  from chapter6.Helper import Helper
7.  from surprise import SVD, SVDpp
8.  from chapter6.BaseMetrics import getPopularityRanks
9.
10. # 设置随机种子
11. random.seed(626)
12. np.random.seed(626)
13.
14. # MovieLens 数据集文件路径
15. rating_file='../ml-latest-small/ratings.csv'
16.
17. # 加载 MovieLens 数据集的评分数据
18. data   =   Dataset.load_from_file(rating_file,   reader=Reader(line_
format='user item rating timestamp', skip_lines=1, sep=','))
19. # 加载 MovieLens 数据集的电影流行度排行数据
```

```
20. rankings = getPopularityRanks(rating_file)
21.
22. # Helper 实例负责横向比较多个算法
23. helper = Helper(data,rankings)
24. # SVD 算法
25. SVD = SVD()
26. helper.addAlgorithm(SVD, "SVD")
27. # SVD++算法
28. SVDPlusPlus = SVDpp()
29. helper.addAlgorithm(SVDPlusPlus, "SVD++")
30. # 随机推荐模型
31. r = NormalPredictor()
32. helper.addAlgorithm(r, "随机推荐")
33. # 评测多个算法
34. # 参数为 True 则评测准确性和头部推荐相关指标（耗时 30min）
35. # 参数为 False 则只评测准确性指标（5min）
36. helper.evaluateAlgorithms(False)
```

代码 6-2   比较矩阵分解的主要算法

在集成开发环境中，右击文件"SVD.py"，选择运行该文件。大概 5min 后，代码运行结果如代码 6-3 所示。

```
1. /anaconda3/envs/Recommendation/bin/python3.6  /Users/yulun/Documents/
work/mydocuments/MySoft/PythonProjects/Recommender/chapter6/SVD.py
2. Estimating biases using als...
3. Computing the cosine similarity matrix...
4. Done computing similarity matrix.
5. 开始评估 " SVD " ...
6. 评估准确性...
7. 开始评估 " SVD++ " ...
8. 评估准确性...
9. 开始评估 " 随机推荐 " ...
10. 评估准确性...
11. 算法:SVD    | RMSE:0.895 | MAE:0.690
12. 算法:SVD++  | RMSE:0.884 | MAE:0.678
13. 算法:随机推荐  | RMSE:1.437 | MAE:1.143
```

代码 6-3   矩阵分解的主要算法的运行结果

可以看到，SVD 和 SVD++算法的表现非常"夺目"。其均方根误差远远低于随机推荐的，甚至比协同过滤中的 K 最近邻算法（RMSE:0.99）还要低。要注意的是，这只是算法在评分准确性上的表现。算法实际效果如何，还是要看线上测试结果。

任务 6.2　掌握并实际评测受限玻尔兹曼机算法

【任务描述】

掌握受限玻尔兹曼机的基本思想，理解它被称作"人工神经网络始祖"的原因，并实际评测一款受限玻尔兹曼机的性能。

【关键步骤】

（1）掌握受限玻尔兹曼机的基本思想。

（2）理解它被称作人工神经网络"始祖级存在"的原因。

（3）实际评测受限玻尔兹曼机算法与随机推荐算法。

受限玻尔兹曼机是人工智能神经网络的"始祖级存在"。它的工作原理与现代的深度神经网络极为相似，其概念最早出现在 1986 年。最终受到世人的关注，要归功于杰弗里·辛顿（Geoffrey Hinton）教授等人在 2005 年前后发明了快速学习方法，增加了它的可用性。2007 年，加拿大多伦多大学的鲁斯兰·萨拉赫丁诺夫（Ruslan Salakhutdinov）等人在杰弗里·辛顿教授的指导下，尝试将受限玻尔兹曼机应用于协同过滤，并取得成功。

图 6.4 所示为受限玻尔兹曼机神经网络的正向传播，它只有两层：可见层和隐藏层。

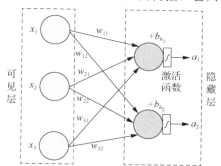

图6.4　受限玻尔兹曼机神经网络的正向传播

在正向传播过程中，输入信号从可见层（左侧）单元输入，乘权重后加上隐藏层（右侧）单元的偏置（bias），再通过激活函数得到输出（a_1 和 a_2）。然后进入反向传播阶段，如图 6.5 所示。

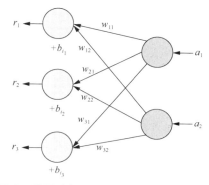

图6.5　受限玻尔兹曼机神经网络的反向传播

正向传播的输出结果（a_1 和 a_2）输入隐藏层单元，乘权重后加上可见层单元的偏置得到反向传播的结果，也叫重建结果（r_1、r_2 和 r_3）。训练过程就是不断重复这两个传播过程，比较原始输入信号与重建结果的差异，调整权重和偏置来减小差异。

"受限"是指它与普通的玻尔兹曼机不同，它受到了限制：同一层中的单元无法直接相互通信，只能在两个不同的层进行连接。"玻尔兹曼"是指它采样用的玻尔兹曼分布函数。

这里我们使用评分数据来训练受限玻尔兹曼机，需要做一些改动。每次输入用户 u 的电影评分的独热编码。例如，"5 分"是 "00001"，"3 分"是 "00100"等。

图 6.6 所示为针对用户 u，我们只有第 1 部和第 4 部电影的评分数据，所以训练时只使用和修正这两组输入数据对应的权重和全部的偏置（隐藏层和输入层）。最后我们反复遍历所有用户的评分数据，不断修正不同电影对应的权重和偏置。

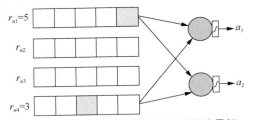

图6.6　使用评分数据训练受限玻尔兹曼机

有了训练好的网络参数（权重和偏置），我们就可以为任何用户重建评分。也就是说预测用户对新电影的评分时，只需要使用该用户已有的评分数据先正向传播再反向传播，得到新电影的 5 个单元的分值后运行 Softmax，即可转换为五星级评分。

受限玻尔兹曼机的代码在 "chapter6/RBM.py"文件中。其主要代码 6-4 如下：

```
1.  def Train(self, X):
2.      # 重置计算图
3.      ops.reset_default_graph()
4.      # 创建计算图
5.      self.MakeGraph()
6.      # 初始化变量
7.      init = tf.global_variables_initializer()
8.      # 初始化 TensorFlow 会话
9.      self.sess = tf.Session()
10.     self.sess.run(init)
11.     # 开始迭代 epoch
12.     for epoch in tqdm(range(self.epochs)):
13.         # 随机重排
14.         np.random.shuffle(X)
15.         trX = np.array(X)
16.         # 按照批处理步长，依次读取训练数据
17.         for i in range(0, trX.shape[0], self.batchSize):
```

```
18.                # 使用训练数据替代占位符，开始训练并更新权重和两组偏置
19.                self.sess.run(self.update, feed_dict={self.X: trX[i:
i+self.batchSize]})
20.
21. def GetRecommendations(self, inputUser):
22.     # 定义隐藏层输出
23.     hidden = tf.nn.sigmoid(tf.matmul(self.X, self.weights) + self.
hiddenBias)
24.     # 定义可见层输出
25.     visible = tf.nn.sigmoid(tf.matmul(hidden, tf.transpose(self.
weights)) + self.visibleBias)
26.     # 开始计算
27.     feed = self.sess.run(hidden, feed_dict={ self.X: inputUser} )
28.     rec = self.sess.run(visible, feed_dict={ hidden: feed} )
29.     return rec[0]
30.
31. def MakeGraph(self):
32.     # 设置随机种子
33.     tf.set_random_seed(626)
34.     # 定义可见层单元的输入（占位符）
35.     self.X = tf.placeholder(tf.float32, [None, self.visibleD imensions],
name="X")
36.     # 随机初始化权重
37.     maxWeight = -4.0 * np.sqrt(6.0 / (self.hiddenDimensions + self.
visibleDimensions))
38.     self.weights = tf.Variable(tf.random_uniform([self.visibleDimensions,
self.hiddenDimensions], minval=-maxWeight, maxval=maxWeight), tf.float32,
name="weights")
39.     # 初始化隐藏层偏置（全是 0）
40.     self.hiddenBias = tf.Variable(tf.zeros([self.hiddenDimensions],
tf.float32, name="hiddenBias"))
41.     # 初始化可见层偏置（全是 0）
42.     self.visibleBias = tf.Variable(tf.zeros([self.visible Dimensions],
tf.float32, name="visibleBias"))
43.     # 开始吉布斯采样。给定可见层，采样隐藏层
44.     # 获取隐藏层概率
45.     hProb0 = tf.nn.sigmoid(tf.matmul(self.X, self.weights) + self.
hiddenBias)
46.     # 从所有分布中采样
47.     hSample = tf.nn.relu(tf.sign(hProb0 - tf.random_uniform(tf. Shape
```

```
(hProb0)))))
48.     forward = tf.matmul(tf.transpose(self.X), hSample)
49.     # 反向传播。给定隐藏层样本，重建可见层输出
50.     v = tf.matmul(hSample, tf.transpose(self.weights)) + self.Visible
Bias
51.     # 为缺失评分创建遮罩
52.     vMask = tf.sign(self.X) # 有值为1，无值为0
53.     vMask3D = tf.reshape(vMask, [tf.shape(v)[0], -1, self.rating
Values])
54.     vMask3D = tf.reduce_max(vMask3D, axis=[2], keep_dims=True) # 有
值为1，无值为0
55.     # 抽取评分向量，10个二进制值为一组
56.     v = tf.reshape(v, [tf.shape(v)[0], -1, self.ratingValues])
57.     vProb = tf.nn.softmax(v * vMask3D) # 应用softmax
58.     vProb = tf.reshape(vProb, [tf.shape(v)[0], -1]) # 重建结束
59.     hProb1 = tf.nn.sigmoid(tf.matmul(vProb, self.weights) + self.
hiddenBias)
60.     backward = tf.matmul(tf.transpose(vProb), hProb1)
61.     # 定义权重更新表达式
62.     weightUpdate = self.weights.assign_add(self.learningRate    *
(forward - backward))
63.     # 定义隐藏层偏置更新表达式
64.     hiddenBiasUpdate = self.hiddenBias.assign_add(self.learningRate
* tf.reduce_mean(hProb0 - hProb1, 0))
65.     # 定义可见层偏置更新表达式
66.     visibleBiasUpdate = self.visibleBias.assign_add(self.learningRate
* tf.reduce_mean(self.X - vProb, 0))
67.     self.update = [weightUpdate, hiddenBiasUpdate, visibleBiasUpdate]
```

代码6-4　受限玻尔兹曼机

我们编写脚本"chapter6/RBMWrapper.py"来横向比较受限玻尔兹曼机和随机推荐算法。代码中大部分内容之前都介绍过，这里不赘述。在集成开发环境中，右击"RBMWrapper.py"，在弹出的快捷菜单中选择运行该脚本。稍等片刻，代码6-5输出如下：

```
1.  /anaconda3/envs/Recommendation/bin/python3.6  /Users/yulun/Documents/
work/mydocuments/MySoft/PythonProjects/Recommender/chapter6/RBMWrapper.py
2.  Estimating biases using als...
3.  Computing the cosine similarity matrix...
4.  Done computing similarity matrix.
5.  开始评估 " RBM算法 " ...
6.  评估准确性...
7.  100%|████████████| 20/20 [02:47<00:00,  8.39s/it]
```

8.　100%|■■■■■■■■| 671/671 [05:37<00:00, 1.99it/s]

9.　开始评估 " 随机推荐 " ...

10.　评估准确性...

11.　算法:RBM 算法　| RMSE:1.313　| MAE:1.119

12.　算法:随机推荐　| RMSE:1.434　| MAE:1.144

代码 6-5　受限玻尔兹曼机的评价结果

可以看到，我们迭代了 20 个 epoch（时期）之后，为 671 名用户进行了评分预测，其均方根误差优于随机推荐。如果想继续优化，可以考虑增加 epoch 数量、隐藏层单元数或者学习率，之后重新运行脚本即可。

任务 6.3　掌握并实际评测自动编码机算法

【任务描述】

掌握自动编码机的原理，理解使用新的深度学习框架训练它时存在的问题，实际评测自动编码机算法。

【关键步骤】

（1）掌握自动编码机的基本思想。

（2）理解使用现代深度学习框架训练它时存在的问题。

（3）实际评测自动编码机算法与随机推荐算法。

受限玻尔兹曼机的成功，激起了人们把深度学习应用到推荐系统的热情。Netflix 大奖赛之后，人们在不断尝试结合新的神经网络和推荐系统。2015 年澳大利亚国立大学的团队尝试使用自动编码机来编码、解码基于物品的协同过滤器中的电影评分表。这个模型叫作自动编码机（autoencoder for recommendation，AutoRec），其模型结构如图 6.7 所示。

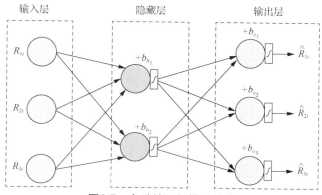

图6.7　自动编码机模型结构

图 6.7 中，自动编码机模型分为 3 层：左边的是输入层（包括不同用户对同一部电影的评分），中间是隐藏层，右边是提供预测评分的输出层。隐藏层和输出层都有偏置和激励函数。权重分两组：第一组从输入层到隐藏层；第二组从隐藏层到输出层。从输入

层到隐藏层是编码阶段，从隐藏层到输出层是解码阶段。从概念上讲，自动编码机与受限玻尔兹曼机没有太多不同，差异主要体现在方向上，在受限玻尔兹曼机中，在正向传播中编码，在反向传播中解码。

值得注意的是，自动编码机的架构可以很容易地使用深度学习框架（如 TensorFlow、PyTorch 等）实现。但还有一个现实问题，评分矩阵中存在大量的缺失值。使用现有的深度学习框架，没有简单的方法来限制神经网络的矩阵运算中只包含带有实际评分的输入节点。从根本上说，模型会认为评分缺失代表用户不愿意评分，而这并不正确。

自动编码机的代码在文件 "chapter6/AutoRec.py" 中。其主要代码 6-6 如下：

```
1.  def Train(self, X):
2.      # 重置计算图
3.      ops.reset_default_graph()
4.      # 创建计算图
5.      self.MakeGraph()
6.      # 初始化变量
7.      init = tf.global_variables_initializer()
8.      self.sess = tf.Session()
9.      self.sess.run(init)
10.     # 开始迭代 epoch
11.     for epoch in tqdm(range(self.epochs)):
12.         # 按照批处理步长，依次读取训练数据
13.         for i in range(0, X.shape[0], self.batchSize):
14.             epochX = X[i:i+self.batchSize]
15.             # 使用训练数据替代占位符，开始训练并更新权重和两组偏置
16.             self.sess.run(self.update, feed_dict={self.inputLayer:
epochX})
17.
18. def GetRecommendations(self, ratings):
19.     # 给定某部电影的评分向量 ratings（缺失值为 0），计算所有用户的预测评分
20.     rec = self.sess.run(self.outputLayer, feed_dict={self.inputLayer:
ratings})
21.     return rec[0]
22.
23. def MakeGraph(self):
24.     # 设置随机种子
25.     tf.set_random_seed(626)
26.     # 初始化两组权重
27.     self.ih = {'InputHiddenWeights': tf.Variable(tf.random_normal
([self.visibleDimensions, self.hiddenDimensions]))}
28.     self.ho = {'HiddenOutputWeights': tf.Variable(tf.random_normal
([self.hiddenDimensions, self.visibleDimensions]))}
```

```
29.    # 初始化两组偏置
30.    self.ihBiases = {'InputHiddenBiases': tf.Variable(tf.random_
normal([self.hiddenDimensions]))}
31.    self.hoBiases = {'HiddenOutputBiases': tf.Variable(tf.random_
normal([self.visibleDimensions]))}
32.    # 创建输入层占位符
33.    self.inputLayer = tf.placeholder('float', [None, self.visible
Dimensions])
34.    # 隐藏层
35.    hidden = tf.nn.sigmoid(tf.add(tf.matmul(self.inputLayer, self.
ih['InputHiddenWeights']), self.ihBiases['InputHiddenBiases']))
36.    # 输出层（所有用户对某部电影的评分）
37.    self.outputLayer = tf.nn.sigmoid(tf.add(tf.matmul(hidden, self.
ho['HiddenOutputWeights']), self.hoBiases['HiddenOutputBiases']))
38.    # 定义损失函数和优化器
39.    loss = tf.losses.mean_squared_error(self.inputLayer, self.Output
Layer)
40.    #optimizer = tf.train.RMSPropOptimizer(self.learningRate).
minimize(loss)
41.    optimizer = tf.train.AdagradOptimizer(self.learningRate).
minimize(loss)
42.    self.update = [optimizer, loss]
```

代码 6-6　自动编码机

我们编写脚本“AutoRecWrapper.py”来横向比较自动编码机和随机推荐算法。代码中大部分内容之前都介绍过，这里不赘述。在集成开发环境中，右击“AutoRecWrapper.py”，在弹出的快捷菜单中选择运行该脚本。稍等片刻，代码 6-7 输出如下：

```
1. /anaconda3/envs/Recommendation/bin/python3.6 /Users/yulun/Documents/
work/mydocuments/MySoft/PythonProjects/Recommender/chapter6/AutoRecBakeOff.
py
2. Estimating biases using als...
3. Computing the cosine similarity matrix...
4. Done computing similarity matrix.
5. 开始评估 " 自动编码机 " ...
6. 评估准确性...
7. 100%|███████████| 50/50 [00:36<00:00, 1.36it/s]
8. 100%|███████████| 8414/8414 [00:10<00:00, 785.21it/s]
9. 开始评估 " Random " ...
10. 评估准确性...
11. 算法:AutoRec | RMSE:1.289 | MAE:0.997
12. 算法:Random | RMSE:1.443 | MAE:1.155
```

代码 6-7　自动编码机的评价结果

可以看到，自动编码机并没有带来太多准确性上的改善。一方面是由于数据的稀疏性，另一方面，随着神经网络的加深，需要更多训练样本进行训练。MovieLens 数据集中的评分数据还远远不够。我们在本书后文中会讨论到，亚马逊推出了开源的深度学习工具"深度规模化稀疏张量网络引擎"（deep scalable sparse tensor network engine，DSSTNE），简称 Destiny。它可以正确处理稀疏数据和缺失评分的问题，效果很好。因此只要拥有合适的工具，就可以更加充分地释放深度学习的潜力。

任务 6.4　掌握 YouTube 基于深度学习的召回模型

【任务描述】

了解 YouTube 推荐系统面临的挑战，理解 YouTube 深度学习模型解决数据稀疏问题的方法，掌握其模型架构和主要特征的处理方法。

【关键步骤】

（1）了解 YouTube 推荐系统面临的挑战。

（2）理解 YouTube 深度学习模型解决数据稀疏问题的方法。

（3）掌握其模型架构和主要特征的处理方法，包括超线性和次线性特征等。

YouTube 是世界上较大的视频共享网站之一。YouTube 的推荐系统帮助超过 10 亿用户每天从不断增长的视频库中发现超过 50 亿个性化内容。它的挑战主要来自以下几个方面。

➢　规模：现有的许多算法都很有效，但是一旦放到与 YouTube 规模类似的网站上就表现欠佳。YouTube 推荐系统必须采用高度专业化的分布式学习方法，服务于超大规模的用户群和视频内容库。

➢　新鲜度：YouTube 视频库的用户非常活跃，每分钟都有超过 300h 的视频上传。推荐系统必须结合最新的视频内容和用户的最新动作来完成推荐，同时系统还要均衡新旧内容。

➢　噪声：由于数据稀疏性和受限的可观察性，用户的行为很难预测。YouTube 很难获得用户反馈的满意度，只能根据富含噪声的隐式反馈数据进行建模。

YouTube 在以前也是使用矩阵分解技术来构建推荐系统。2006 年 10 月 9 日，谷歌公司收购 YouTube 之后，YouTube 有机会基于谷歌公司的深度学习框架——谷歌大脑（Google brain）重构自己的推荐系统。后来，谷歌大脑开源为 TensorFlow。2016 年，YouTube 已经把推荐系统完全移植到 TensorFlow 上，并且产生了很好的推荐效果。

有趣的是，尽管用户可以在 YouTube 上评价视频，如"喜欢"或者"不喜欢"，但是 YouTube 推荐系统并不使用它们来生成推荐。

从图 6.8 我们可以看出，这个视频的上传时间是 2014 年 1 月 11 日。2019 年，该视频的用户播放量达 90 多万次，点赞 8000 多次，用户表示不喜欢的 100 多次，可见显式反馈的数据很少。我们将用户的观看次数和搜索内容、用户在线时长、查看某频道数量、距上次访问时长等放到用户和电影交互矩阵中来看，这些反馈信号是稀疏的。图 6.9 所示为 YouTube 上用户的观看历史向量和搜索历史向量在召回模块结构图中的展示。

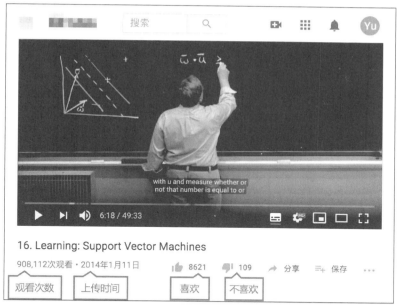

图6.8　YouTube视频的显式反馈数据

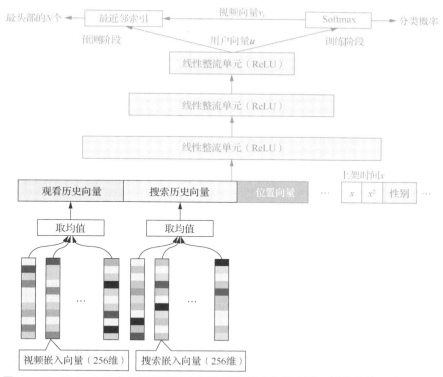

图6.9　YouTube上用户的观看历史向量和搜索历史向量在召回模块结构图中的展示

YouTube 采取了谷歌"单词到向量"算法的思路，先把用户"看过的视频"和"搜索语句"变成 256 维的嵌入向量（embedding），然后各选最多 50 个嵌入向量组成 2 个序列：分别是"看过的视频嵌入序列"和"搜索语句嵌入序列"。最后分别取 2 个序列的平均值，得到 2 个固定长度的“观看向量”和“搜索向量”，成为深度神经网络的输入信息。这个思路非常新颖。它从之前的评分矩阵——稀疏的表格式表达——直接跳到固定长度的观看向量和搜索向量，巧妙地绕过了数据稀疏的问题。

YouTube 之所以采用深度学习模型构建推荐系统，是受到了“非深度不学习”的谷歌公司的影响。然而，更主要的原因是：深度学习对于异质信号（heterogeneous signals）有良好的兼容性，它可以自动挖掘出其中有用的特征，无须进行繁复的特征工程。不管是连续型特征，还是类别型特征，都可以很方便地融入深度学习模型并进行处理。

通过图 6.10 我们可以看出，除了观看历史和搜索历史向量之外，YouTube 推荐系统的召回模型还融入了语境信息（如位置向量等）、人口统计信息（如性别等）、视频信息（如上架时间等）等多种异质信息，来全面地进行召回处理。以视频上架时间 x 为例，模型还使用了超线性（x^2）和次线性（$x^{1/2}$）特征，提供了非线性空间的自由度。所有这些输入信息经过归一化处理，最后提供给深度神经网络的输入层进行深度学习。

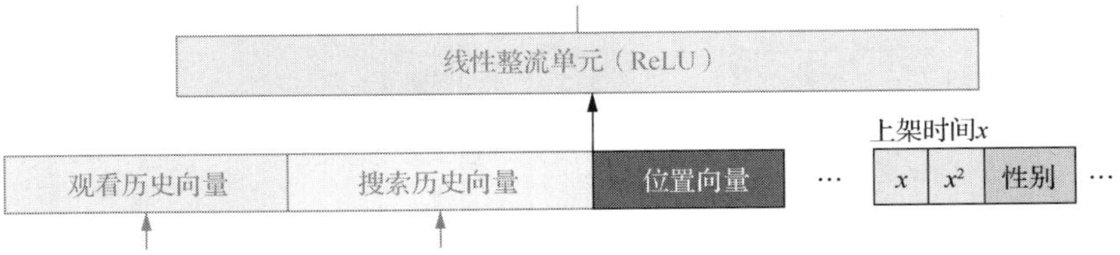

图6.10　召回模块中更多的特征

图 6.11 所示为 YouTube 推荐系统的召回模块中的深度神经网络，它有 3 个全连接层：1024 维（带 ReLU 激励函数）、512 维（ReLU）和 256 维（ReLU）。这个架构是经过多实验后确认效果最好的。最后生成了当前用户的特征向量 $\boldsymbol{u}$。这个特征向量中包含用户最近观看历史、搜索历史、位置信息、人口统计学信息和视频相关信息等，它是用户当前状态的高维表示。

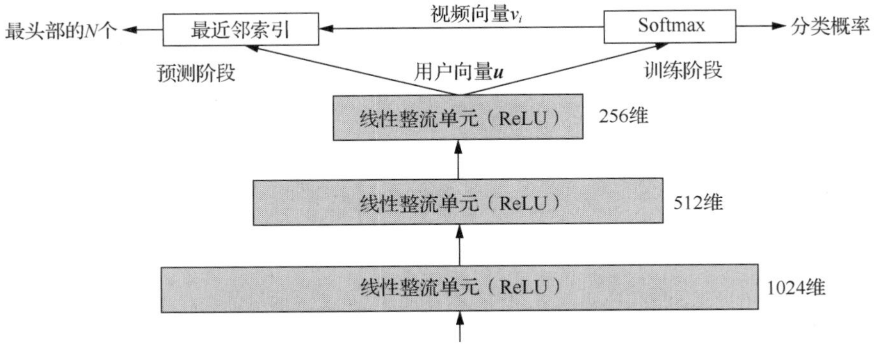

图6.11　YouTube推荐系统的召回模块中的深度神经网络

召回模块的任务，就是基于用户特征向量 $\boldsymbol{u}$，在极短的时间内从浩瀚的视频库中找到与用户最相关的视频，然后交给排序模块处理。YouTube 的选择是：把它转化成一个极多分类任务（extreme multiclass classification），即给定用户 U、上下文 C 和当前时间 t，在视频库 V 中的百万视频 i 中正确分类出最可能的视频观看 w_t，其公式为：

$$P\left(w_t = i|U,C\right) = \frac{e^{v_i u}}{\sum_{j\in V} e^{v_j u}}$$

公式中 $u\in\mathbb{R}^N$ 就是用户当前状态的高维表示，它是一个用户嵌入向量，而 $v_j\in\mathbb{R}^N$ 是候选视频的嵌入向量。深度学习的目的就是要找到合适的 u 来尽最大可能地差异化候选视频。当使用 Softmax 来进行多分类训练时，有一个关键问题：如果使用一个正样本和百万级负样本进行训练，计算量太大。YouTube 使用了谷歌公司在单词到向量算法训练中的"负采样"技巧。针对一个正样本，只从海量负样本中随机采样几千个负样本，来最小化交叉熵损失（cross-entropy loss）。实验证明，其训练速度比传统的 Softmax 提升了 100 多倍。

在线上召回时，系统要在极短的时间内（几十毫秒）找到头部推荐用的 N 个最可能的视频。此时 Softmax 输出的精校似然值就没用了。打分任务直接简化成了点乘空间内的近邻查找，使用局部敏感哈希（locality-sensitive hashing，LSH）等技术来快速找到 N 个最可能的候选视频。

任务 6.5　了解 Netflix 的推荐模型

【任务描述】

在了解 Netflix 并行使用多种推荐算法进行集成学习的基本思路，理解 Netflix 放弃追求评分准确度转而全面"拥抱"在线测试的原因，理解整页优化的概念。

【关键步骤】

（1）在了解 Netflix 并行使用多种推荐算法进行集成学习，并逐渐采用深度学习的基本演变思路。

（2）理解 Netflix 全面放弃追求评分准确度转而全面"拥抱"在线测试的原因。

（3）理解整页优化的概念和融入语境信息的重要性。

Netflix 并不像 YouTube 那样开放，也没有提供推荐算法的详细信息。但是，我们还是可以从各种渠道获取一些基本信息。Netflix 曾在行业会议如美国国际计算机协会的推荐系统会议上发表过演讲，提供了一些技术细节。Netflix 并没有全部使用深度学习来解决所有问题。相反地，他们依靠集成学习，将多种不同算法的结果结合在一起，取长补短，优中取优。Netflix 大奖赛后，他们使用的是 RBM 和 SVD ++，还有 K 最近邻算法与矩阵分解。其实他们采用的技术还包括线性回归、逻辑回归、马尔可夫链、关联规则（association rule）、因子分解机和随机森林（random forest）等。Netflix 也正在将深度学习应用于推荐系统。

Netflix 可以说是一家以推荐系统为主业的公司。Netflix 的主页分很多行（见图 6.12），每行包含特定推荐类型的头部推荐列表。主页上除了推荐列表，几乎没有其他任何内容。

图 6.12 所示为 Netflix 主页，该页面的第一行是热门推荐视频，这是推荐系统产生的头部推荐视频列表；第二行是最新流行的视频列表；第三行类似于亚马逊购物网站上的"看了又看"，它根据用户以前看过的视频进行推荐；第四行是新片推荐，页面下方还

能看到更多与当前用户感兴趣的视频题材相类似的推荐内容。Netflix 的主页基本上所有内容都是推荐内容，是一系列高度个性化的推荐结果。

图6.12　Netflix主页

此外，把不同的推荐引擎放在一个页面上会给 Netflix 的设置带来一系列挑战，如去除重复内容、内容行的最佳排序等。这意味着 Netflix 不仅需要个性化地推荐内容，还需要把这些内容个性化地呈现，即整页优化（whole-page optimization）。使用机器学习来优化选择页面上呈现的内容，是一种对大多网站来说都极其重要的技术。在页面的正确位置放置正确的内容是关键。亚马逊的视频首页也面临同样的问题，如图 6.13 所示。

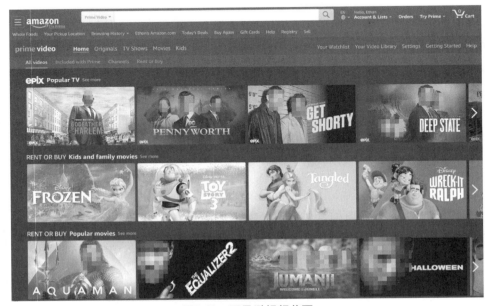

图6.13　亚马逊视频首页

亚马逊在 2019 年 7 月发表了一篇论文，深入探讨了整页优化问题。亚马逊的算法兼顾了本地多样性限制和全局业务指标限制，并在线上测试中取得了不错的成绩。

值得注意的是，在 Netflix 的公开表态中，他们强调不要专注于评分预测准确性，而是要看线上测试的结果。现在 Netflix 已经完全取消星级评定，而是依靠线上测试来调整系统，这也正是本书一直强调的方法。

Netflix 与 YouTube 都发现推荐系统要融入更多的特征，这些特征不仅包括用户过去的观看历史，还要考虑语境信息。例如，要根据用户的设备类型来推荐不同种类的视频内容，大屏电视一般适合播放长篇的、仔细观看的视频；平板电脑一般适合短篇的，特别是面向儿童的视频。另外，时间因素也很重要。午餐时间一般适合推荐轻松的、短篇的视频内容；深夜时一般推荐更加厚重的内容。好的推荐系统，应使用所有这些特征，在理解用户、场景和语境的情况下，推荐合适的结果，实现三方共赢，并重视用户长期的利益。

本章小结

（1）Netflix 大奖赛加速了深度学习在推荐系统中的应用。

（2）矩阵分解是使用模型来解决推荐问题的成功范例。

（3）受限玻尔兹曼机是神经网络在推荐系统中的首次成功尝试。

（4）自动编码机尝试使用神经网络建造基于物品的协同过滤器。

（5）在推荐系统中应用深度学习必须解决数据稀疏的问题。

（6）YouTube 使用特征嵌入解决数据稀疏问题，并成功应用深度学习实现个性化推荐。Netflix 放弃了评分准确性，全面转向线上测试来持续探索深度学习在推荐系统中的应用。

（7）亚马逊为整页优化提出了新的算法，在页面多样性和商业盈利目标中取得平衡。

（8）在推荐系统中融入语境信息可以提高推荐质量。

本章习题

1．简答题

（1）协同过滤器的最大问题是什么？

（2）为什么推荐系统中的 SVD 算法能基于稀疏的评分矩阵计算出稠密的隐特征矩阵？

（3）受限玻尔兹曼机有几组偏置？

（4）为什么自动编码机没有带来太多改善？

（5）YouTube 为什么不使用显式反馈数据来训练推荐系统？

（6）YouTube 使用的负采样方法是什么？

（7）Netflix 为什么放弃了评分预测准确性？

2．操作题

修改受限玻尔兹曼机的代码，增加 epoch 数量，查看评价指标的变化。

第 7 章

经典排序模型

➤ 下载并探索一个排序用数据集
➤ 掌握并实际评测逻辑回归排序算法
➤ 掌握并实际评测梯度提升决策树和逻辑回归
  融合模型
➤ 掌握并实际评测贝叶斯个性化
  排序算法

本章任务

学习本章，读者需要完成以下 4 个任务。读者在学习过程中遇到的问题，可以通过访问课工场官网解决。

任务 7.1：下载并探索一个排序用数据集

理解排序用数据集的基本要求，了解 Kaggle 平台，探索安全驾驶员数据集。

任务 7.2：掌握并实际评测逻辑回归排序算法

掌握逻辑回归的基本原理，理解它的优点和缺点，实际评测一款逻辑回归排序算法。

任务 7.3：掌握并实际评测梯度提升决策树和逻辑回归融合模型

掌握梯度提升决策树和逻辑回归融合模型的基本原理，理解它的优点和缺点，实际评测一款融合模型。

任务 7.4：掌握并实际评测贝叶斯个性化排序算法

掌握贝叶斯个性化排序的基本原理和特点，实际评测一款贝叶斯个性化排序模型。

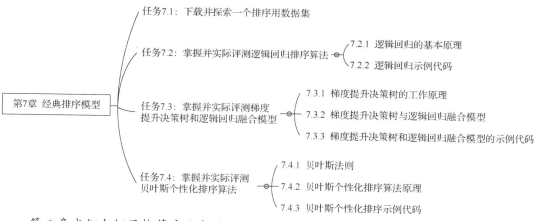

第 6 章我们介绍了推荐系统中的召回模块，它负责从千万种物品中找到与当前用户最相关的几百种物品，可谓"海选"。从本章开始，我们介绍推荐系统中的另一个重量级模型——排序模型。它使用更多的特征和信息对这几百种物品进行打分后，返回得分最高的前几名，可谓"精选"。排序阶段需要使用更多的物品特征和用户喜好数据，同时还要考虑用户的语境，因此它的算法更加复杂。

本章我们介绍几种经典排序算法，包括线性模型、梯度提升决策树和逻辑回归融合模型、贝叶斯个性化排序算法。

任务 7.1　下载并探索一个排序用数据集

【任务描述】

理解排序用数据集的基本要求，了解 Kaggle 平台，探索安全驾驶员数据集。

【关键步骤】

（1）理解 MovieLens 数据集的特点和局限。

（2）了解 Kaggle 平台和 2017 年安全驾驶员大奖赛。

（3）探索安全驾驶员数据集，了解其数据结构。

在讲解排序算法之前，我们需要准备一套新的数据集。第 2 章介绍的"MovieLens"的"ml-latest-small"数据集中虽然包括用户给电影的打分数据，但是对用户本身，并没有提供任何特征数据。因为排序阶段需要使用更加丰富的特征信息，包括用户本身的特征信息，来对候选物品进行"精选"，所以我们需要另找一套包含用户特征信息的数据集来研究排序算法。

Kaggle 是由安东尼·高德布卢姆（Anthony Goldbloom）于 2010 年在墨尔本创立的网站。它主要为厂商和数据科学家提供举办机器学习竞赛、托管数据库和分享代码的平台。该平台上有众多的机器学习大奖赛，面向从初学者到专家的广大人群。我们选择的是 2017 年 9 月巴西的保险公司 Porto Seguro 在 Kaggle 上赞助的"安全驾驶员"（safe driver）大奖赛的数据集。它要求参赛者根据保单持有人的数据建立机器学习模型，预测他是否会在次年提出索赔。安全驾驶员预测大赛网站如图 7.1 所示。

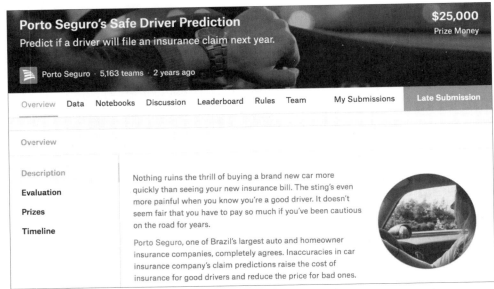

图7.1　安全驾驶员预测大赛网站

由于大赛数据文件较大，本书项目代码中提供了该数据集的精简版。请下载本章资源文件，解压缩数据包"safe-driver"后，把它放到项目根目录下。然后打开终端窗口，输入命令"source activate Recommendation"后按"Enter"键，使用本书项目的Recommendation 环境。依次输入、执行以下命令，查看数据集信息，结果如图 7.2 所示。

```
safe-driver — python — 92×30
(Recommendation) 8c8590171d52:safe-driver yulun$ cd /Users/yulun/Documents/work/mydocuments/
MySoft/PythonProjects/Recommender/safe-driver
(Recommendation) 8c8590171d52:safe-driver yulun$ python
Python 3.6.9 |Anaconda, Inc.| (default, Jul 30 2019, 13:42:17)
[GCC 4.2.1 Compatible Clang 4.0.1 (tags/RELEASE_401/final)] on darwin
Type "help", "copyright", "credits" or "license" for more information.
>>> import numpy as np
>>> import pandas as pd
>>> train=pd.read_csv("train.csv",na_values=-1)
>>> train.columns
Index(['id', 'target', 'ps_ind_01', 'ps_ind_02_cat', 'ps_ind_03',
       'ps_ind_04_cat', 'ps_ind_05_cat', 'ps_ind_06_bin', 'ps_ind_07_bin',
       'ps_ind_08_bin', 'ps_ind_09_bin', 'ps_ind_10_bin', 'ps_ind_11_bin',
       'ps_ind_12_bin', 'ps_ind_13_bin', 'ps_ind_14', 'ps_ind_15',
       'ps_ind_16_bin', 'ps_ind_17_bin', 'ps_ind_18_bin', 'ps_reg_01',
       'ps_reg_02', 'ps_reg_03', 'ps_car_01_cat', 'ps_car_02_cat',
       'ps_car_03_cat', 'ps_car_04_cat', 'ps_car_05_cat', 'ps_car_06_cat',
       'ps_car_07_cat', 'ps_car_08_cat', 'ps_car_09_cat', 'ps_car_10_cat',
       'ps_car_11_cat', 'ps_car_11', 'ps_car_12', 'ps_car_13', 'ps_car_14',
       'ps_car_15', 'ps_calc_01', 'ps_calc_02', 'ps_calc_03', 'ps_calc_04',
       'ps_calc_05', 'ps_calc_06', 'ps_calc_07', 'ps_calc_08', 'ps_calc_09',
       'ps_calc_10', 'ps_calc_11', 'ps_calc_12', 'ps_calc_13', 'ps_calc_14',
       'ps_calc_15_bin', 'ps_calc_16_bin', 'ps_calc_17_bin', 'ps_calc_18_bin',
       'ps_calc_19_bin', 'ps_calc_20_bin'],
      dtype='object')
>>>
```

图7.2　查看数据集信息

（1）输入命令："cd PATH_TO_ROOT_FOLDER/safe-driver"后按"Enter"键，进入数据集目录。请注意 PATH_TO_ROOT_FOLDER 需要替换成本地计算机上的项目根目录。

（2）输入命令"python"后按"Enter"键，进入 python 命令行。

（3）输入命令"import numpy as np"后按"Enter"键，导入 numpy 包并重命名为 np。

（4）输入命令"import pandas as pd"后按"Enter"键，导入 pandas 包并重命名为 pd。

（5）输入命令"train=pd.read_csv('train.csv',na_values=-1)"后按"Enter"键，读取训练集。

（6）输入命令"train.columns"后按"Enter"键，显示列名。

可以看到，除去用户"id"和索赔结果标签"target"以外，特征列还有 57 列。列名被下划线分隔为 4 层：第 1 层都是"ps"，无须关注；第 2 层包括司机特征"ind"、地区特征"reg"、车辆特征"car"和派生特征"calc"这 4 种；第 3 层是编号；第 4 层有布尔型变量"bin"和分类变量"cat"。有些特征名称中没有第 4 层，表示该特征是连续变量。表 7.1 所示为各列的说明，雷同特征已被省略。

表 7.1　安全驾驶员数据集格式

列名	特征名	后缀	变量类型
ps_ind_01	ind	无	连续或顺序变量
ps_ind_02_cat	ind	cat	分类变量
ps_ind_03	ind	无	连续或顺序变量
ps_ind_04_cat	ind	cat	分类变量
ps_ind_05_cat	ind	cat	分类变量
ps_ind_06_bin	ind	bin	0～1 变量
ps_ind_07_bin	ind	bin	0～1 变量
ps_ind_08_bin	ind	bin	0～1 变量
……	……	……	……
ps_ind_18_bin	ind	bin	0～1 变量
ps_car_01_cat	car	cat	分类变量
ps_car_02_cat	car	cat	分类变量
ps_car_03_cat	car	cat	分类变量
……	……	……	……
ps_car_11_cat	car	cat	分类变量
ps_car_11	car	无	连续或顺序变量
ps_car_12	car	无	连续或顺序变量
ps_car_13	car	无	连续或顺序变量
ps_car_14	car	无	连续或顺序变量
ps_car_15	car	无	连续或顺序变量
ps_reg_01	reg	无	连续或顺序变量
ps_reg_02	reg	无	连续或顺序变量
ps_reg_03	reg	无	连续或顺序变量
ps_calc_01	calc	无	连续或顺序变量
ps_calc_02	calc	无	连续或顺序变量
ps_calc_03	calc	无	连续或顺序变量
……	……	……	……
ps_calc_14	calc	无	连续或顺序变量

续表

列名	特征名	后缀	变量类型
ps_calc_15_bin	calc	Bin	0～1 变量
ps_calc_16_bin	calc	bin	0～1 变量
ps_calc_17_bin	calc	bin	0～1 变量
ps_calc_18_bin	calc	bin	0～1 变量
ps_calc_19_bin	calc	bin	0～1 变量
ps_calc_20_bin	calc	bin	0～1 变量

需要注意的是，该数据集中存在缺失值（值为-1），建模过程中需要特殊处理。具体细节我们在后文中进行说明。

任务 7.2　掌握并实际评测逻辑回归排序算法

【任务描述】

掌握逻辑回归的基本原理，理解它的优点和缺点，实际评测一款逻辑回归排序算法。

【关键步骤】

（1）掌握逻辑回归的基本原理。

（2）理解它的优点和缺点，特别是特征工程的必要性和复杂性。

（3）实际评测一款逻辑回归排序算法，并注意缺失值处理和特征筛选。

在排序算法发展初期，被使用得最多的就是逻辑回归。逻辑回归在人工神经元的线性变换后，添加一个逻辑回归的激励函数，把神经元输出映射到0～1的范围。这个输出值被用作物品和内容的排序分数。我们先介绍逻辑回归的基本原理。

7.2.1　逻辑回归的基本原理

逻辑回归的神经元结构如图 7.3 所示。

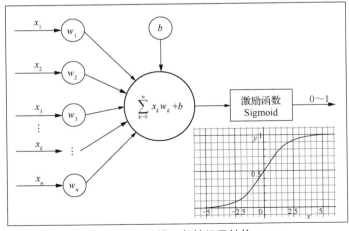

图7.3　逻辑回归神经元结构

图 7.3 中的 $x_1 \sim x_n$ 就是输入的特征值。这些特征值输入神经元后，先计算加权和 $\sum_{k=0}^{n} x_k w_k$，再加上神经元的偏置 b 之后可得到 $z = \sum_{k=0}^{n} x_k w_k + b$，通过激励函数得到神经元的输出。图 7.3 中的激励函数是逻辑函数（logistic function）Sigmoid，其公式为：

$$\sigma(z) = \frac{1}{1 + e^{-z}}$$

输入值在负无穷到正无穷之间滑动时，其输出值范围为 0～1。

需要指出的是，输入神经元的特征值通常需要具备专业知识的人员慎重选择并处理，即通过"特征工程"处理后才能得到，如图 7.4 所示。不同的特征需要不同的处理方法。例如，连续特征需要进行归一化处理来减小不同取值范围带来的影响，或者进行分段处理来凸显不同数值段的意义；离散特征需要进行独热编码；有些特征要进行二阶甚至高阶组合才有意义；另外还有一些补充特征需要专家提供等。

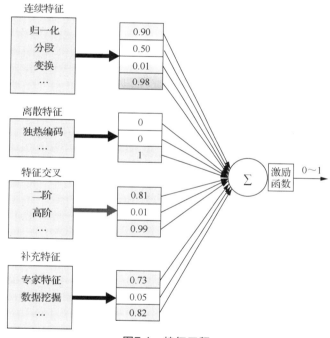

图7.4 特征工程

特征工程不仅耗时耗力，而且并不能保证良好的效果。在排序模型发展早期，甚至有这样的说法"有多少人工就有多少智能"，很形象地说出了这个困境。因此，如何自动发现有效的特征，如何自动进行特征交叉，如何取代专家特征，进而缩短逻辑回归的实验周期，是亟待解决的问题。接下来我们结合代码来介绍逻辑回归的使用方法。

7.2.2 逻辑回归示例代码

我们使用安全驾驶员数据集来测试逻辑回归。在运行示例代码之前，需先安装"scikit-learn"库。打开终端窗口，输入命令"source activate Recommendation"后按"Enter"键，然后输入命令"conda install scikit-learn"后按"Enter"键，按照提示安装即可。

逻辑回归的示例代码在文件"chapter7/LR.py"中。其主要部分如代码 7-1 如示：

```python
1.  import numpy as np
2.  import pandas as pd
3.  from sklearn.metrics import roc_auc_score
4.  from sklearn.linear_model import LogisticRegression
5.  from sklearn.model_selection import StratifiedKFold
6.
7.  # 随机种子
8.  seed = 626
9.  # 安全驾驶员数据集路径
10. path = '../safe-driver/'
11. # 加载安全驾驶员训练集。指定-1 为空
12. train = pd.read_csv(path+'train.csv',na_values=-1)
13. # 加载安全驾驶员测试集。指定-1 为空
14. test = pd.read_csv(path+'test.csv',na_values=-1)
15. print("测试集标签数量")
16. print(train['target'].value_counts())
17. # 删除数据集中分类变量
18. categorical = train.columns[train.columns.str.startswith('ps_calc')]
19. train = train.drop(categorical,axis =1)
20. test = test.drop(categorical,axis =1)
21. # 使用众数填充缺失值
22. def fillMissingValues(df):
23.     for i in df.columns:
24.         if df[i].isnull().sum()>0:
25.             df[i].fillna(df[i].mode()[0],inplace=True)
26. # 填充训练集缺失值
27. fillMissingValues(train)
28. # 填充测试集缺失值
29. fillMissingValues(test)
30. # 构建训练数据
31. X = train.drop(['target','id'],axis=1)
32. # 构建训练标签
33. Y = train['target'].astype('category')
34. # 构建测试数据
35. X_test = test.drop(['target','id'],axis=1)
36. # 构建测试标签
37. Y_test = test['target'].astype('category')
38. # 使用分层采样进行 10 折交叉验证
39. kFold = StratifiedKFold(n_splits=10, random_state=seed, shuffle=
True)
```

```
40. auc_list = []
41. idx = 1
42. print("¥n 开始 10 折交叉验证...")
43. for trainIdx, validIdx in kFold.split(X, Y):
44.     (X_train,Y_train) = X.loc[trainIdx],Y.loc[trainIdx]
45.     (X_valid,Y_valid) = X.loc[validIdx],Y.loc[validIdx]
46.     # 创建逻辑回归模型
47.     LR = LogisticRegression(penalty="l1",C=0.05,solver="liblinear")
48.     LR.fit(X_train, Y_train)
49.     # 使用模型进行预测
50.     pred_valid = LR.predict_proba(X_valid)[:, 1]
51.     # 计算 AUC
52.     auc = roc_auc_score(Y_valid, pred_valid)
53.     print('AUC:', auc)
54.     auc_list.append(auc)
55.     idx += 1
56. print('10 折平均值: '+str(np.mean(auc_list)))
57. pred_test = LR.predict_proba(X_test)[:,1]
58. auc = roc_auc_score(Y_test, pred_test)
59. print("测试集的 AUC: "+str(auc))
```

代码 7-1　"LR.py"文件源代码（节选）

代码第 12～14 行在加载数据时，遇到"-1"就设为空值，便于后期填充处理。第 18～20 行删除了分类变量。通常情况下，分类变量要进行独热编码，我们将在第 8 章中讲解具体的处理方法，所以本例中直接删除。第 27 行和第 29 行使用众数填充空值，当然也可以选择使用平均数来填充空值。第 43 行开始进行分层采样的 10 折交叉验证。第 47 行创建了逻辑回归模型。第 48 行拟合数据，第 50 行进行预测。

在集成开发环境 PyCharm 中，右击目录"chapter7"中的"LR.py"文件，在弹出的快捷菜单中选择运行文件。稍等片刻，运行结果如代码 7-2 所示。

```
1.  /anaconda3/envs/Recommendation/bin/python3.6  /Users/yulun/Documents/
work/mydocuments/MySoft/PythonProjects/Recommender/chapter7/LR.py
2.  测试集标签数量
3.  0    8660
4.  1     340
5.  Name: target, dtype: int64
6.
7.  开始 10 折交叉验证...
8.  AUC: 0.577842684418
9.  AUC: 0.587114522483
10. AUC: 0.545306344247
11. AUC: 0.639994565956
12. AUC: 0.615133813341
```

13. AUC: 0.502479282706

14. AUC: 0.597778834398

15. AUC: 0.617748947154

16. AUC: 0.660745822578

17. AUC: 0.520207852194

18. 10 折平均值: 0.586435266947

19. 测试集的 AUC: 0.545123839009

代码 7-2 "LR.py"运行结果

可以看到训练集共有 9000（8660+340）行数据，其中有 340 名保单持有人提出了保险索赔。在测试集上 AUC 得分是 0.55。AUC 全称是"area under curve"（曲线下区域），它代表 ROC 曲线下方与坐标轴围成的面积。AUC 越接近 1 表示模型越好，AUC 等于 0.5 相当于扔硬币，表示模型没有价值。0.55 是个可以接受的数值。

任务 7.3 掌握并实际评测梯度提升决策树和逻辑回归融合模型

【任务描述】

掌握梯度提升决策树和逻辑回归融合模型的基本原理，理解它的优点和缺点，实际评测一款融合模型。

【关键步骤】

（1）掌握梯度提升决策树和逻辑回归融合模型的基本原理。

（2）理解它的优点和缺点，特别是处理高维稀疏数据时的限制。

（3）实际评测梯度提升决策树和逻辑回归融合模型，并注意特征筛选问题。

在逻辑回归模型中，我们通过先验知识或者实验结果来获得有效的特征组合。但问题是，通过特征工程来组合特征过于耗时，而且并不一定能够提升效果。因此人们一直在寻找一种更加自动的方法，让模型自己发现有效的特征组合。也有论文中提出利用梯度提升决策树来搜索有效的特征组合，然后将训练数据落在叶节点上的值作为特征值输入逻辑回归中。实验结果表明，这种融合模型可有效地提升整体排序效果。这里我们先简要介绍梯度提升决策树的工作原理，再讲解融合模型。

7.3.1 梯度提升决策树的工作原理

梯度提升决策树也叫多重累计回归树（multiple additive regression tree，MART）。1999 年杰尔姆·H.弗里德曼（Jerome H.Friedman）提出该算法可用于回归分析。之后，陆续有学者对它进行改进和优化。它的原理是利用梯度下降法依次生成多个弱学习器（weak leaner）再组合这些弱学习器可以得到一个强学习器。

在解决回归问题时，梯度提升决策树首先给出一个预测值（基于样本均值），然后计算预测值与实际值之间的误差的梯度，并在梯度下降的方向上培育出新的决策树来减小误差。然后使用原来的预测值加上新的决策树的预测值作为最终预测值，来计算它和实际值之间的误差。接下来，在误差梯度下降的方向上，再培养一棵新的决策树。重复这个循环，直到循环次数超过阈值，或者新的决策树无法继续减小误差为止。

我们来看一个具体的例子。假设有 6 条用户数据，如表 7.2 所示。现在要根据前 3 列，即"身高""喜欢的颜色""性别"来预测该用户的体重。

表 7.2 预测用户体重

身高/m	喜欢的颜色	性别	体重/kg
1.60	蓝色	男	88
1.61	绿色	女	76
1.58	蓝色	女	56
1.82	红色	男	73
1.57	绿色	男	77
1.49	蓝色	女	50

梯度提升决策树算法首先根据表中第 4 列的平均值（70kg）给出第一个预测值 70kg，然后通过算法计算各用户实际体重与预测值之间的伪残差（pseudo residual）。"伪残差"是说它与逻辑回归中的残差有所不同。伪残差计算公式为：

$$r_{im} = -\left[\frac{\partial L(y_i, F(x_i))}{\partial F(x_i)}\right]_{F(x)=F_{m-1}(x)}$$

公式中的 i 是训练样本的索引，m 是新生成的决策树的索引。$F(x)=F_{m-1}(x)$ 是指使用上一棵决策树预测值 $F_{m-1}(x)$ 来替换 $F(x)$。方括号中的 $\frac{\partial L(y_i, F(x_i))}{\partial F(x_i)}$ 是损失函数对预测值的偏导（partial derivative），即损失函数的梯度。这里的损失函数是

$$L(y_i, F(x_i)) = \frac{1}{2}(y_i - F(x_i))^2$$

损失函数对预测值的偏导就是 $-(y_i - F(x_i))$，因此伪残差 $r_{im} = y_i - F(x_i)$，即实际体重与预测值之差。之所以使用负偏导数来做伪残差，是因为梯度提升决策树是基于集成学习中的提升思想构建的学习框架中的具体实现。在这个框架里可以套用不同的算法，但最终优化目标都是梯度下降。根据表 7.2 所示数据计算的伪残差如表 7.3 所示。

表 7.3 伪残差

身高/m	喜欢的颜色	性别	体重/kg	伪残差
1.60	蓝色	男	88	18
1.61	绿色	女	76	6
1.58	蓝色	女	56	−14
1.82	红色	男	73	3
1.57	绿色	男	77	7
1.49	蓝色	女	50	−20

有了表 7.3 所示的伪残差，我们需要使用"身高""喜欢的颜色""性别"生成第 1 棵决策树来拟合伪残差。令树的叶节点最多 4 个，则有如图 7.5 所示的第 1 棵决策树。

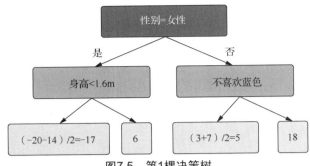

图7.5　第1棵决策树

因为叶节点少于样本数，可以看到原始数据中的第3行（-14）和第6行（-20）落到第1个叶节点，取平均值-17。第4行（3）和第5行（7）落到第3个叶节点，取平均值5。其余两行分别落在第2和第4个叶节点。现在重新计算预测值（70加上各数据对应的叶节点的值）和伪残差，如表7.4所示。

表7.4　生成1棵决策树后的伪残差

身高/m	喜欢的颜色	性别	体重/kg	预测值	伪残差
1.60	蓝色	男	88	88	0
1.61	绿色	女	76	76	0
1.58	蓝色	女	56	53	3
1.82	红色	男	73	75	-2
1.57	绿色	男	77	75	2
1.49	蓝色	女	50	53	-3

生成1棵决策树后，模型的伪残差非常小，前两行甚至为0。这是好事吗？实际上并非如此。这么快出现两个为零的伪残差，说明模型已经过拟合样本数据。换句话说，模型的偏差小但是方差（variance）大，这种模型对新数据的泛化能力很差。为了防止模型过拟合，需要添加一个学习率（如0.1）。在计算预测值时，我们使用最初的预测值（70）加上各样本对应的叶节点的值乘学习率，即第1行的预测值为70+0.1×18=71.8。计算可知，第1行的伪残差是88-71.8=16.2。然后生成第2棵树来拟合新的伪残差。以此类推，这个过程一直循环下去，直到达到停止条件为止。

7.3.2　梯度提升决策树与逻辑回归融合模型

梯度提升决策树在生成新的决策树的时候，分裂特征的标准是要提高基尼增益（Gini gain）。其结果是，前面的树在进行特征分裂时，主要体现对多数样本有区分度的特征；后面的树体现的是经过前面 N 棵树的筛选后残差仍然较大的少数样本。即先解决主要问题，再解决次要问题。梯度提升决策树在求解过程中会自动完成多特征交叉。这就解决了逻辑回归中的一大痛点——无法自动交叉特征。到这里读者可能会想，如果先用梯度提升决策树来交叉特征，再交给逻辑回归处理，不就可以改善模型表现了吗？确实如此。

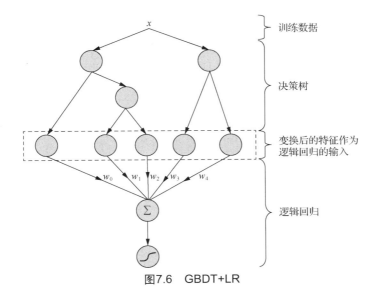

图7.6　GBDT+LR

观察图 7.6 所示的模型，其中有两棵决策树。x 是一个样本，通过两棵树后，它落在它们的叶节点上。叶节点作为变换后的特征，输入逻辑回归模型。针对某个 x，经过第一棵树后，落在第二个叶节点，则第一棵树的叶节点的值为[0,1,0]。同理，当 x 经过第二棵树后，落在它的第一个叶节点上，就是[1,0]。最后逻辑回归的输入就是[0,1,0,1,0]。在取得加权和后，加上偏置，然后通过逻辑函数就得到排序得分。

需要指出的是，GBDT+LR 同样也有自己的缺点，那就是不能很好地处理高维稀疏数据，而这种数据在推荐系统中是非常普遍的。原因也很简单，就是树模型的惩罚项主要体现在树的深度和叶节点数量上。树模型可以轻松地拟合稀疏的训练数据中的偶然数值，通常只需要一个节点。树模型的惩罚项对此作用非常有限。所以，GBDT+LR 更多的是带来一个新的思路，在实际的生产环境中并不多见。

7.3.3　梯度提升决策树和逻辑回归融合模型的示例代码

我们使用安全驾驶员数据集来测试融合模型。示例代码在 "chapter7/GBDT_LR.py" 文件中，主要代码 7-3 如下：

```
1.  import numpy as np
2.  import pandas as pd
3.  import lightgbm as lgb
4.  from sklearn.metrics import roc_auc_score
5.  from sklearn.linear_model import LogisticRegression
6.
7.  # 加载安全驾驶员数据集
8.  df_train = pd.read_csv('../safe-driver/train.csv')
9.  df_test = pd.read_csv('../safe-driver/test.csv')
10.
11. # 定义梯度提升决策树使用的特征(连续型变量)
12. FEATURES = [
```

```
13.        "ps_car_11",
14.        "ps_car_12",
15.        "ps_car_13",
16.        "ps_car_14",
17.        "ps_car_15",
18.        "ps_reg_01",
19.        "ps_reg_02",
20.        "ps_reg_03"
21. ]
22.
23. # 标签数据
24. y_train = df_train['target']
25. y_test = df_test['target']
26. # 特征数据
27. X_train = df_train[FEATURES]
28. X_test = df_test[FEATURES]
29. # 数据集大小
30. n_train = len(y_train)
31. n_test = len(y_test)
32.
33. # 创建 lgb 数据集
34. lgb_train = lgb.Dataset(X_train, y_train)
35. lgb_eval = lgb.Dataset(X_test, y_test)
36.
37. # 定义梯度提升决策树模型的参数
38. params = {
39.     'task': 'train',
40.     'boosting_type': 'gbdt',  # 指定梯度提升决策树
41.     'objective': 'binary',
42.     'metric': {'binary_logloss'},
43.     'num_leaves': 12,  # 每棵树的叶节点数
44.     'num_trees': 100,  # 树的数量
45.     'learning_rate': 0.01,  # 学习率
46.     'feature_fraction': 0.9,
47.     'bagging_fraction': 0.8,
48.     'bagging_freq': 5,
49.     'verbose': 0,
50. }
51.
52. # 开始训练 GBDT
```

```
53. GBDT = lgb.train(params,lgb_train)
54. # 开始预测训练集。因为要获取训练实例落在叶节点的位置，所以设置 pred_leaf=True
55. y_hat = GBDT.predict(X_train, pred_leaf=True)
56.
57. # 逻辑回归 LR 的特征（训练集）
58. LR_X_TRAIN = np.zeros([n_train, params['num_trees'] * params ['num_
leaves']],dtype=np.int64)  # N * num_tress * num_leafs
59. for i in range(0, n_train):
60.     # 构造独热编码
61.     idx = np.arange(params['num_trees']) * params['num_leaves'] +
np.array(y_hat[i])
62.     LR_X_TRAIN[i][idx] = 1
63.
64. # 测试数据集
65. y_pred = GBDT.predict(X_test, pred_leaf=True)
66.
67. # 逻辑回归 LR 的特征（测试集）
68. LR_X_TEST = np.zeros([n_test, params['num_trees'] * params['num_
leaves']], dtype=np.int64)
69. for i in range(0, n_test):
70.     # 构造独热编码
71.     idx = np.arange(params['num_trees']) * params['num_leaves'] +
np.array(y_pred[i])
72.     LR_X_TEST[i][idx] = 1
73. # 创建逻辑回归模型 LR。使用 L2 正则化
74. LR = LogisticRegression(penalty='l2',C=0.01,solver="liblinear")
75. # 拟合模型
76. LR.fit(LR_X_TRAIN,y_train)
77. # 预测测试集中的数据
78. y_hat_test = LR.predict_proba(LR_X_TEST)
79. # 计算归一化交叉熵
80. Entropy = (-1) / n_test * sum(((1+y_test)/2 * np.log(y_hat_test[:,1])
+ (1-y_test)/2 * np.log(1 - y_hat_test[:,1])))
81. print("归一化交叉熵: " + str(Entropy))
82. # 计算 AUC
83. auc = roc_auc_score(y_test, y_hat_test[:,1])
84. print("测试集的 AUC: "+str(auc))
```

代码 7-3　"GBDT_LR.py" 文件源代码（节选）

　　代码的第 12～21 行指定了 GBDT+LR 使用的特征。可以看到该模型使用的都是连续型特征。第 38～50 行定义了模型参数。第 55 行从训练好的决策树中抽取训练实例落

在叶节点的位置。第 65 行从决策树中抽取测试数据在叶节点上的位置。第 74 行创建逻辑回归模型。第 78 行预测测试集中的数据。第 80 行计算归一化交叉熵。第 83 行计算 AUC。

在集成开发环境 PyCharm 中，右击目录"chapter7"中的"GBDT_LR.py"文件，在弹出的快捷菜单中选择运行文件。稍等片刻，运行结果如代码 7-4 所示。

1. /anaconda3/envs/Recommendation/bin/python3.6 /Users/yulun/Documents/
work/mydocuments/MySoft/PythonProjects/Recommender/chapter7/GBDT_LR.py

2. 归一化交叉熵：1.801633564911591

3. 测试集的 AUC：0.537809597523

代码 7-4 "GBDT_LR.py"运行结果

在测试机上 AUC 是 0.54，稍低于前文的逻辑回归模型。考虑到 GBDT+LR 只使用了 8 个连续型特征，所以这个成绩也可以理解。

任务 7.4 掌握并实际评测贝叶斯个性化排序算法

【任务描述】

掌握贝叶斯个性化排序的基本原理和特点，实际评测一款贝叶斯个性化排序模型。

【关键步骤】

（1）掌握贝叶斯法则、最大似然估计和最大后验概率。

（2）掌握贝叶斯个性化排序算法的基本原理和特点。

（3）实际评测一款贝叶斯个性化排序模型。

贝叶斯个性化排序是典型的成对排序算法。它把整体排序问题转换成针对某个用户的，若干组物品内的排序问题。在贝叶斯个性化排序算法中，我们将任意用户 u 对应的物品进行排序。如果用户 u 在同时面对物品 i 和 j 时，点击 i 或者给 i 打出评分，表示在用户 u 的心目中 i 的排名比 j 靠前，或者说 i 的分数高于 j，于是得到一个三元组 $<u,i,j>$。因为 i 比 j 靠前，即 i 大于 j，所以写作 $<i>_u j>$。如果用户 u 有 m 组这样的数据，我们就得到关于用户 u 的 m 组训练样本。以此类推，我们收集所有用户的所有训练样本，就可以训练一个贝叶斯个性化排序模型。

需要指出的是，贝叶斯个性化排序有以下两个前提条件。

➤ 不同用户之间的物品喜好是正交的，即用户 u 在若干商品之间的喜好，与用户 u' 完全没有关系。他们之间没有任何影响。

➤ 同一用户对不同物品的偏序相互独立，即用户 u 在商品 i 和 j 之间的喜好和其他的商品 i' 以及 j' 无关。

既然用户对不同物品有不同的喜好，我们可以用喜好得分来表示这种关系。喜好分数越高，排名越靠前。这里的喜好分数与用户给物品（如电影）的评分没有关系。计算喜好分数也不需要用到用户特征，所以我们还是以 MovieLens 为例进行说明。我们把若干用户对不同电影的喜好分数保存到表格里，就形成了喜好矩阵。

	玩具总动员	星球大战	阿凡达	夏洛特烦恼	哪吒之魔童降世	中国机长	普罗米修斯
用户1	13.2	9.5	10.3	14.5	12.0	8.6	15.0
用户2	17.2	13.1	15.1	18.1	15.4	12.0	18.0
用户3	12.2	8.9	9.7	13.3	11.1	8.0	13.7
用户4	12.6	8.7	9.2	14.1	11.5	7.8	15.0

图7.7　用户喜好矩阵

图 7.7 所示的喜好分数都是使用贝叶斯个性化排序算法计算出来的。加框的数字表示用户曾经为该电影评分，其他的数字表示用户没有为该电影评分。为了计算喜好矩阵，贝叶斯个性化排序算法使用了和矩阵分解类似的方法，即使用两个低维的稠密矩阵相乘得到高维的喜好矩阵。稠密矩阵中的隐特征维度需要事先指定。本例中设定为二维，如图 7.8 所示。

	喜剧	科幻
用户1	1.428169	1.583146
用户2	2.435157	1.398546
用户3	1.383281	1.393857
用户4	1.126475	1.784216

$\times$

	玩具总动员	星球大战	阿凡达	夏洛特烦恼	哪吒之魔童降世	中国机长	普罗米修斯
喜剧	4.7165726	4.0527514	5.1165951	4.5343465	4.0718677	3.780832	4.0201038
科幻	4.0816409	2.3294999	1.9003478	5.0654948	3.8919708	2.0030163	5.8522463

$=$

	玩具总动员	星球大战	阿凡达	夏洛特烦恼	哪吒之魔童降世	中国机长	普罗米修斯
用户1	13.2	9.5	10.3	14.5	12.0	8.6	15.0
用户2	17.2	13.1	15.1	18.1	15.4	12.0	18.0
用户3	12.2	8.9	9.7	13.3	11.1	8.0	13.7
用户4	12.6	8.7	9.2	14.1	11.5	7.8	15.0

图7.8　隐特征矩阵相乘得到喜好矩阵

细化到用户 u 对物品 i 的喜好得分 $\hat{p}_{ui}$ 就是：

$$\hat{p}_{ui} = \boldsymbol{W}_u \cdot \boldsymbol{H}_i^{\mathrm{T}} = \sum_{f=1}^{2} w_{uf} \cdot h_{if}$$

公式中 $\boldsymbol{W}_u$ 是用户隐特征矩阵中第 u 行对应的向量，$\boldsymbol{H}_i^{\mathrm{T}}$ 是电影隐特征矩阵中 i 对应向量的转置。贝叶斯个性化排序算法，就是使用贝叶斯法则并通过最大后验概率来求解模型参数 $\boldsymbol{W}$ 和 $\boldsymbol{H}$，即两个低维矩阵。在继续操作之前，我们先介绍贝叶斯法则。

7.4.1　贝叶斯法则

贝叶斯法则如下所示：

$$P(A|B) = \frac{P(B|A)P(A)}{P(B)}$$

贝叶斯法则的推导需要用到"联合概率"（joint probability），即事件 A 和 B 同时发

生的概率，记作 $P(A,B)$ 或 $P(B,A)$，二者是相等的。还会用到"条件概率"（conditional probability），即事件 A 或 B 发生的前提下，另一方发生的概率，记作 $P(A|B)$ 或者 $P(B|A)$，前者表示 B 发生的情况下 A 发生的概率，后者则表示 A 发生的情况下 B 发生的概率。

从这两个定义出发，可得到 $P(A,B)=P(B,A)=P(A|B)P(B)=P(B|A)P(A)$。我们取等式中的最后两项，两边都除 B 发生的概率 $P(B)$ 就得到了贝叶斯法则公式。

公式中 $P(A)$ 称作"先验概率"（prior probability），即在 B 事件发生之前，我们对 A 事件概率的一个判断和信念（belief），它和 B 没有关系。$P(A|B)$ 称为"后验概率"（posterior probability），即 B 事件发生之后，我们对 A 事件概率的重新评估。$\dfrac{P(B|A)}{P(B)}$ 是可能性系数（likelihood），即调整因子，它使得后验概率更接近真实概率。

应用贝叶斯法则的过程是：刚开始的时候我们对 A 事件的概率分布只有少得可怜的先验知识，但随着不断的观察和实验，我们使用可能性系数来不断修正 A 事件的概率分布，结果是我们对 A 事件的发生规律"摸"得越来越准。贝叶斯法则符合人们对自然规律的认知过程，经过不断的发展，目前贝叶斯法则占据了统计学领域的"半壁江山"，与经典统计学"分庭抗礼"。

这里我们通过一个具体的例子，来讲述贝叶斯法则的使用方法。图 7.9 所示为一只宠物兔小白。小白长得很可爱，但可能有点儿超重。现在我们需要测量小白的体重，判断是否需要控制它的饮食。

假设前 3 次测量值分别是：6.2 斤，6.4 斤，5.8 斤。可以计算小白的体重均值约为 6.133 斤，可以绘制图 7.10 所示的小白体重均值估计。

图7.9　宠物兔小白

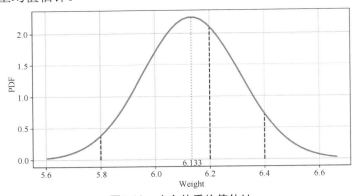

图7.10　小白体重均值估计

图 7.10 中的曲线代表了通过 3 次采样（黑色虚线）对小白体重的预估分布。顶点处对应的体重约为 6.133 斤，标准差约为 0.1764。小白的体重最有可能是 6.133 斤，大概率落在 5.96（均值-1 个标准差）到 6.31（均值+1 个标准差）之间，小概率会落在小于 5.96 或者大于 6.31 的区域。因为 3 次测量结果比较分散，所以我们的预估也非常宽泛。这时使用贝叶斯法则，可以优化我们的预估。我们把贝叶斯法则公式中的字母替换如下：

$$P（体重|测量）=\dfrac{P（测量|体重）P（体重）}{P（测量）}$$

现在 P（体重）是小白体重的先验概率，即我们测量小白体重之前的预判。P（测量|体重）是给定体重的情况下得到上述 3 个测量值的可能性。P（体重|测量）是进行 3 次测量后我们对小白体重的新的预估，即后验概率。P（测量）是在当前测量条件下得到 3 个测量值的可能性，它是由系统测量误差导致的常数，可以忽略。

开始的时候，我们对先验概率 P（体重）不做任何假设，小白可能是 5 斤、10 斤、20 斤等。P（体重）是均匀分布（uniform distribution）的，它的值是 1。贝叶斯法则公式进一步简化为：

$$P（体重|测量）\propto P（测量|体重）\times 1$$

我们遍历小白所有可能的体重（5.8、5.9、6.0、6.1……），分别计算它的后验概率并找到它的最大值，这就是最大似然估计（Maximum Likelihood Estimate，MLE）。

首先我们假设小白体重是 5.8 斤，其对应的后验概率为：

后验概率 P(体重 5.8|测量值[5.8,6.2,6.4]) $\propto P$(测量值[5.8,6.2,6.4]|体重 5.8)$\times 1$

简化公式的右边可以理解为：在称重结果呈现正态分布，且体重均值约为 5.8 斤、标准差约为 0.1764 的前提下得到这 3 个测量值的可能性的乘积，它等于：

P（测量值 5.8|体重 5.8）$\times P$（测量值 6.2|体重 5.8）$\times P$（测量值 6.4|体重 5.8）$\times 1$

使用正态分布的概率密度函数（probability density function，PDF）计算得到：

后验概率 P（体重 5.8|测量值[5.8,6.2,6.4]）$\propto 2.262\times 0.173\times 0.007\times 1=0.0027$

我们依次计算体重为 5.9 斤、6.0 斤、6.1 斤和 6.2 斤时的后验概率，如图 7.11 所示。

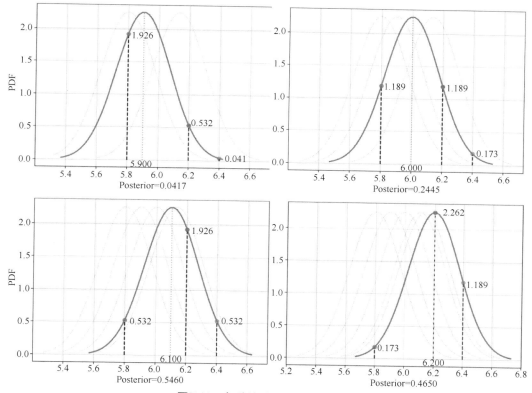

图7.11　各种体重对应的后验概率

在遍历所有体重后，找到后验概率最大值约为 0.57607，对应的小白的体重约为 6.1333 斤，如图 7.12 所示。

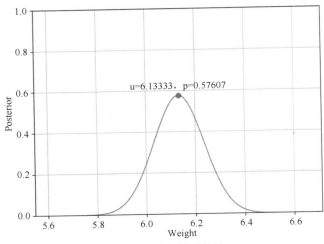

图7.12 最大似然估计

所以，当先验概率 P（体重）为均匀分布时，后验概率没有得到改善。

接下来，我们调整先验概率来优化后验概率。网上数据显示，一般成年家兔的体重 3～6 斤，而小白两次称重都在 6 斤以上，所以我们把先验概率 P（体重）调整为：均值 6.0 斤、标准误 0.2 斤的正态分布。把它代入简化后的贝叶斯法则公式：

$$P（体重|测量）\propto P（测量|体重）P（体重）$$

我们遍历小白所有可能的体重（5.8、5.9、6.0、6.1……），分别计算并最大化后验概率，这就是"最大后验概率"（maximum a posteriori probability，MAP）。假设小白体重是 5.8 斤，新的后验概率为：

后验概率 P(体重 5.8|测量值[5.8,6.2,6.4])$\propto P$(测量值[5.8,6.2,6.4]|体重 5.8)P(体重 5.8)

右边第一部分是在均值 5.8、标准差 0.1764 的情况下，得到这 3 个测量值的可能性；第二部分是体重 5.8 在先验分布中的似然值。如图 7.13 所示。

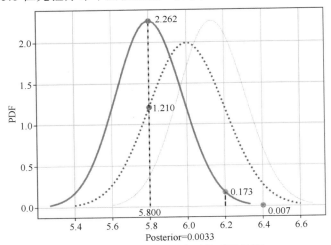

图7.13 基于先验概率计算后验概率

中间虚点线是先验分布曲线，它与 5.8 的竖线的交点表示体重 5.8 斤在先验分布中的似然值为 1.210。实曲线是均值 5.8 的正态分布曲线。3 条黑色虚线就是 3 次测量值。他们与实曲线曲线的交点就是得到该测量值的可能性。由图上数字可知：

后验概率 P（体重 5.8|测量值[5.8,6.2,6.4]）$\propto 2.262 \times 0.173 \times 0.007 \times 1.210 = 0.0033$

我们依次计算体重分别为 5.9、6.0、6.1 和 6.2 时的后验概率，整理如图 7.14 所示。

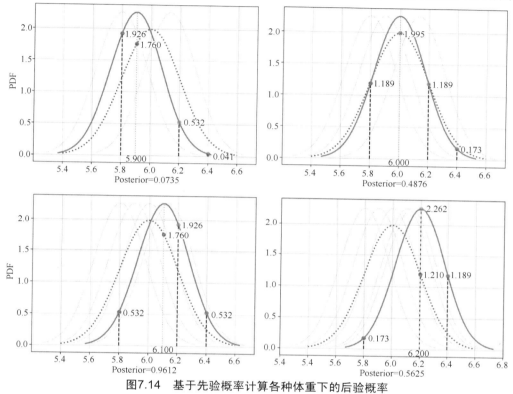

图7.14　基于先验概率计算各种体重下的后验概率

基于我们的先验概率，更新后的后验概率最大值为 0.96319，对应的体重是 6.10588 斤，如图 7.15 所示。

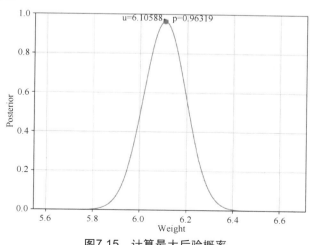

图7.15　计算最大后验概率

比较图 7.6 和图 7.9 就会发现，使用先验概率更新后的后验概率分布更加尖锐，标准差更小。因此小白的真实体重极可能就是 6.1 斤。

总结一下，给定先验分布，应用贝叶斯法则可以修正我们的后验分布，让它逼近事实真相。

7.4.2　贝叶斯个性化排序算法原理

在讲解算法细节之前，我们把电影排序例子中的字母代入贝叶斯法则公式中：

$$P(\theta|>_u) = \frac{P(>_u|\theta)\cdot P(\theta)}{P(>_u)}$$

公式中的 θ 是用户隐特征矩阵和电影隐特征矩阵中的数值，它代表了模型参数 W 和 H。$P(\theta)$ 是模型参数的先验概率，它是随机初始化的。$P(>_u|\theta)$ 是给定模型参数的情况下得到训练数据集中喜好数据的可能性。即给定 θ 的情况下，观察到所有 $<i>_u j>$ 的可能性，其中 $>_u$ 表示用户 u 的喜好。$P(\theta|>_u)$ 是观察了训练数据中所有的喜好数据后，我们对模型参数的新的预估，即后验概率。$P(>_u)$ 是得到训练数据中所有喜好数据的可能性，它是由系统误差导致的常数，可以忽略。所以，上述公式简化为：

$$P(\theta|>_u) \propto P(>_u|\theta)\cdot P(\theta)$$

若想最大化后验概率，就要最大化 $P(>_u|\theta)\cdot P(\theta)$。

针对第一部分 $P(>_u|\theta)$，因为贝叶斯个性化排序假设用户之间的喜好行为相互独立，且同一用户对不同物品的偏序相互独立，再结合伯努利分布公式，所以它等于：

$$\prod_{u\in U}P(>_u|\theta) = \prod_{(u,i,j)\in U*I*I} P(i>_u j|\theta)^{\delta((u,i,j)\in D_S)}\cdot(1-P(i>_u j|\theta))^{\delta((u,i,j)\notin D_S)}$$

其中 $\delta(\cdot)$ 是指标函数：

$$\delta(b) = \begin{cases} 1, & \text{当}b\text{为真} \\ 0, & \text{当}b\text{为假} \end{cases}$$

公式中，$(u,i,j)\in D_S$ 表示三元组 $<u,i,j>$ 出现在训练集中，此时第一个指标函数的值为 1，第二个指标函数的值为 0，所以公式可简化为：

$$\prod_{u\in U}P(>_u|\theta) = \prod_{(u,i,j)\in D_S} P(i>_u j|\theta)$$

为保证用户 u 更喜好物品 i 而非 j，我们做出如下定义：

$$P(i>_u j|\theta) = \sigma(\hat{p}_{uij}(\theta))$$

其中 $\sigma(\cdot)$ 是逻辑函数（Sigmoid）：

$$\sigma(x) = \frac{1}{1+e^{-x}}$$

当逻辑函数的值越接近 1，即 $\hat{p}_{uij}(\theta)$ 趋近正无穷时，用户 u 就越偏向物品 i。$\hat{p}_{uij}(\theta)$ 体现了这种喜好，或者说用户 u 对物品 i 和 j 的喜好分数的差值。用户隐特征矩阵和物品隐特征矩阵中的数值必须体现这种差异。为了简化表述，我们省去 θ，得到：

$$\hat{p}_{uij} = \hat{p}_{ui} - \hat{p}_{uj}$$

因此第一部分可以简写成：

$$\prod_{u \in U} P\left(>_{u} \mid \theta\right)=\prod_{(u, i, j) \in D_{S}} \sigma\left(\hat{p}_{ui}-\hat{p}_{uj}\right)$$

简而言之，第一部分的优化目标就是保证 $\hat{p}_{ui}$ 大于 $\hat{p}_{uj}$，即用户隐特征矩阵的第 u 行与电影隐特征矩阵的第 i 列的乘积要大于第 j 列，如图 7.16 所示。

图7.16　第一部分的优化目标

第二部分 $P(\theta)$ 是模型参数的先验概率，呈正态分布，均值为 0，协方差阵为 $\lambda_\theta \boldsymbol{I}$。

$$P(\theta) \sim N(0, \lambda_\theta \boldsymbol{I})$$

现在我们对第一部分和第二部分取对数，得到优化目标：

$$\text{优化 BPR} = \ln\left(P\left(\theta \mid >_u\right)\right) = \ln\left(P\left(>_u \mid \theta\right) \cdot P(\theta)\right) = \ln\left(\prod_{(u,i,j) \in D_S} \sigma\left(\hat{p}_{uij}\right) \cdot P(\theta)\right)$$

$$= \sum_{(u,i,j) \in D_S} \ln\left(\sigma\left(\hat{p}_{uij}\right)\right) + \ln\left(P(\theta)\right) = \sum_{(u,i,j) \in D_S} \ln\left(\sigma\left(\hat{p}_{ui}-\hat{p}_{uj}\right)\right) - \lambda_\theta \|\theta\|^2$$

有了优化目标，就可以使用诸如梯度下降等方法来最大化后验概率。

7.4.3　贝叶斯个性化排序示例代码

本书提供了贝叶斯个性化排序算法的示例代码。使用集成开发环境 PyCharm 打开目录 "chapter7" 下的 "BayesianPersonalRanking.py" 文件即可查看算法内容。需要注意的是，由于 Surprise 库是针对评分预测准确性开发的，当继承 Algo 类编写自己的算法时，需要实现方法 estimate()[1]并返回用户 u 对物品 i 的预测评分 $\hat{r}_{ui}$。本小节中的贝叶斯个性化排序是成对排序，不能直接使用 Surprise 库，所以需要我们自己实现数据分割、留一法、内部外部 ID 转换等功能。

首先我们要做一些初始化的工作，如读取评分数据和电影数据，构建内部 ID 字典，使用留一法分割数据，构建 TensorFlow 的计算图等。输入代码 7-5 如下：

```
1.  # 读取评分数据
2.  self.data = pd.read_csv('../ml-latest-small/ratings.csv')
3.  # 用户数
4.  self.user_count = len(self.data['userId'].unique())
5.  # 电影数
6.  self.item_count = len(self.data['movieId'].unique())
7.  # 电影 ID 集合
8.  self.all_item = set(self.data['movieId'].unique())
```

① 详情参考本书第 4 章。

```
9.  # 电影名字典
10. self.movie_list = defaultdict(str)
11. # 构建电影名字典。格式：movie_list[原始电影id]->电影名
12. with open('../ml-latest-small/movies.csv', "r") as rf:
13.     rdr = csv.reader(rf)
14.     # 跳过第一行
15.     next(rdr)
16.     for l in rdr:
17.         (mID, mName) = int(l[0]), l[1]
18.         self.movie_list[mID] = mName if (mID not in self.movie_list)
else self.movie_list[mID]
19.
20. # 构建连续的用户 ID 字典
21. user_id = self.data['userId'].unique()
22. # 使用生成器创建用户 ID 字典。格式：user_id_map[原始用户 id]->内部 id（连续的）
23. self.user_id_map = {user_id[i]: i for i in range(self.user_count)}
24. item_id = self.data['movieId'].unique()
25. # 使用生成器创建电影 ID 字典。格式：item_id_map[原始电影 id]->内部 id（连续的）
26. self.item_id_map = {item_id[i]: i for i in range(self.item_count)}
27. # 使用生成器创建电影 ID 字典。格式：item_i2r_map[内部 id]->原始 id
28. self.item_i2r_map = {i: item_id[i] for i in range(self.item_count)}
29. # 创建训练数据。格式：[原始用户 Id,原始电影 id]
30. training_data = self.data.loc[:, ['userId', 'movieId']].values
31. # 转换原始 ID 到内部 ID
32. self.training_data = [[self.user_id_map[training_data[i][0]], self.
item_id_map[training_data[i][1]]] for i in
33.                         range(len(self.data))]
34. # 使用留一法，把数据拆成训练集和测试集
35. self.splitData()
36. # 针对训练集，创建负样本字典
37. self.negSampleDict = self.getNegativeSample()
38. # 构建计算图
39. self.buildGraph()
40. # 创建 session
41. self.sess = tf.Session()
42. # 初始化变量
43. self.sess.run(tf.global_variables_initializer())
```

代码 7-5　初始化代码示例

代码 7-5 第 20～23 行创建了用户 ID 字典 "user_id_map"，实现了从原始的非连续用户 ID 到连续的内部用户 ID 的映射。第 24～28 创建了两个电影 ID 字典。第一个 "item_id_map" 实现了从原始的非连续电影 ID 到连续的内部电影 ID 的映射。第二个 "item_i2r_map" 则刚好相反，从内部 ID 映射到原始 ID。第 32 行创建了训练集，使用的

都是内部 ID。第 35 行使用留一法拆成训练集和测试集。第 37 行，针对训练集创建负样本字典。第 39 行之后就是创建 TensorFlow 的计算图和会话（session），然后初始化变量。

代码 7-6 就是留一法的代码示例，内容很简单，所以不赘述。

```
1.   def splitData(self):
2.        '''
3.        使用留一法把数据拆成训练集和测试集
4.        :return: 无
5.        '''
6.        # 生成用户评分过的电影数组。格式：[{2, 3, 4, 5, 6}, {1, 9}]。索引是用
户 ID
7.        self.userRatedMovies = self.data.groupby('userId')['movieId'].
apply(set).reset_index().loc[:,['movieId']].values.reshape(-1)
8.        self.testingData = []
9.        for i, movies in enumerate(self.userRatedMovies):
10.           # LOO = leave one out, 留一个
11.           LOO = self.item_id_map[random.sample(movies, 1)[0]]
12.           # 从该用户的训练集中删除该电影
13.           self.training_data.remove([i, LOO])
14.           # 添加到该用户的测试集中
15.           self.testingData.append([i, LOO])
```

代码 7-6　留一法代码示例

代码 7-7 是负采样的代码示例。只从该用户未评分过的电影中进行负采样。

```
1.   def getNegativeSample(self):
2.        '''
3.        获取负采样
4.        :return: 负采样字典
5.        '''
6.        negSampleDict = {}
7.        for td in self.training_data:
8.           # 负采样字典。格式negSampleDict[tuple(用户内部id,电影内部id)] ->
[负样本的电影内部id,…]
9.           negSampleDict[tuple(td)] = [self.item_id_map[s] for s in
random.sample(self.all_item.difference(self.userRatedMovies[td[0]]),
self.negativeSampleSize)]
10.       return negSampleDict
```

代码 7-7　负采样代码示例

代码 7-7 的第 7 行开始遍历训练集。训练数据格式为“[[内部用户 Id,内部电影 id],[…]]”。取出一组用户 ID 和电影 ID 之后，转为元组（tuple）后作为键（key）放入负采样字典“negSampleDict”。其对应的值（value）是从该用户未评分的电影中随机采样的若干部电影。接下来，我们构建 TensorFlow 的计算图。输入代码 7-8 如下：

```
1.   def buildGraph(self):
```

```
2.        '''''
3.        构建计算图
4.        :return: 无
5.        '''
6.        # 用户 ID
7.        self.user = tf.placeholder(tf.int32, shape=(None, 1))
8.        # 正样本
9.        self.itemPostive = tf.placeholder(tf.int32, shape=(None, 1))
10.       # 负样本
11.       self.itemNegative = tf.placeholder(tf.int32, shape=(None, 1))
12.       # 预测用户 ID
13.       self.predict = tf.placeholder(tf.int32, shape=(1))
14.       # 用户嵌入
15.       userEmbedding = tf.get_variable("userEmbedding", [self.user_ count,
self.embDimension],
16.           initializer=tf.random_normal_ initializer(0, 0.5))
17.       # 电影嵌入
18.       itemEmbedding = tf.get_variable("itemEmbedding", [self.item_ count,
self.embDimension],
19.           initializer=tf.random_normal_ initializer(0, 0.5))
20.       # 用户向量
21.       embedUser = tf.nn.embedding_lookup(userEmbedding, self.user)
22.       # 正样本
23.       embedItemPositive = tf.nn.embedding_lookup(itemEmbedding, self.
itemPostive)
24.       # 负样本
25.       embedItemNegative = tf.nn.embedding_lookup(itemEmbedding, self.
itemNegative)
26.       # 正样本得分
27.       ItemScorePositive = tf.matmul(embedUser, embedItemPositive,
transpose_b=True)
28.       # 负样本得分
29.       ItemScoreNegative = tf.matmul(embedUser, embedItemNegative,
transpose_b=True)
30.       # L2 正则化项
31.       l2_norm = tf.add_n([
32.           tf.reduce_sum(tf.multiply(embedUser, embedUser)),
33.           tf.reduce_sum(tf.multiply(embedItemPositive,
embedItemPositive)),
34.           tf.reduce_sum(tf.multiply(embedItemNegative, embedItem
```

```
Negative))
35.       ])
36.       # L2 正则化系数
37.       regulation_rate = 0.0001
38.       # 损失
39.       self.loss = tf.reduce_mean(
40.            -tf.log(tf.nn.sigmoid(ItemScorePositive - ItemScore
Negative))) + regulation_rate * l2_norm
41.       # 优化器
42.       self.optimizer = tf.train.AdamOptimizer(learning_rate=0.001).
minimize(self.loss)
43.       # 预测用户
44.       predictUserEmbedding = tf.nn.embedding_lookup(userEmbedding,self.
predict)
45.       # 预测用户对所有电影的打分
46.       self.predicted = tf.matmul(predictUserEmbedding, itemEmbedding,
transpose_b=True)
```

代码 7-8　构建 TensorFlow 的计算图代码示例

代码 7-8 的第 15～18 行随机初始化了用户嵌入（用户数×隐特征数）和电影嵌入（电影数×隐特征数）。用户嵌入（user embedding）就是用户隐特征矩阵，电影嵌入（item embedding）就是电影隐特征矩阵。第 21 行从用户嵌入中读取用户对应的隐特征向量。第 23 行和第 25 行分别读取了正样本和负样本对应的隐特征向量。第 27 行计算正样本得分，即 $\hat{P}_{uj}$。第 29 行计算负样本得分 $\hat{P}_{uj}$。第 31～35 行定义了 L2 正则化项，即优化目标公式中的 $\|\theta\|^2$。第 37 行定义了正则化系数，即优化目标公式中的 λ_θ。第 39 行定义了损失函数，第 42 行定义了优化器。

接下来进入实际的训练过程。输入代码 7-9 如下：

```
1.  def fit(self):
2.      '''''
3.      训练过程
4.      :return: 无
5.      '''
6.      for epoch in range(self.epochs):
7.          # 打乱训练数据顺序
8.          np.random.shuffle(self.training_data)
9.          # 总体损失
10.         totalLoss = 0
11.         for i in range(0, len(self.training_data), self.batchSize):
12.             # 训练批次
13.             trainingBatch = self.training_data[i:i + self.batchSize]
14.             # 用户 ID
```

```
15.          userId = []
16.          # 正样本 ID
17.          itemIDPositive = []
18.          # 负样本 ID
19.          itemIDNegative = []
20.          for theLine in trainingBatch:
21.              # 遍历负样本
22.              for negSample in list(self.negSampleDict[tuple
(theLine)]):
23.                  userId.append(theLine[0])
24.                  itemIDPositive.append(theLine[1])
25.                  itemIDNegative.append(negSample)
26.          # 更改形状
27.          userId = np.array(userId).reshape(-1, 1)
28.          itemIDPositive = np.array(itemIDPositive).reshape(-1, 1)
29.          itemIDNegative = np.array(itemIDNegative).reshape(-1, 1)
30.          # 开始训练
31.          _, loss = self.sess.run([self.optimizer, self.loss],
32.          feed_dict={self.user: userId, self. itemPostive:
itemIDPositive,
33.          self.itemNegative: item IDNegative})
34.          # 累加损失
35.          totalLoss += loss
36.      # 测试通过次数
37.      passTest = 0
38.      for test in self.testingData:
39.          # 开始预测
40.          result = self.sess.run(self.predicted, feed_dict= {self.
predict: [test[0]]})
41.          result = result.reshape(-1)
42.          # 判断预测结果是否达标
43.          if (result[[self.item_id_map[s] for s in random.sample
(self.all_item, self.negativeSampleSize)]] >
44.              result[test[1]]).sum() + 1 <= int(self.negative
SampleSize * 0.2):
45.              passTest += 1
46.      # 输出训练数据
47.      print("遍历次数:%d , 总体损失:%.2f , Recall:%.2f" % (epoch,
totalLoss, passTest / len(self.testingData)))
```

代码 7-9　训练模型的代码示例

代码 7-9 的第 31 行调用 TensorFlow 的 run()方法，要求计算 "self.optimizer" 和 "self.loss"，并给占位符（placeholder）放入实际的值。TensorFlow 为了计算"self.optimizer" 和 "self.loss"，会依据计算图从下而上地遍历并计算所有的依赖关系，最终返回计算结果。第 38 行开始进入测试阶段。第 40 行使用留一法生成的测试集中的一条测试数据，让模型为该用户预测所有电影的喜好得分。然后从所有电影中随机采样若干电影，查看它们的喜好得分是否高于测试数据中的电影的喜好得分，如果有，就判定其为异常得分，它说明算法排序精度不够。如果异常的个数小于阈值，则判定通过测试。

代码其他部分比较简单，在此不另行说明。完整代码请参考本书项目 "chapter7" 目录中的内容。在 PyCharm 中右击 "BayesianPersonalRanking.py" 文件，在弹出的快捷菜单中单击运行文件。稍等片刻，输出结果如代码 7-10 所示。

```
1. /anaconda3/envs/Recommendation/bin/python3.6 /Users/yulun/Documents/
work/mydocuments/MySoft/PythonProjects/Recommender/chapter7/BayesianPerso
nalRanking.py
2. 遍历次数:0 , 总体损失:9563.00 , Recall:0.22
3. 遍历次数:1 , 总体损失:4354.60 , Recall:0.54
4. 遍历次数:2 , 总体损失:2437.51 , Recall:0.81
5. 遍历次数:3 , 总体损失:1934.02 , Recall:0.82
6. 遍历次数:4 , 总体损失:1843.88 , Recall:0.82
7. 遍历次数:5 , 总体损失:1826.11 , Recall:0.83
8. 遍历次数:6 , 总体损失:1821.74 , Recall:0.83
9. 遍历次数:7 , 总体损失:1820.07 , Recall:0.82
10. 遍历次数:8 , 总体损失:1819.26 , Recall:0.83
11. 遍历次数:9 , 总体损失:1818.73 , Recall:0.82
12.
13. 为用户(208)推荐下列电影:
14. Forrest Gump (1994)
15. Fugitive, The (1993)
16. Shawshank Redemption, The (1994)
17. Fight Club (1999)
18. Titanic (1997)
19. Toy Story (1995)
20. Mission: Impossible (1996)
21. Silence of the Lambs, The (1991)
22. Pulp Fiction (1994)
23. Back to the Future (1985)
```

代码 7-10　输出结果

我们计算出用户 208 对所有电影的喜好得分之后，过滤已经评分过的电影，然后把用户没评分的电影按照喜好得分倒排，并输出前 10 部电影的名称。最后得出，第一名《阿甘正传》，第二名《亡命天涯》，第三名《肖申克的救赎》。

本章小结

（1）排序算法有 3 种类型：单点方法、成对方法和列表方法。

（2）排序过程中需要使用更多的特征，包括用户特征进行"精选"。

（3）逻辑回归属于广义线性模型，其特点是简单高效，但需要大量的特征工程。

（4）梯度提升决策树可以自动探索有效特征，并进行特征交叉。

（5）梯度提升决策树和逻辑回归结合可以取长补短，但树模型本身对高维稀疏数据容易过拟合，所以该融合模型在实际应用中并不多见。

（6）贝叶斯个性化排序是典型的成对方法，其使用训练数据中的喜好数据进行最大化后验概率，得到参数估计。

本章习题

简答题

（1）为什么说"有多少人工就有多少智能"？

（2）为什么梯度提升决策树和逻辑回归融合模型容易过拟合高维稀疏数据？

（3）为什么贝叶斯个性化排序算法可以使用 MovieLens 数据集进行排序？

（4）什么叫最大似然估计？

（5）什么叫最大后验概率？

（6）为什么不能基于 Surprise 库来编写贝叶斯个性化排序算法？

第 8 章

基于深度学习的排序

➢ 掌握因子分解机的基本原理
➢ 掌握广度和深度融合模型的基本原理
➢ 掌握 YouTube 深度学习排序模型的基本原理

本章任务

学习本章，读者需要完成以下 3 个任务。读者在学习过程中遇到的问题，可以通过访问课工场官网解决。

任务 8.1：掌握因子分解机的基本原理

了解数据稀疏性和特征交叉方面的挑战，掌握因子分解机处理这些挑战的方法，学习基于 xLearn 库构建因子分解机模型。

任务 8.2：掌握广度和深度融合模型的基本原理

了解记忆和泛化的概念，掌握广度模型和深度模型的优点和缺点，学习广度和深度融合模型的基本原理。在此基础上基于 TensorFlow 构建一个融合模型。

任务 8.3：掌握 YouTube 深度学习排序模型的基本原理

掌握 YouTube 深度学习排序模型的基本原理，了解 YouTube 在特征工程方面的挑战，了解 YouTube 将模型的回归目标定为观看时长的原因。

第8章 基于深度学习的排序 ┤
- 任务8.1：掌握因子分解机的基本原理
- 任务8.2：掌握广度和深度融合模型的基本原理
- 任务8.3：掌握YouTube深度学习排序模型的基本原理

第 7 章我们介绍了早期的经典排序算法，包括线性模型、梯度提升树和逻辑回归融合模型、贝叶斯个性化排序等。本章我们沿着排序模型的发展脉络，继续介绍更加自动、更加复杂的排序模型。

任务 8.1 掌握因子分解机的基本原理

【任务描述】

了解数据稀疏性和特征交叉方面的挑战，掌握因子分解机处理这些挑战的方法，学习基于 xLearn 库构建因子分解机模型。

【关键步骤】

（1）了解数据稀疏的原因。

（2）了解特征交叉的必要性和一般方法。

（3）掌握因子分解机处理数据稀疏和特征交叉的方法。

（4）了解因子分解机的线性复杂度。

（5）学习基于 xLearn 库构建因子分解机模型。

2010 年德国康斯坦茨大学的斯特芬·伦德尔（Steffen Rendle）提出因子分解机。它是一种基于矩阵分解的机器学习算法，主要用于解决数据稀疏的场景下特征如何组合的问题。

在讲解因子分解机的技术细节之前，我们先讨论"数据稀疏"和"特征交叉"。关于数据的稀疏性，前文中也谈到过，用户不可能对所有物品进行反馈（无论显式或隐式）；从物品的角度来看也是如此，除了"爆款"商品以外，一般物品的用户行为数据也十分有限。这两方面共同作用的结果就是数据稀疏。

回顾第 7 章逻辑回归示例代码中，分类特征没有参与模型训练，但这并不代表分类特征不重要。我们以 Kaggle 安全驾驶员数据集中的分类特征为例进行说明。本项目第 8 章的示例代码中提供了一个脚本"Feature Selection.py"，它创建了一个随机森林分类器，并利用该分类器找出安全驾驶员数据集中最重要的特征。现在我们实际运行该脚本。在集成开发环境 PyCharm 中打开本书项目中"chapter8"目录，右击"Feature Selection.py"文件，在弹出的快捷菜单中单击运行文件。稍等片刻，程序输出如图 8.1 所示。

可以看到在前 20 个最重要的特征中，有两个分类特征（"ps_car_11_cat"和"ps_car_06_cat"）应该用来训练模型。因为 Kaggle 大赛主办方没有提供特征的说明

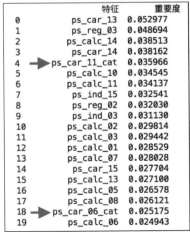

	特征	重要度
0	ps_car_13	0.052977
1	ps_reg_03	0.048694
2	ps_calc_14	0.038513
3	ps_car_14	0.038162
4 →	ps_car_11_cat	0.035966
5	ps_calc_10	0.034545
6	ps_calc_11	0.034137
7	ps_ind_15	0.032541
8	ps_reg_02	0.032030
9	ps_ind_03	0.031130
10	ps_calc_02	0.029814
11	ps_calc_03	0.029442
12	ps_calc_01	0.028529
13	ps_calc_07	0.028028
14	ps_car_15	0.027704
15	ps_calc_14	0.027100
16	ps_calc_05	0.026578
17	ps_calc_08	0.026121
18 →	ps_car_06_cat	0.025175
19	ps_calc_06	0.024943

图8.1 特征重要度

文档，我们只知道它们是关于车辆的某种分类特征。我们继续使用"FeatureSelection.py"文件，查看这两个分类特征的直方图，如图 8.2 所示。

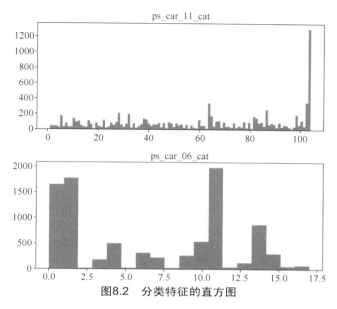

图8.2　分类特征的直方图

从图 8.2 中可知，"ps_car_11_cat"和"ps_car_06_cat"分别包括 104 和 17 种分类值。如果想在排序模型中使用分类特征，通常要进行独热编码，也就是把"ps_car_11_cat"转为 104 位 0 或者 1 的编码，"ps_car_06_cat"转为 17 位 0 或 1 的编码。在一个样本数据中，"ps_car_11_cat"只有 1 位是 1，其余 103 位都是 0，因此得名"独热编码"。2 个原始的分类特征下子编码为 121 个新特征，其中 119 个是 0，2 个是 1。在深度学习模型中，独热编码通常会被转为更加稠密的嵌入码，即长度从 104 或 17 变得更短，但不可否认的是，添加分类特征之后，数据变得非常稀疏。

接下来再看特征交叉问题。通过观察大量的样本数据可以发现，某些独立特征经过交叉（组合）之后，与训练标签之间的相关性会显著提高。例如，当前用户的某些特征与性别特征中的"男性"交叉之后，通常会更偏向"科幻类电影"；与"女性"交叉之后，通常与"言情类电影"高度关联。换句话说，对于推荐结果中的科幻电影，男性用户可能会很感兴趣，而对偏女性的言情类电影的浏览可能性会低很多。特征两两交叉产生的二阶特征与排序得分的高度相关是普遍存在的，因此引入特征交叉对提高排序模型的表现具有重要的意义。

在逻辑回归模型中，特征交叉都是基于领域专家的意见或者数据挖掘的结果手动进行的，费时费力且效果没有保证。那我们能不能把逻辑回归模型中所有的特征都两两交叉后乘一个权重系数，并通过学习这些系数的大小来达到筛选交叉特征的目的，进而自动化整个特征交叉过程呢？答案是肯定的，其实这也正是因子分解机的原理。

针对二阶特征，因子分解机的模型方程如下所示。

$$\hat{y}(x) = w_0 + \sum_{i=1}^{n} w_i x_i + \sum_{i=1}^{n}\sum_{j=i+1}^{n} <V_i, V_j> x_i x_j$$

需要学习的模型参数包括：$w_0 \in \mathbb{R}$ 是线性模型的偏置，$w_i \in \mathbb{R}^n$ 是线性模型的特征权重，x_i 是第 i 个特征值，n 是每条样本中的特征数量。$<V_i, V_j>$ 就是上面提到的二阶特征的权重系数，它是两个 k 维向量的点积：

$$<V_i, V_j> = \sum_{f=1}^{k} v_{i,f} \cdot v_{j,f}$$

从模型方程来看，前两项是逻辑回归的线性组合，第 3 项是特征交叉。正因为有了它，因子分解机模型的表达能力才强于逻辑回归模型。当所有的二阶特征的权重都为 0 时，该模型退化为普通的线性模型。

可以看到，方程中特征交叉的权重共有 $\dfrac{n(n-1)}{2}$ 种之多，再加上训练数据的稀疏性，很难找到 x_i 和 x_j 都不为 0 的样本来训练 $<V_i, V_j>$，而训练样本的不足会导致模型性能下降。那么因子分解机是如何处理数据稀疏？它为什么要把二阶特征权重写成向量点积呢？正如其名字体现的那样，因子分解机从矩阵分解中找到了灵感，并使用相同的方法重建二阶特征权重。

图 8.3 所示的左边的矩阵就是稀疏的二阶特征权重矩阵。因子分解机使用矩阵分解的方法，把稀疏的权重矩阵分解为二个稠密的低维矩阵（维度=k），然后使用随机梯度下降法（Stochastic Gradient Descent，SGD）来学习模型参数(w_0、w_i 和 V)。

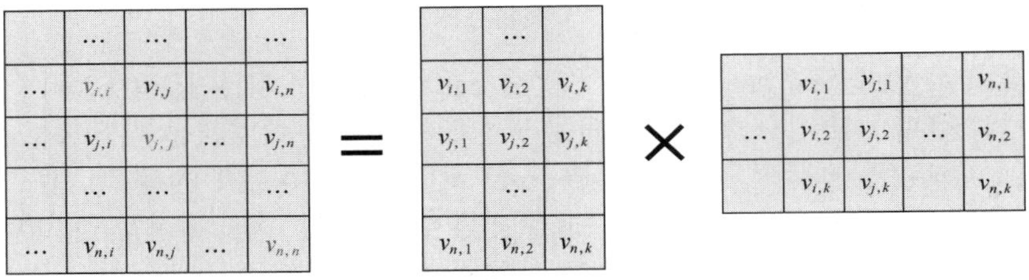

图8.3　二阶特征权重矩阵分解

$$\frac{\partial}{\partial \theta} \hat{y}(x) = \begin{cases} 1, & \text{如果 } \theta \text{ 是 } w_0 \\ x_i, & \text{如果 } \theta \text{ 是 } w_i \\ x_i \sum_{j=1}^{n} v_{j,f} x_j - v_{i,f} x_i^2, & \text{如果 } \theta \text{ 是 } v_{i,j} \end{cases}$$

如上所示，在学习 $v_{i,j}$ 时只要 x_i 样本的特征值不为 0 就可以学习，这样就解决了数据稀疏的问题。实际上，因子分解机可以应用到很多预测任务中。例如：

➤ 回归任务：$\hat{y}(x)$ 直接用作预测结果。优化目标是最小化预测结果与训练标签之间的均方误差，如 $\dfrac{1}{n} \sum_{i=1}^{n} (y - \hat{y}(x))^2$。

➤ 二元分类：$\hat{y}(x)$ 的正负号用作预测结果。需要最小化铰链损失（hinge loss）$\text{loss} = \max(0, 1 - y \cdot \hat{y}(x))$ 或者对率损失（logit loss）。$\text{loss} = \ln(1 + e^{-y \cdot \hat{y}(x)})$。

需要注意的是，因子分解机容易过拟合，需要在优化对象上添加 L2 正则项。

另外，因子分解机在计算复杂度上也有突破。原来模型方程的计算复杂度为 $O(kn^2)$。因子分解机通过改写二阶特征求和公式，将计算复杂度降低到 $O(kn)$，可以在线性时间内对新样本进行排序。推导过程如下：

$$\sum_{i=1}^{n}\sum_{j=i+1}^{n} <V_i, V_j> x_i x_j$$

$$= \frac{1}{2}\sum_{i=1}^{n}\sum_{j=1}^{n} <V_i, V_j> x_i x_j - \frac{1}{2}\sum_{i=1}^{n} <V_i, V_j> x_i x_j$$

$$= \frac{1}{2}\left(\sum_{i=1}^{n}\sum_{j=1}^{n}\sum_{f=1}^{k} v_{i,f} v_{j,f} x_i x_j - \sum_{i=1}^{n}\sum_{f=1}^{k} v_{j,f} v_{j,f} x_i x_i\right)$$

$$= \frac{1}{2}\sum_{f=1}^{k}\left(\left(\sum_{i=1}^{n} v_{i,f} x_i\right)\left(\sum_{j=1}^{n} v_{j,f} x_i\right) - \sum_{i=1}^{n} v_{i,f}^2 x_i^2\right)$$

$$= \frac{1}{2}\sum_{f=1}^{k}\left(\left(\sum_{i=1}^{n} v_{i,f} x_i\right)^2 - \sum_{i=1}^{n} v_{i,f}^2 x_i^2\right)$$

理解了模型的基本原理之后，我们使用 Kaggle 安全驾驶员的数据集来实际测试这个模型。在运行示例代码之前，请先安装 xLearn 库。打开终端窗口，输入命令"source activate Recommendation"后按"Enter"键，然后输入命令"pip install xlearn"后按"Enter"键，按照提示安装。最后输入命令"conda update--all"并按"Enter"键，确保 conda 更新到最新状态。

因子分解机的示例代码如代码 8-1 所示。

```
1.  import xlearn as xl
2.  import pandas as pd
3.  from sklearn.datasets import dump_svmlight_file
4.
5.  # 创建因子分解机模型
6.  fm=xl.create_fm()
7.
8.  # 读取训练集
9.  train=pd.read_csv("../safe-driver/train.csv")
10. # 读取验证集
11. validation=pd.read_csv("../safe-driver/test.csv")
12. # 特征
13. X_train,X_valid=train.iloc[:,2:],validation.iloc[:,2:]
14. # 标签
15. Y_train,Y_valid=train.iloc[:,1],validation.iloc[:,1]
16. # 转化为 libSVM 格式
17. dump_svmlight_file(X_train,Y_train,'./FM/train.fm',zero_based=True,multilabel=False)
18. dump_svmlight_file(X_valid,Y_valid,'./FM/validation.fm',zero_based=True,multilabel=False)
19. # 设置训练集
20. fm.setTrain("./FM/train.fm")
21. fm.setValidate("./FM/validation.fm")
```

```
22. # 设置参数
23. param={
24.     'task':"binary",# 二分类任务
25.     'lr':0.2,        # 学习率
26.     'lambda':0.002, # 正则化系数
27.     'fold':10,       # 10 折交叉验证
28.     'metric':'auc'} # 评价指标
29. # 10 折交叉验证
30. fm.cv(param)
```

代码 8-1　因子分解机的代码示例

代码 8-1 的第 6 行使用 xLearn 库创建因子分解机模型。第 9 行和第 11 行分别读取训练集和验证集文件。第 13 行和第 15 行分别生成特征和标签。因为 xLearn 库需要使用 libSVM 文件，第 17 行和第 18 行使用 scikit-learn 库提供的 dump_svmlight_file()方法进行转换。第 20 行和第 21 行设置训练和验证集。第 23～28 行指定模型参数，其中第 28 行指定模型输出 AUC 指标。第 30 行进行 10 折交叉验证。

在集成开发环境 PyCharm 中打开本书项目"chapter8"目录。右击"Factorization Machine.py"文件，在弹出的快捷菜单中单击运行文件。稍等片刻，输出结果如代码 8-2 所示。

```
1. /anaconda3/envs/Recommendation/bin/python3.6 /Users/yulun/Documents/
work/mydocuments/MySoft/PythonProjects/Recommender/chapter8/Factorization
Machine.py
2. -------------------------------------------------------------
3.       _
4.      | |
5.    __ _| |    ___ _ _ _ _ _
6.    \ \/ / |   / _ \/ _` | '__| '_ \
7.     > <| |___| __/ (_| | |  | | | |
8.    /_/_____/\___|\__,_|_|  |_| |_|
9.
10. xLearn   -- 0.40 Version --
11. -------------------------------------------------------------
12. [-----------] xLearn uses 4 threads for training task.
13. [ ACTION    ] Read Problem ...
14. [-----------] Check if the text file has been already converted.
15. ...
16. [-----------] Number of Feature: 57
17. [-----------] Time cost for reading problem: 0.02 (sec)
18. [ ACTION    ] Initialize model ...
19. [-----------] Model size: 2.23 KB
20. [-----------] Time cost for model initial: 0.00 (sec)
```

```
21. [ ACTION      ] Start to train ...
22. [ ACTION      ] Cross-validation: 1/10:
23. [--------] Epoch Train log_loss  Test log_loss  Test AUC  Time cost (sec)
24. [   10%   ]      1    0.161484     0.165860     0.537643    0.03
25. [   20%   ]      2    0.159938     0.166285     0.522298    0.02
26. [   30%   ]      3    0.159732     0.165566     0.531386    0.02
27. [   40%   ]      4    0.159635     0.165704     0.526999    0.02
28. [   50%   ]      5    0.159736     0.165085     0.538603    0.02
29. [   60%   ]      6    0.159544     0.165277     0.533306    0.02
30. [   70%   ]      7    0.159554     0.165309     0.530012    0.02
31. [   80%   ]      8    0.159543     0.165111     0.533670    0.02
32. [   90%   ]      9    0.159515     0.165116     0.533107    0.02
33. [  100%   ]     10    0.159542     0.165064     0.532594    0.03
34. ...
35. [ ACTION      ] Cross-validation: 10/10:
36. [--------] Epoch Train log_loss  Test log_loss  Test AUC  Time cost (sec)
37. [   10%   ]      1    0.158689     0.191395     0.617772    0.02
38. [   20%   ]      2    0.156985     0.191406     0.614339    0.03
39. [   30%   ]      3    0.156835     0.191674     0.619658    0.02
40. [   40%   ]      4    0.156661     0.191390     0.609726    0.02
41. [   50%   ]      5    0.156677     0.191663     0.612154    0.02
42. [   60%   ]      6    0.156625     0.191898     0.612561    0.02
43. [   70%   ]      7    0.156581     0.191622     0.608138    0.02
44. [   80%   ]      8    0.156532     0.191695     0.607039    0.03
45. [   90%   ]      9    0.156532     0.191631     0.605316    0.03
46. [  100%   ]     10    0.156492     0.191676     0.603905    0.03
47. [-----------] Average log_loss: 0.160466
48. [-----------] Average AUC: 0.588925
49. [ ACTION      ] Finish Cross-Validation
50. [ ACTION      ] Clear the xLearn environment ...
51. [-----------] Total time cost: 2.42 (sec)
```

代码 8-2　输出结果

可以看到，平均 AUC 约为 0.59，效果不错。

任务 8.2　掌握广度和深度融合模型的基本原理

【任务描述】

了解记忆和泛化的概念，掌握广度模型和深度模型的优点和缺点，学习广度和深度融合模型的基本原理。在此基础上基于 TensorFlow 构建一个融合模型。

【关键步骤】

（1）了解记忆和泛化的概念。

（2）掌握广度模型和深度模型各自的优点和缺点。

（3）掌握广度和深度融合模型的基本原理。

（4）学习基于 TensorFlow 构建融合模型。

2016 年 6 月，谷歌的工作人员提出了广度和深度融合模型。论文通篇强调两个词：记忆（memorization）和泛化（generalization），并指出记忆和泛化相辅相成，将模型表现提升到新的高度。通常来讲，记忆就是从历史数据中发现用户特征与他感兴趣物品之间的相关性，并加以利用；泛化则将关联性上升到更高的层次，学会融会贯通，来解决历史数据中极少或根本没有出现过的新情况。举例来说，"男生可能喜欢科幻电影"这条规律是在历史数据中学到的，是需要记忆的。但把它泛化到所有男生身上的时候，会有个体偏差。例如，当前的用户是男性，而且喜欢看《千与千寻》，他对科幻电影不敏感。对于这条特例，就需要记忆下来，并在泛化过程中加以应用，才能取得良好的推荐效果。

结合推荐系统中的模型来说，就是线性模型简单快速、解释性强且善于记忆。同时其表达能力有限，需要大量的特征工程，尤其需要特征交叉才能取得更好的效果。深度神经网络（deep neural network，DNN）模型可以自己发现特征之间的高阶交叉，进而学习到组合特征与标签之间的关联。特别是深度模型与嵌入组合之后，既解决了数据稀疏问题，又在嵌入空间的丰富表达能力的基础上达到更好的泛化，取得了跨越式大发展。但"金无足赤"，深度神经网络模型在数据的拟合度上还是比线性模型要差一点儿。

谷歌公司提出的广度和深度融合模型，融合了线性模型（广度）和深度神经网络（深度），兼顾记忆和泛化，取长补短、共同发力，取得了良好的效果。广度和深度融合模型整体架构如图 8.4 所示。

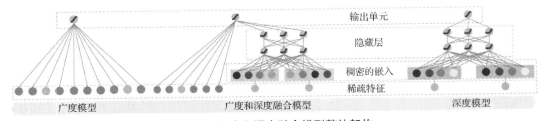

图8.4　广度和深度融合模型整体架构

图 8.4 左边为广度模型，其模型方程为 $y = W^T x + b$。x 是 d 维的特征向量，既包括原始特征，也包括转换特征。转换特征中最重要的就是特征交叉，即：

$$\phi_k(x) = \prod_{i=1}^{d} x_i^{c_{ki}}, c_{ki} \in \{0,1\}$$

其中，k 表示第 k 个特征交叉。i 表示 x 的第 i 个特征。c_{ki} 表示第 i 个特征是否要参与第 k 个特征交叉。那么有哪些特征要参与构造特征交叉呢？在谷歌公司的论文中没有展开说明。我们认为，这些特征交叉是由专家选定的，也就是特征工程的一部分。举例来说，模型对性别和喜好进行交叉，当性别="男性"且喜好="千与千寻"时，交叉后的特征值为 1。这样就可以学习到特征组合，为模型增加非线性。

图 8.4 右边是深度模型。原始的稀疏特征经过嵌入变为低维的稠密特征。另外，不

同的原始特征在嵌入空间中是可以计算相似度的。相似的原始特征经过深度模型处理后，会得到相似的结果。以"最近评论的电影"为例，在嵌入空间中，相似的电影会聚集在一起，不同类型的电影之间会有相当的距离。通常，嵌入空间的维度通常在 10～100 维。电影在进行嵌入时，它在各维度上的取值是随机初始化的，然后在训练过程中，模型对权重和偏置等参数进行优化。在深度网络的正向传播过程中，原始的稀疏特征的嵌入值被输入隐藏层中。隐藏层会进行下列计算：

$$a^{(l+1)} = f(\boldsymbol{W}^{(l)}a^{(l)} + b^{(l)})$$

公式中 l 是隐藏层的索引，f 是激活函数，通常是线性整流单元（ReLU）。a、b 和 $\boldsymbol{W}$ 分别是：第 l 层网络的激活值（activation）、偏置和权重（weight）。

图 8.4 中间部分就是广度和深度融合模型。对广度模型和深度模型的输出值取加权和，输入逻辑回归单元，进行联合学习（joint training）。请注意，联合学习与集成学习是不同的，其差异主要体现在以下两个方面。

➢ 集成学习中各模型分别训练、互不打扰，预测时"各显神通"，取长补短；联合学习中广度和深度模型同时学习，一起更新，预测时两部分的输出会被合并处理。

➢ 集成学习中每个模型都是独立的，因此模型参数数量巨大；联合学习中各模型互相辅助，参数量比起独立模型来说要少很多。

对于逻辑回归问题，广度和深度融合模型的预测方程如下所示：

$$P\big(Y = 1 | \boldsymbol{x}\big) = \sigma(\boldsymbol{W}_{广度}^{\mathrm{T}}\Big[\boldsymbol{x}, \phi(\boldsymbol{x})\Big] + \boldsymbol{W}_{深度}^{\mathrm{T}}a^{(lf)} + b)$$

其中，Y 是二分类标签，$\sigma()$ 是逻辑函数，$\phi(\boldsymbol{x})$ 是原始特征 $\boldsymbol{x}$ 的转换特征，b 是偏置。$\boldsymbol{W}_{广度}$ 是广度模型的权重向量，$\boldsymbol{W}_{深度}$ 是深度模型的权重向量。

学习了模型原理之后，我们来实现它。基于 TensorFlow 的广度和深度融合模型的源代码在文件"chapter8/Wide_and_Deep.py"中。主要代码如代码 8-3 所示。

```
1.  import time
2.  import os
3.  os.environ['TF_CPP_MIN_LOG_LEVEL']='2'
4.  import tensorflow as tf
5.  import pandas as pd
6.  tf.logging.set_verbosity(tf.logging.ERROR)
7.
8.  # 安全驾驶员数据集目录
9.  dataset_folder="../safe-driver/"
10. # 连续型特征的列名
11. CONTINUOUS_COLUMNS = [
12.     "ps_car_11",
13.     "ps_car_12",
14.     "ps_car_13",
15.     "ps_car_14",
16.     "ps_car_15",
17.     "ps_reg_01",
```

```
18.     "ps_reg_02",
19.     "ps_reg_03",
20.     "ps_calc_01",
21.     "ps_calc_02",
22.     "ps_calc_07",
23.     "ps_calc_08",
24.     "ps_calc_10",
25.     "ps_calc_11",
26.     "ps_calc_13",
27.     "ps_calc_14",
28.     "ps_ind_03",
29.     "ps_ind_14",
30.     "ps_ind_15"
31. ]
32.
33. # 连续型特征的默认值，用来填充缺失值
34. CONTINUOUS_DEFAULTS = [
35.     [0],
36.     [0.0],
37.     [0.0],
38.     [0.0],
39.     [0.0],
40.     [0.0],
41.     [0.0],
42.     [0.0],
43.     [0.0],
44.     [0.0],
45.     [0],[0],[0],[0],[0],[0],[0],[0],[0]
46. ]
47. # 分类特征的列名
48. CATEGORICAL_COLUMNS = [
49.     'ps_ind_02_cat',
50.     'ps_ind_04_cat', # gender
51.     'ps_ind_05_cat',
52.     'ps_car_01_cat',
53.     'ps_car_02_cat',
54.     'ps_car_04_cat',
55.     'ps_car_06_cat',
56.     'ps_car_08_cat',
57.     'ps_car_09_cat',
```

```
58.        'ps_car_10_cat',
59.        'ps_car_11_cat'
60. ]
61.
62. # 标签的列名
63. LABEL_COLUMN = ["target"]
64. # 训练数据列名
65. TRAIN_DATA_COLUMNS = LABEL_COLUMN + CONTINUOUS_COLUMNS + CATEGORICAL_
COLUMNS
66. # 特征列名
67. FEATURE_COLUMNS = CONTINUOUS_COLUMNS + CATEGORICAL_COLUMNS
68. # 批次大小
69. BATCH_SIZE = 40
70.
71. def get_input(filename, batch_size=BATCH_SIZE):
72.        '''''
73.        创建特征数据和标签
74.        :param filename: 训练集文件
75.        :param batch_size: 批次大小
76.        :return: 特征数据和标签
77.        '''
78.        filename_queue = tf.train.string_input_producer([filename])
79.        reader = tf.TextLineReader()
80.        # 读取数据
81.        _, value = reader.read_up_to(filename_queue, num_records= batch_
size)
82.        # 设置分类特征的默认值
83.        cate_defaults = [ [" "] for i in range(0,len(CATEGORICAL_COLUMNS)) ]
84.        # 设置标签的默认值
85.        label_defaults = [ [0] ]
86.        # 设置列名
87.        column_headers = TRAIN_DATA_COLUMNS
88.        # 设置标签和特征的默认值
89.        record_defaults = label_defaults + CONTINUOUS_DEFAULTS + cate_
defaults
90.        # 将 CSV 数据转为 Tensor。CSV 中的缺失值将被替换为预设的默认值
91.        columns = tf.decode_csv(value, record_defaults=record_defaults)
92.        # 封装数据
93.        all_columns = dict(zip(column_headers, columns))
94.        # 标签数据
```

```
95.     labels = all_columns.pop(LABEL_COLUMN[0])
96.     # 特征数据
97.     features = all_columns
98.     # 稀疏特征需要增加一个维度，详情参考 tf.SparseTensor 文档
99.     for feature_name in CATEGORICAL_COLUMNS:
100.        features[feature_name] = tf.expand_dims(features[feature_name],
-1)
101.    return features, labels
102.
103.
104. def get_columns():
105.     '''''
106.     创建特征列
107.     :return: 广度模型特征列+深度模型特征列+交叉特征列
108.     '''
109.     # 广度模型特征列
110.     wide_columns = []
111.     for name in CATEGORICAL_COLUMNS:
112.        wide_columns.append(tf.contrib.layers.sparse_column_with_
hash_bucket(name, hash_bucket_size=200))
113.     # 深度模型特征列
114.     deep_columns = []
115.     for name in CONTINUOUS_COLUMNS:
116.        deep_columns.append(tf.contrib.layers.real_valued_column
(name))
117.     # 对稀疏特征进行嵌入
118.     for col in wide_columns:
119.        deep_columns.append(tf.contrib.layers.embedding_column(col,
dimension=8))
120.     # 对稀疏特征进行交叉
121.     cross_columns = [tf.contrib.layers.crossed_column([wide_columns[6],
wide_columns[10]], hash_bucket_size=int(1e4))]
122.     return wide_columns, deep_columns, cross_columns
123.
124. def build_model(model_dir, wide_columns, deep_columns, cross_
columns):
125.     '''''
126.     创建模型
127.     :param model_dir: 保存路径
128.     :param wide_columns: 广度模型特征列
```

```
129.        :param deep_columns: 深度模型特征列
130.        :param cross_columns: 交叉特征列
131.        :return: 广度和深度融合模型
132.        '''
133.        config_info = tf.contrib.learn.RunConfig(
134.            save_checkpoints_secs=180,
135.            save_checkpoints_steps = None
136.        )
137.        wdm = tf.contrib.learn.DNNLinearCombinedClassifier(
138.            #运行期参数
139.            config=config_info,
140.            model_dir=model_dir,
141.            # 广度模型参数
142.            linear_feature_columns = (wide_columns+cross_columns),
143.            linear_optimizer=tf.train.FtrlOptimizer(learning_rate=0.03),
144.            # 深度模型参数
145.            dnn_feature_columns = deep_columns,
146.            dnn_hidden_units=[200, 120, 80, 20],
147.            dnn_optimizer=tf.train.AdagradOptimizer(learning_rate=0.03),
148.            fix_global_step_increment_bug=True
149.        )
150.        return wdm
151.
152.    def build_estimator(model_dir):
153.        '''''
154.        构建预测模型
155.        :param model_dir: 模型目录
156.        :return: 预测模型
157.        '''
158.        # 获取数据列
159.        wide_columns, deep_columns, cross_columns = get_columns()
160.        wdm = build_model(model_dir, wide_columns, deep_columns, cross_
columns)
161.        return wdm
162.
163.
164.    def convert_files(job_dir):
165.        '''''
166.        转换安全驾驶员数据集
167.        :param job_dir: 转换后文件的路径
```

```
168.        :return:
169.        '''
170.        # 文件列表
171.        file_list=['train.csv','test.csv']
172.        for f in file_list:
173.            fd=pd.read_csv(dataset_folder+f)
174.            # 剔除不需要的列之后，保存文件
175.            fd[TRAIN_DATA_COLUMNS].to_csv(job_dir+f, index=0, header=0)
176.
177. def train_and_eval(job_dir="WideAndDeep"):
178.        '''''
179.        训练和评价模型
180.        :param job_dir: 工作目录
181.        :return:
182.        '''
183.        print("开始训练模型...")
184.        job_dir+="/" if job_dir[-1]!="/" else ""
185.        convert_files(job_dir)
186.        train_file = job_dir+"train.csv"
187.        test_file = job_dir+"test.csv"
188.        train_steps = 10000
189.        test_steps = 100
190.        model_dir = job_dir + str(int(time.time()))
191.        # 构建模型
192.        m = build_estimator(model_dir)
193.        # 拟合模型
194.        m.fit(input_fn=lambda: get_input(train_file), steps=train_ steps)
195.        print("开始评估模型...")
196.        results = m.evaluate(input_fn=lambda: get_input(test_file),
steps=test_steps)
197.        print('AUC:%s' % results['auc'])
198.
199. if __name__ == "__main__":
200.     train_and_eval()
```

代码8-3 "Wide_and_Deep.py"文件源代码（节选）

代码 8-3 的第 3 行的"os.environ['TF_CPP_MIN_LOG_LEVEL']='2'"和第 6 行的"tf.logging.set_verbosity(tf.logging.ERROR)"语句用来屏蔽 TensorFlow 输出的冗余信息。如果想要调试算法，可以注销这两行命令。第 9 行定义了安全驾驶员数据集目录的地址。第 11~31 行列出了模型使用的连续型特征的列名。需要注意的是，示例代码中并没有使用所有的连续型特征。读者可以根据需要，在调试过程中自行添加或删除特征列名。第 34~46 行给出了连续型特征的默认值。前文中也提到过，安全驾驶员数据集中有很多缺失值，示例

代码会使用这里定义的默认值来填充数据集中的缺失值。请注意,在修改连续型特征的列名时,一定要同时修改此处的默认值。第 49～60 行给出了分类特征的列名。这里也没有使用所有的分类特征。读者可以根据需要自行添加或删除分类特征的列名。所有分类特征的默认值都是空格(参考第 83 行),一般不需要修改。第 63 行给出了标签的列名。

第 71 行定义了方法 get_input()。它首先读取数据,设置特征的默认值,再调用 tf.decode_csv()方法将 CSV 数据转化为张量(tensor),同时替换缺失值。有一点需要注意,所有稀疏特征都需要增加一个维度,可以调用方法 tf.expand_dim()轻松实现,详情参考 TensorFlow 中稀疏张量(sparse tensor)的相关文档。

第 104 行定义了方法 get_columns()。使用它先后创建了广度模型需要用的特征列和深度模型的特征列。稀疏特征在这里生成嵌入矩阵。最后对稀疏特征进行交叉。请注意,这里只对分类特征的第 7 个(wide_columns[6])和第 11 个(wide_columns[10])进行了交叉,读者可以根据实际需要,自行创建更多特征交叉。

第 124 行定义了方法 build_model(),来创建广度和深度融合模型。在第 143 行,指定使用在线学习机器(follow-the-regularized-leader,FTRL)优化器来优化广度模型。第 146 行指定深度模型使用 4 个隐藏层,隐藏单元数分别是 200、120、80 和 20。第 147 行指定深度模型使用"AdaGrad"优化器进行优化。第 177 行开始训练模型,第 196 行开始评估模型,最后输出 AUC 指标。

在集成开发环境 PyCharm 中,找到本书项目目录"chapter8"。单击"Wide_and_Deep.py"文件,在弹出的快捷菜单中选择运行文件。稍等片刻,输出结果如代码 8-4。

```
1. /anaconda3/envs/Recommendation/bin/python3.6
/Users/yulun/Documents/work/mydocuments/MySoft/PythonProjects/Recommender
/chapter8/Wide_and_Deep.py
2. 开始训练模型...
3. 开始评估模型...
4. AUC:0.535836
```

代码 8-4 输出结果

可以看到 AUC 指标比因子分解机略低。当然了,这两个模型之间有很大的差异,模型使用的特征也不相同,只是单纯比较 AUC 并没有太大的意义。在广度和深度融合模型中,深度模型使用了 4 个隐藏层,这意味着它需要大量的训练数据才能有效收敛。本项目提供的训练文件"safe-driver/train.csv"其实是从 Kaggle 竞赛提供的原始文件中截取的前 9000 行数据,对于深度模型来说,数据量太少。读者可以根据需要,使用更大的训练数据集,配合参数调整达到更好的效果。

任务 8.3 掌握 YouTube 深度学习排序模型的基本原理

【任务描述】

掌握 YouTube 深度学习排序模型的基本原理,了解 YouTube 在特征工程方面的挑战,了解 YouTube 将模型的回归目标定为观看时长的原因。

【关键步骤】

（1）掌握 YouTube 深度学习排序模型的基本原理。

（2）了解 YouTube 在特征工程方面的挑战。

（3）了解 YouTube 将观看时长作为回归目标的原因。

YouTube 是世界上较大的视频共享网站之一。YouTube 的推荐系统负责帮助超过 10 亿用户每天从不断增长的视频库中发现超过 50 亿的个性化内容。在第 6 章中介绍过，YouTube 基于深度学习构建了召回模块，并取得了良好的效果。而在排序模块中，YouTube 同样使用了基于深度学习的排序模型。因为排序模块只负责处理召回模块返回的几百个候选视频，所以它可以使用更多的特征，更全面地了解用户喜好和最近的行为，特别是与推荐视频相关的行为，以确保推荐的视频确实是用户喜欢的。YouTube 排序模型如图 8.5 所示。

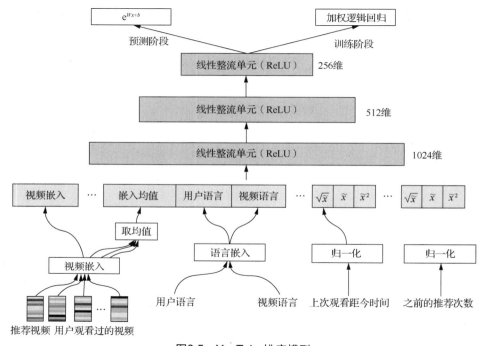

图8.5　YouTube排序模型

图 8.5 左下角是视频嵌入部分。左侧第一部分是推荐视频的嵌入，右侧 n 个部分是用户观看过的 N 个视频的嵌入。一个代表未来，一个代表过去。所有视频都共享相同的嵌入空间，这有利于深度模型的泛化，同时加速了模型收敛，并降低了内存消耗。嵌入空间的维度数与需要考虑的视频数量成正比。嵌入词汇表（vocabulary）会被缩减到只包含用户点击历史中最相关的 N 个视频。词汇表中没有收录的视频的嵌入全是 0。推荐视频的嵌入和观看历史的嵌入均值都输入深度网络中。

图 8.5 正下方是语言嵌入部分。语言作为分类特征，它的独热编码经过嵌入处理后输入深度模型。语言嵌入既包括用户使用的语言，又包括推荐视频的语言。这可以让模型更好地拟合不同语言场景下的推荐。例如，很多德国用户都会观看英语内容的视频，但很少有英语国家的用户观看德语视频。

通常来讲，深度模型可以降低对特征工程的依赖，但 YouTube 还是根据自身业务和数据的情况，做了很多特征工程来提升模型的表现。其主要挑战在于以下几个方面。

➤　如何正确表现用户的动态行为以及这些行为与推荐视频之间的关系。YouTube 发现，最重要的信号就是用户近期与推荐视频及相关视频之间的互动。例如，该用户与视频所在频道的互动情况如何？在频道中看了多少视频？上次观看至今的时长等。

➤　召回模型与排序模型之间的信息流动也很重要。例如，哪个召回源推荐了该视频，它的打分是多少等。

➤　及时对推荐视频的排序做出调整。如果上次推荐某视频，用户没有点击，在下次的推荐结果中，应该降低它的排序。推荐系统的实时性（responsiveness）非常重要。

众所周知，深度模型对于连续型特征的取值范围与分布非常敏感。因此，恰当地进行归一化处理对于模型收敛非常重要。可以在训练阶段之前的预处理中，把特征转化为它分布的积分 $\tilde{x}=\int_{-\infty}^{x}\mathrm{d}f$，还可以添加特征的平方项 $\tilde{x}^2$ 和平方根 $\sqrt{\tilde{x}}$ 作为新的特征，让模型具备超线性和次线性等更强的表现力。实验结果证明，超线性特征可以带来离线准确性方面的改善。

所有特征输入深度网络后，需要经过 3 个带线性整流单元的隐藏层。图中隐藏层的单元数从下至上分别是 1024、512 和 256。在训练模式下，最后 1 个隐藏层的输出经过加权逻辑回归（weighted logistic）函数来预测"用户观看视频的时间长度"而非点击概率。这主要有两方面考虑。

➤　用户的点击行为在很大程度上取决于视频封面图片。漂亮的封面图片，点击率通常很高，不管用户最后是否观看该视频都是如此。本来真想观看该视频的人，也很容易受到不好看的封面图片的影响而放弃点击。

➤　点击数据无法真正表示用户意图。即使用户点击了漂亮封面图片的视频开始观看，也很可能不喜欢视频内容而快速关闭窗口。观看时间的长度，通常可以很明确地表示用户愿意在这段内容上投入时间，这与电商平台上的购买行为是类似的，很大程度上表明用户是真正喜欢这个内容的。

使用观看时间为正样本（用户点击的视频）加权，而负样本（用户未点击的视频）使用单位权重。权重公式为 $\dfrac{\sum T_i}{N-k}$，其中 T_i 是用户观看第 i 个推荐视频的时长，N 是样本数，k 是正样本数。在预测模式下，模型使用指数函数 e^x 作为激活函数来预测视频观看时长。

YouTube 的深度学习预测模型的表现超过了之前的线性和树模型，每天服务超过 10 亿用户。

本章小结

（1）数据稀疏的成因包括：用户行为有限、商品数量众多和分类特征的处理方式等。
（2）随机森林分类器可以自动输出特征重要度。
（3）逻辑回归模型中特征交叉都是手动进行的。因子分解机可以自动进行特征交叉。
（4）因子分解机使用矩阵分解来解决数据稀疏的问题，它的计算复杂度是线性的。

（5）线性模型擅长记忆，深度模型擅长泛化。

（6）广度和深度融合模型将线性模型和深度模型二者融合起来，取长补短。深度模型负责处理训练过程中没有出现过的数据，线性模型负责记住一些特殊的特征组合。

（7）广度和深度融合模型使用联合学习，联合学习可以提高预测精度，并减少模型参数。

（8）广度和深度融合模型需要更多训练数据才能收敛。

（9）YouTube 对视频嵌入词汇表进行了剪裁，使其只包括用户点击历史中的头部视频。精简词汇表可以加速模型收敛，降低内存消耗。

（10）YouTube 根据业务和数据的实际情况进行了很多的特征工程，来提升深度学习模型的表现。

（11）YouTube 发现用户近期与推荐视频及其相关视频的互动行为在建模方面非常重要。

（12）YouTube 深度模型在训练模式下使用"加权逻辑回归"来充分利用"点击"和"观看"这两方面的反馈。

本章习题

1. 简答题

（1）为什么有时对连续型特征也要进行离散化处理？

（2）联合学习与集成学习有什么不同？

2. 操作题

修改广度和深度融合模型代码，添加新的特征交叉，查看评价指标的变化。

第 9 章

基于会话的推荐

技能目标

➤ 了解基于会话的推荐系统的发展历史
➤ 掌握循环神经网络在推荐系统中的应用
➤ 学习将语境信息融入循环神经网络推荐系统

本章任务

学习本章，读者需要完成以下 3 个任务。读者在学习过程中遇到的问题，可以通过访问课工场官网解决。

任务 9.1：了解基于会话的推荐系统的发展历史

了解传统推荐模型的限制和弊端，学习基于会话推荐的重要性，了解基于会话推荐系统的分类和特点。

任务 9.2：掌握循环神经网络在推荐系统中的应用

掌握循环神经网络建模用户会话的基本方法，学习基于门控循环单元构建推荐系统的基本方法，掌握应用循环神经网络进行推荐时的改造方法。

任务 9.3：学习将语境信息融入循环神经网络推荐系统

了解语境的重要性，了解语境融入的两个方向，掌握在基于语境的循环神经网络中融入语境的具体操作方法。

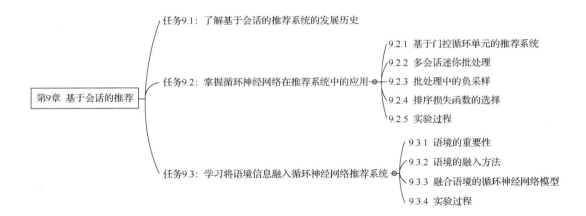

任务 9.1 了解基于会话的推荐系统的发展历史

【任务描述】

了解传统推荐模型的限制和弊端，学习基于会话推荐的重要性，了解基于会话推荐系统的分类和特点。

【关键步骤】

（1）了解传统推荐模型的限制和弊端。

（2）学习基于会话推荐的重要性：解决冷启动问题，抓住瞬变行为中体现的主题。

（3）基于会话推荐系统的分类：无模型和基于模型的方法。

（4）无模型方法包括用于无序数据的模式及关联规则和用于有序数据的模式方法。

（5）基于模型的方法包括基于马尔可夫链的方法、基于因子分解的方法和基于神经网络模型的方法。

在信息爆炸的时代，推荐系统作为一种基本工具，帮助用户从浩瀚的产品和服务中做出明智的选择。前文介绍的模型和技术，在工业和学术界都取得了巨大的成功。特别是基于内容和协同过滤的推荐是两个典型的代表。然而金无足赤，这些成功的推荐系统也有自己的问题：它们只关注用户长期的静态喜好，却忽略了用户当前瞬变的行为模式。用户在特定语境下的意图被历史购物行为所"淹没"，而推荐系统给出的物品也总是拘泥于过去，无法激发用户探索未来的想法。其原因在于，这些推荐系统处理的数据颗粒度很小，通常是"用户—物品"二元组，因此用户与系统交互的会话信息会被切割为若干二元组，然后混在一起，时间先后等信息都会丢失，因此用户会话中隐含的行为模型的变迁都被忽视了。

在很多情况下，推荐系统确实无法获取用户身份标识 ID。例如，冷启动时，新用户或匿名用户访问网站，推荐系统对用户情况一无所知，此时离线计算好的用户喜好矩阵也派不上用场，只能着眼于用户的最近的会话信息进行推荐。

为了解决这些问题，学者们调整了推荐系统处理的信息颗粒度。从无序的"用户—物品"列表扩展到有序的"用户—事件"序列，而后者正是用户的行为序列，即会话信息。如果能准确捕获会话中隐藏的用户行为模式和喜好的变迁，就可以更好地进行推荐。由此，基于会话的推荐系统应运而生。基于会话的推荐系统以会话作为基本的信息单位，来最大程度地减少现有推荐算法对会话结构的破坏，从而导致用户意图信息的丢失，进而改善推荐系统的表现。

除了电商等交易场景，基于会话的推荐系统还广泛应用于其他场景，如下一部电影推荐、下一首歌曲推荐、下一个旅游景点推荐等。可见会话不仅仅局限于交易行为，准确地说，它是指一次或在一段时间内访问物品或消费内容和服务的集合。例如，用户在一次网上冲浪中访问的所有网页可以构成一个会话，或者用户在一天中收听的歌曲也可以被归纳为一个会话等。

除了上文提到的差异，基于会话的推荐系统与传统推荐系统还有诸多不同，归纳如表 9.1 所示。

表 9.1　基于会话的推荐系统与传统推荐系统不同点

章节	推荐模型	输入信息	工作方式	优点	缺点
第 4 章	内容召回	用户和物品内容信息	基于物品固有特征寻找相似物品推荐给用户	简单、健壮、抗干扰性强，可解决部分冷启动问题	特征工程难度大，面向过去
第 5 章	协同过滤	用户和物品交互行为	基于海量用户与物品交互行为发现物品或者用户的相似性，然后给出推荐	高效、相对简单，不需要特征工程	易受攻击，对稀疏数据敏感，有冷启动问题
本章	基于会话的推荐	用户会话数据	基于会话中体现出来的用户行为特征和主题，推荐类似会话中出现的物品	考虑用户在不同会话中喜好的变迁，更加面向未来	忽略了用户长期的静态的喜好

从技术角度看，目前的会话推荐系统可以分为两类：无模型方法和基于模型的方法。每种分类都有很多具体的实现方法。

无模型方法主要基于数据挖掘技术，通常不涉及复杂的数学模型。该分支中的两种典型方法包括用于无序会话数据的、基于模式和规则的推荐系统；用于有序会话数据的、基于模式的推荐系统。前者在无序数据中挖掘频繁模式或关联规则，然后使用这些模式或规则来指导后续推荐。例如，{牛奶,面包}或者{饮料,尿布}。后者主要处理在物品顺序上有严格要求的数据。与前者类似，它是挖掘顺序模式的高频集合。如果会话中出现了高频集合中的首项，它就推荐集合中的后项。

现有的基于模型的方法大致分为 3 类：基于马尔可夫链的方法、基于因子分解的方法和基于神经网络模型的方法。

基于马尔可夫链的方法使用马尔可夫决策过程（Markov decision processes，MDP）[①]。它是序列随机决策问题的模型，其定义为四元组<State,Action,Reward,Transition>。State 是状态集，Action 是动作集，Reward 是奖励函数，Transition 是状态转移函数。在推荐系统中，Action 可以看作推荐。最简单的马尔可夫决策过程本质上是一阶马尔可夫链（first-order Markov chains）。下一个推荐物品可以基于物品之间的转移概率计算得到。将马尔可夫链应用于推荐系统的最大问题是，如果将所有可选物品序列放入马尔可夫链，状态空间会急剧膨胀到无法管理。

基于因子分解的方法首先将物品共现矩阵或物品迁移矩阵分解为物品的隐特征向量，然后使用这些隐特征表示来预测下一个可能的物品。这种方法的思路与第 6 章介绍

---

① 请参考沙尼（Shani）等人 2005 年发表的论文。

的矩阵分解非常类似，但不同之处在于，第 6 章的矩阵分解是把用户和物品的交互矩阵（如评分矩阵）分解为用户和物品的隐特征矩阵。另外，通用因子分解框架（general factorization framework，GFF）[1]把用户会话建模为事件的总和。它使用两种隐特征来表示物品：一种表示物品，另一种表示在会话语境中的物品。然后将会话表示为第二种隐特征的平均值。这种方案的问题是没有考虑会话中物品出现的顺序。

基于神经网络模型的方法，主要是利用神经网络来学习会话内或会话间物品之间的复杂的关联，然后在此基础上给出推荐。它基本上可以分为两类：嵌入模型或表示学习模型；基于深度学习模型的方法，如循环神经网络。本章重点讲解基于循环神经网络的推荐系统。值得关注的是，这种基于循环神经网络的推荐系统不再明确区分"召回"和"排序"两个阶段，而是在一个模型中解决所有问题。区分召回和排序最大的好处在于，这种模块化设计使得每个阶段都可以尝试不同的算法，替换某个算法也不用重构整个系统。但召回和排序分处不同的模块，势必造成信息流通受阻、精度下降，同时系统的复杂度也给整体优化和维护带来困难。鉴于此，近年来单模型的探索正得到越来越多的关注。

任务 9.2　掌握循环神经网络在推荐系统中的应用

【任务描述】

掌握循环神经网络建模用户会话的基本方法，学习基于门控循环单元构建推荐系统的基本方法，掌握应用循环神经网络进行推荐时的改造方法。

【关键步骤】

（1）掌握循环神经网络建模用户会话的基本方法。

（2）学习基于门控循环单元构建推荐系统的基本方法。

（3）对循环神经网络的改造：多会话迷你批处理、负采样和排序损失函数。

在过去的几年中，深度神经网络在许多任务中取得了巨大的成功，如机器视觉、语音识别、自动驾驶等。非结构化数据通过若干卷积层和池化层抽取出高阶特征，然后交给全连接层来完成包括回归分类等各种复杂任务。同时，神经网络除了在空间上延伸之外，在时间维度上也在扩展。循环神经网络在顺序数据（sequence data）建模方面引起了很多关注，其应用范围包括趋势预测、语言翻译、聊天机器人、图像解说等，可谓遍地开花、硕果累累。尽管如此，循环神经网络却很少应用在推荐系统领域。

在本章中，我们先从最简单的应用方式开始介绍。即把用户会话中出现的物品 ID 按照时间先后依次输入循环神经网络来训练循环神经网络。训练完成后，使用这个循环神经网络预测用户在下一个时间节点会查看或者购买的物品 ID。

接下来，我们把用户与物品互动时的语境信息融入循环神经网络，让推荐系统不仅"懂得"用户的喜好，还要理解用户和系统交互时的状况，如事件时间（如周几或者当月第几天）、事件类型（如浏览、加入购物车、加入心愿单、购物等）、距离上次交互的时间等。语境信息通过改变预测物品的概率分布，极大地提升了推荐系统的表现。同时，

---

① 请参考希道希（Hidasi）等人 2015 年发表的论文。

我们还会探讨语境信息的融入方式对推荐效果的具体影响，为今后的探索之路指明方向。

9.2.1　基于门控循环单元的推荐系统

　　近几年循环神经网络在众多机器学习任务中取得骄人的战绩，学者们开始尝试将它应用于推荐系统中。特别是在冷启动问题中，当新用户或者匿名用户访问网站时，推荐系统对用户一无所知，语境信息也少得可怜。但伴随着用户持续浏览网站，他的站上行为数据不断增加。在用户的会话中，他与物品不断产生互动，如浏览、加入购物车、分享、加入心愿单（Wishlist），甚至产生购买行为。这些物品 ID 构成一串序列，这和传统的时间序列或者文字序列是类似的，同样可以使用循环神经网络来处理。更为重要的是，基于循环神经网络的推荐系统可以对用户的整个会话进行建模，学习到会话中隐藏的主题（theme），进而有的放矢地进行推荐，模型精确度可提升 20%～30%。

　　2016 年，希道希等人尝试使用基于门控循环单元的循环神经网络来创建推荐系统[①]，取得了不错的效果。这个单元简称"GRU4Rec"，其结构如图 9.1 所示。

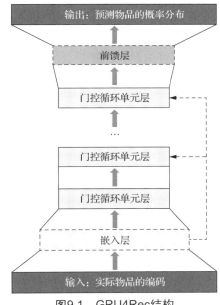

图9.1　GRU4Rec结构

　　从图 9.1 中我们可以看到，输入是会话中的实际状态，输出是会话中下一个交互事件中的物品。会话状态既可以是当前交互事件中的物品，也可以是之前若干交互事件的物品。前者使用物品的独热编码，后者使用众多物品的加权和，其中越早的事件的权重越小。

　　网络核心是门控循环单元构成的若干循环层。上一个循环层的隐藏状态成为下一个循环层的输入。输入信息还可以直连更深的循环层来改善模型表现，这与残差网络的思想是一致的。在最后一个循环层与输出层之间的是前馈层（feedforward layer）。输出层输出的就是下一个交互事件中各物品出现的概率分布。

---

　　① 参考希道希等人 2016 年发表的论文。

9.2.2 多会话迷你批处理

最初循环神经网络被设计来进行自然语言处理。它通常会把句子分解为更小颗粒度的记号，即"token"来进行训练。记号可以是词或者字，甚至在某些英语模型中，还把字母当作记号。模型在训练时使用一个滑动窗口来获取输入记号的序列，然后由模型来预测下一个记号。但是，这种做法在推荐系统中的效果不理想，原因在于以下两个方面。

➢ 会话长度变化非常剧烈，短到 2 个事件，长到几百个事件都会出现，因此自然语言处理中的滑动窗口方法并不适合。

➢ 推荐模型要学习会话中物品出现的前后关系，而把会话切割开是违背初衷的。

所以他们采取了图 9.2 所示的多会话迷你批处理（session-parallel mini-batches）的方法来处理训练数据。

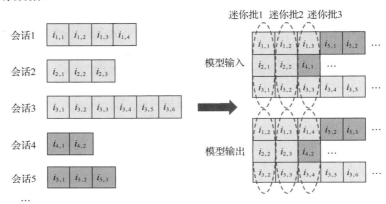

图9.2 多会话迷你批处理

在准备训练数据时，先对会话进行排序，然后选取前 N 个会话中第 1 个交互事件的物品当作第 1 个迷你批处理的输入，选取第 2 个事件中的物品当作该迷你批处理的输出。第 2 个迷你批处理的输入是前 N 个会话中的第 2 个事件中的物品，输出是第 3 个事件中的物品。以此类推来构建接下来的多会话迷你批处理。因为会话都是彼此独立的，一旦某个会话结束，就会重置（归零）对应的隐藏状态，然后输入一个新的会话。

9.2.3 批处理中的负采样

在每个训练步骤中，模型使用当前交互事件中的物品作为正样本，输出下一个事件中可能出现的物品的概率分布。训练过程会遍历会话中所有的交互事件。使用反向传递（back-propagation）来训练这个循环神经网络，它的复杂度：

$$O(N_E(H^2 + HN_O))$$

其中 N_E 是训练数据中交互事件的数量，H 是隐藏单元数，N_O 是预测物品数。考虑到实际生产环境中严苛的反应时间要求和庞大的物品数量，在每个时间节点为所有物品计算一遍概率是不现实的。为了降低计算量，该模型在训练过程中对负样本进行了采样。

对于负样本，通常认为用户没有与某物品发生互动是因为不知道该物品。但不可否认，在有些小概率事件中，用户明明知道该物品，但就是不喜欢它，或者不想浪费时间所以没有互动。这种小概率事件发生的可能性随着物品流行度的升高而增大，因此负采样数量应该与物品流行度成正比。为了进一步减少采样时间，该模型直接使用多会话迷你批处理中其他训练样本中的物品作为负样本进行训练。因为这些负样本出现在其他会话中，说明它们的流行度不低，从而实现了基于流行度的负采样。

其实这种取巧的做法也有隐忧。因为想要损失函数正常工作，首先需要正样本和负样本的得分，而且只有当正、负样本得分的差小于阈值时，模型才会进行学习。基于流行度负采样的问题在于，模型根据流行物品学习到一定程度后，就会逐渐停止模型参数的更新。这意味着，长尾商品中的高分负样本没有机会参与学习过程，模型精度受到影响。在该模型的后续版本中，添加了额外的负采样的功能，使得模型可以充分学习，尽快收敛。

9.2.4　排序损失函数的选择

关于排序损失函数的选择，模型作者团队测试了单点方法（交叉熵等）和成对方法。测试结果显示，单点方法不太稳定，而成对方法较稳定，尤其是贝叶斯个性化排序和模型团队发明的 TOP1 表现较好。

贝叶斯个性化排序的基本原理我们在第 7 章详细讲解过，此处不赘述。该模型把正样本和若干负样本得分差异的平均值作为损失值。所以，在会话中，某个时间节点上的损失为：

$$L_{\mathrm{BPR}} = -\frac{1}{N_S}\sum_{j=1}^{N_S}\ln(\sigma(\hat{r}_{s,i} - \hat{r}_{s,j}))$$

其中，N_S 是样本数，$\hat{r}_{s,i}$ 是下个时间节点上正样本的得分，$\hat{r}_{s,j}$ 是负样本的得分。

TOP1 损失函数的公式如下所示：

$$L_{\mathrm{TOP1}} = \frac{1}{N_S}\sum_{j=1}^{N_S}\sigma\left(r_j - r_i\right) + \sigma\left(r_j^2\right)$$

其中，r_i 是正样本得分，r_j 是 N_S 个负样本中的一个。TOP1 损失的第 1 部分是正样本得分高于负样本的损失，第 2 部分负责把负样本的得分拉到 0 附近。后者实际上起到了正则化的作用，它惩罚了负样本中的高得分。

9.2.5　实验过程

模型使用 2 个数据集进行训练和测试。第 1 个数据集来自"推荐系统挑战赛 2015"，简称"RSC15"。它是某电商网站的点击日志，包含多种交互事件，如查看、购买等。模型只使用了第 1 个数据集中的点击数据，而过滤了购买等事件，还过滤了只有一次点击的会话。整理后的数据集包括大概 6 个月的 797 万个会话。所有会话的最后一天的数据被留作测试集，其余数据用于训练模型。

第 2 个数据集来自某视频网站的日志文件，简称"VIDEO"。只有某视频的观看时间超过阈值才会被保留下来。数据集包含了 2 个月内多个地区的用户行为数据。在用户观看完某视频后，画面左边会出现来自多种推荐算法的视频内容供用户选择。数据集的清洗方法与第 1 个数据集类似，但特别长的会话会被清除，因其可能是网络机器人的行为数据。每个会话的最后一天作为测试集，其余时间作为训练集。

训练过程使用了多会话迷你批处理，把会话中的事件物品依次输入网络，然后根据下一个事件中的物品来矫正网络参数。当一个会话结束时，门控循环单元的隐藏状态会被置零。预测物品按照得分倒序排列，物品的位置就是排序值。因为用户最关心的就是推荐列表中的头部物品，所以该模型的评价指标有两个，分别是头部 20 的命中率（Recall@20）和平均倒数命中率（mean reciprocal rate，MRR@20）。前者是第 3 章中介绍的命中率，后者是第 3 章中的平均倒数命中率。

模型选取了多个基准模型（baseline model）来横向比较性能，其中表现最好的模型是第 5 章介绍的基于物品的 K 最近邻推荐。如表 9.2 所示，与基准模型相比较，GRU4Rec 模型在命中率方面的提升为从 24%到 31%。

表 9.2　模型表现

Loss/#Units	RSC15		VIDEO	
	Recall@20	MRR@20	Recall@20	MRR@20
TOP1 100	0.5853(+15.55%)	0.2305(+12.58%)	0.6141 (+11.50%)	0.3511 (+3.84%)
BPR 100	0.6069(+19.82%)	0.2407 (+17.54%)	0.5999 (+8.92%)	0.3260 (−3.56%)
Cross-entropy 100	0.6074(+19.91%)	0.2430(+18.65%)	0.6372(+15.69%)	0.3720 (+10.04%)
TOP1 1000	0.6206 (+22.53%)	0.2693 (+31.49%)	0.6624(+20.27%)	0.3891(+15.08%)
BPR 1000	0.6322 (+24.82%)	0.2467(+20.47%)	0.6311(+14.58%)	0.3136 (−7.23%)
Cross-entropy 1000	0.5777 (+14.06%)	0.2153 (+5.16%)	—	—

最左边一列是排序损失函数与门控循环单元数的不同组合。可以看到排序算法中的成对方法表现稳定，尤其是 TOP1 在 2 个数据集的 3 项指标中取得最好成绩，贝叶斯个性化排序也很突出。交叉熵损失函数在 1000 个门控循环单元上的表现不够稳定。

任务 9.3　学习将语境信息融入循环神经网络推荐系统

【任务描述】

了解语境的重要性，了解语境融入的两个方向，掌握在基于语境的循环神经网络中融入语境的具体操作方法。

【关键步骤】

（1）了解语境的重要性。

（2）了解语境融入的两个方向：物品呈现和隐藏状态。

（3）学习在基于语境的循环神经网络的物品呈现中融入语境。

（4）学习在基于语境的循环神经网络的隐藏状态中融入语境。

如前文所述，循环神经网络可以很好地建模用户状态，从而改善推荐系统的表现。近年来，将循环神经网络应用于推荐系统的一系列探索也显示出深度学习模型在用户状态建模方面的潜力。如果想要更加深入地理解用户行为背后隐藏的诱因，只看用户点击历史中表现出来的主题是远远不够的。最好能将用户的语境信息，如事件类型（如浏览、购买、退货等）、时间因素（如据上次交互事件、工作日还是周末）、设备类型（如手机、台式机、电视等）、地理位置（公司、家里、商业区等）等信息融入模型才能进行更好的推荐，以实现用户、商家和推荐系统三方共赢。甚至更进一步，推荐系统在权衡短期收益和长期收益后进行取舍，一步一步地引导用户在浩瀚的网络空间中成长。本任务中，我们一起探索如何将用户的语境信息融入基于会话的推荐系统。

9.3.1　语境的重要性

2017 年埃琳娜·斯米尔诺娃（Elena Smirnova）等人提出将用户会话中的交互事件类型和时间因素融入基于语境的循环神经网络（contextual recurrent neural network，CRNN）[1]的推荐系统。因为语境信息可以极大地提高用户会话中事件预测的准确性。

举例来说，如果有了之前一系列交互事件的类型信息，如浏览、购买等，则更易于预测下一个事件，如图 9.3 所示。

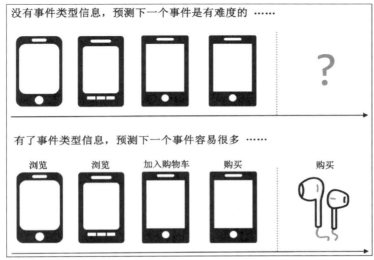

图9.3　事件类型信息让预测变得更容易

图 9.3 所示的上面一行是前文中提到的循环神经网络推荐系统可获得的全部输入信息，它预测的下一个事件可能是耳机（如果用户已经购买了最后那个手机），也可能是最后一个手机本身（如果还没买）。没有其他辅助信息，推荐系统是很难做出判断的。第二行输入信息在物品 ID 的基础上添加了交互事件的类型。可以很清楚地看到，用户购买了最后浏览的那个手机，所以推荐系统应该推荐"其他用户经常一起购买的"耳机。

预测用户下一个事件时，时间因素也是非常重要的。距离上一个事件的时间间隔会改变下一个事件的内容，如图 9.4 所示。

图 9.4 所示的第一行输入信息虽然包含了事件类型，但是最后购物车中既有手机又有耳机，预测下一个事件可能有多种结果：如果手机和耳机添加到购物车的时间相差不大，用户可能会一起购买；如果中间间隔了很长的事件，如 10 天，那么用户很可能只买耳机。所以，有了事件间隔时间，让推荐系统可以更准确地理解用户意图，进行精准的推荐。

语境信息甚至可以改变物品之间的相关性。在浏览过程中，"看了又看"体现的大多是商品本身之间的相似性，如不同品牌的手机等。而在购买环节"其他用户也一起购买"

① 参考埃琳娜·斯米尔诺娃等人 2017 年发表的论文。

的商品中，除了相似商品之外，还有互补商品（如手机和耳机）、促销加购商品等。后者体现的是海量用户行为中隐藏的物品相关性。

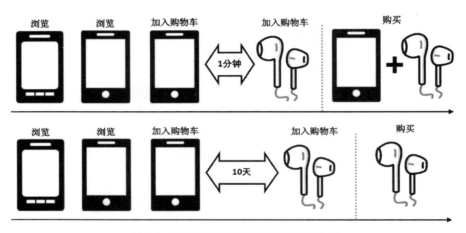

图9.4　事件间隔时间让预测变得更容易

9.3.2　语境的融入方法

那么如何将语境信息融入基于循环神经网络的推荐系统呢？主要有两个研究方向：语境与物品呈现的融合、语境与循环单元隐藏状态（hidden status）的融合。

针对前者，近期有代表性的研究包括将"话题"信息融入输入向量[1]以及将语言学特征融合输入向量[2]等。具体到操作层面，可以把语境向量与物品向量进行拼接，也可以按位相乘。拼接时，假设语境信息对物品呈现没有影响；乘法时，则会把语境信息更加紧密地绑定到物品呈现。

针对语境与隐藏状态的融合方向，近期有代表性的研究有超网络（hypernetworks），即使用一个辅助的循环神经网络来调制主循环神经网络中的转移矩阵（transition matrix）[3]，或使用循环深度（recurrent depth）来非线性地控制各个时间节点的输入信息和隐藏状态的组合方式[4]。

另外，也有同时兼顾上面两个方向的。例如，埃琳娜·斯米尔诺娃等人 2017 年论

---

[1]　参考 Mikolov 等人 2012 年发表的论文。
[2]　参考 Sennrich 等人 2016 年发表的论文。
[3]　参考 Ha 等人 2016 年发表的论文。
[4]　参考 Zhang 等人 2016 年发表的论文。

文中提出：将语境信息同时融入物品呈现和隐藏状态。融入物品呈现可以捕获当前语境下物品间的相似度。例如，"看了又看"体现的是"浏览"场景下基于协同过滤的相似度，"买了也买"体现的是"购物"场景下的相似度。将语境信息与循环神经网络的隐藏状态相融合，可以让模型捕获到不同语境下用户行为的变化。

9.3.3　融合语境的循环神经网络模型

在讲解融合语境的循环神经网络模型之前，先来梳理模型的输入和输出。模型输入是一个二元组序列：

$$X = \left\{ \left(x_t, c_t \right) \right\}, t = 1, \cdots, T \text{ 且 } x_t \in R^{V_x}, c_t \in R^{V_c}$$

其中，t 表示某个时间节点，x_t 是物品的独热编码，c_t 是语境的独热编码。推荐系统需要预测下一个时间节点的交互事件。因此定义联合概率 $p(X)$：

$$p\left(X \right) = \prod_{t=1}^{T} p(x_t \mid c_t, x_{<t}, c_{<t})$$

即给定当前语境 c_t 和历史上的物品和语境 $\{(x_{<t}, c_{<t})\}$，使用循环神经网络进行建模，预测下一个物品 x_t。CRNN 结构如图 9.5 所示。

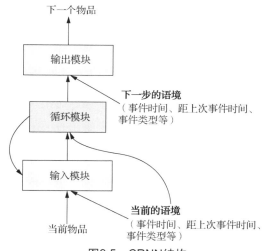

图9.5　CRNN结构

图 9.5 所示的输入模块负责将物品和语境的独热编码转化为更加稠密的嵌入，包含两个步骤：

$$x_t^{\text{embed}} = f_{\text{in}} \left(x_t \right)$$
$$x_t^c = \theta_{\text{in}} (x_t^{\text{embed}}, c_t)$$

$f_{\text{in}}()$方法返回物品 x_t 的嵌入向量，$\theta_{\text{in}}()$方法负责把物品嵌入和语境信息融合起来。融合后的 x_t^c 输入循环模块。

图 9.5 中的循环模块负责使用当前的输入 x_t^c 和上一个时间节点的隐藏状态 $\boldsymbol{h}_{t-1}$ 来更新当前的隐藏状态 $\boldsymbol{h}_t$：

$$\boldsymbol{h}_t = \phi(x_t^c, \boldsymbol{h}_{t-1})$$

其中，ϕ 是单元模块，可以是门控循环单元或者长短期记忆单元。$\boldsymbol{h}_t \in \mathbb{R}^k$ 是状态向量，k 是隐藏状态的维度。

图 9.5 中的输出模块根据最新的隐藏状态和下一个时间节点的语境信息输出一个包含所有物品的概率分布，包含两个步骤：

$$\boldsymbol{h}_t^c = \theta_{\text{out}}\left(\boldsymbol{h}_t, c_{t+1}\right)$$

$$\boldsymbol{o}_t = f_{\text{out}}\left(\boldsymbol{h}_t^c\right)$$

$\theta_{\text{out}}()$方法负责把隐藏状态和下一个时间节点的语境信息融合起来。$f_{\text{out}}()$是输出函数，给出一个向量 $\boldsymbol{o}_t$，其维度与输入物品维度相同。最后使用 Softmax 处理 $\boldsymbol{o}_t$ 得到预测结果。

值得注意的是，$\theta_{\text{in}}()$ 和 $\theta_{\text{out}}()$ 方法的不同实现会影响模型的表现。以 $\theta_{\text{in}}()$ 为例。

➤ 拼接：$\theta_{\text{in}}\left(x_t\right) = [x_t ; c_t]$。

➤ 按位乘：$\theta_{\text{in}}\left(x_t\right) = x_t \odot C_{c_t}$。

➤ 先乘再拼：$\theta_{\text{in}}\left(x_t\right) = \left[x_t \odot C_{c_t} ; c_t\right]$。

通常"先乘再拼"的效果优于单独进行拼接或乘法[①]。

另外，在语境与隐藏状态融合方面，埃琳娜·斯米尔诺娃等人也提出了自己的解决方案。常用的循环单元的计算方程为：

$$g(\boldsymbol{W}\left[x_t^c ; \boldsymbol{h}_{t-1}\right] + b)$$

他们在转移矩阵上乘语境，实现语境与隐藏状态的融合，即语境包装（context wrapper）：

$$g(\boldsymbol{W}\left[x_t^c ; \boldsymbol{h}_{t-1}\right] \odot U_{c_t} + b)$$

这里以门控循环单元为例，语境包装体现在下列环节。

图 9.6 所示左下角是融合了语境信息的物品嵌入 x_t^c，它是时间节点 t 的部分输入信息。另一部分输入信息是上一个时间节点的隐藏状态 $\boldsymbol{h}_{t-1}$。这两部分信息拼接在一起形成 $\left[x_t^c ; \boldsymbol{h}_{t-1}\right]$ 后输入更新门，进行下列运算：

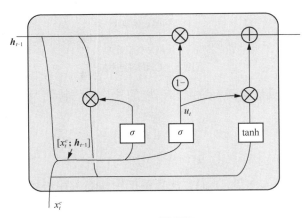

图9.6　更新门

---

① 不同研究者对于语境和物品融合方法有不同的观点。特别是对于序列级语境与物品融合方式，撒莱（Sarai）等人 2019 年发表论文称拼接的效果更好。

$$u_t = \sigma\left(\boldsymbol{W}_u\left[x_t^c; \boldsymbol{h}_{t-1}\right] \odot U_u c_t + b_u\right)$$

输入信息乘更新门的转移矩阵 $\boldsymbol{W}_u$ 后，再乘语境信息 $U_u c_t$，加上更新门的偏置 b_u，之后通过逻辑函数 σ 得到更新门的输出 u_t。

重置门的计算过程如图 9.7 所示。

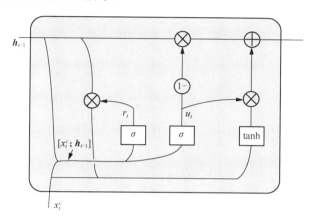

图9.7　重置门

图 9.7 所示为融合了语境信息的物品嵌入 x_t^c 和上一个时间节点的隐藏状态 $\boldsymbol{h}_{t-1}$ 拼接在一起形成 $\left[x_t^c; \boldsymbol{h}_{t-1}\right]$。它输入重置门后，进行下列运算：

$$r_t = \sigma(\boldsymbol{W}_r\left[x_t^c; \boldsymbol{h}_{t-1}\right] \odot U_r c_t + b_r)$$

输入信息乘重置门的转移矩阵 $\boldsymbol{W}_r$ 后，再乘语境信息 $U_r c_t$，加上重置门的偏置 b_r，之后通过逻辑函数 σ 得到重置门的输出 r_t。

隐藏状态的更新分两步。首先是生成隐藏状态的中间值 $\hat{h}_t$，如图 9.8 所示。

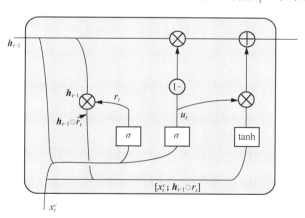

图9.8　GRU隐藏状态中间值

重置门的输出 r_t 和上一个时间节点的隐藏状态 $\boldsymbol{h}_{t-1}$ 进行按位乘，然后与 x_t^c 进行拼接得到 $\left[x_t^c; \boldsymbol{h}_{t-1} \odot r_t\right]$。它乘 GRU 转移矩阵 $\boldsymbol{W}_h$ 后，再乘语境信息 $U_h c_t$，加上 GRU 的偏置 b_h，最后通过 GRU 的双曲正切激励函数（tanh）得到隐藏状态的中间值 $\hat{h}_t$。计算公式如下：

$$\hat{h}_t = \tanh\left(\boldsymbol{W}_h\left[\boldsymbol{x}_t^c; \boldsymbol{h}_{t-1} \odot \boldsymbol{r}_t\right] \odot \boldsymbol{U}_h c_t + b_h\right)$$

有了隐藏状态的中间值 $\hat{h}_t$、更新门输出值 u_t 之后，就可以更新隐藏状态了，如图 9.9 所示。

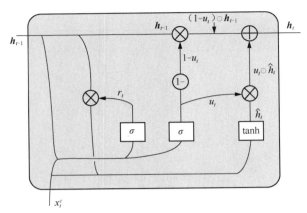

图9.9　GRU更新隐藏状态

图 9.9 所示为更新门输出值 u_t 被同时用来控制遗忘和更新的程序。$1-u_t$ 与上一个时间节点的隐藏状态 $\boldsymbol{h}_{t-1}$ 进行按位乘，表示 GRU 要记住多少旧的状态。u_t 与隐藏状态的中间值 $\hat{h}_t$ 进行按位乘表示要使用多少隐藏状态中间值来更新隐藏状态。这两部分按位加之后，得到更新的隐藏状态。其公式如下：

$$\boldsymbol{h}_t = \left(1 - u_t\right) \odot \boldsymbol{h}_{t-1} + u_t \odot \hat{h}_t$$

这个模型的优化目标是降低负对数似然值：

$$L = -\sum_{i=1}^{N}\sum_{t=1}^{T^{(i)}}\ln(p(x_t^{(i)} \mid c_t^{(i)}, x_{<t}^{(i)}, c_{<t}^{(i)})) = -\sum_{i=1}^{N}\sum_{t=1}^{T^{(i)}}\ln(\boldsymbol{o}_{t,x_t^{(i)}}^{(i)})$$

其中，N 是训练集中的序列数量，$T^{(i)}$ 是第 i 个序列的长度，$\boldsymbol{o}_{t,x_t}$ 是 $\boldsymbol{o}_t$ 中与物品 $\boldsymbol{x}_t$ 相对应的元素。

9.3.4　实验过程

模型使用 2 个数据集进行训练和测试。第 1 个数据集同样来自"推荐系统挑战赛 2015"，简称"YooChoose"。该数据集包括大概 6 个月期间用户在电商网站上的浏览和购买行为数据。第 2 个数据集是内部数据集，简称"Internal Dataset"，包括 3 个月期间用户在电商网站上的浏览、加入购物车和购买行为数据。

为了更好地衡量模型性能，埃琳娜·斯米尔诺娃等人创建了下列基于循环神经网络的基准模型。

➢　最后物品模型（CoVisit）：$\boldsymbol{h}_t = x_t^{\text{embed}}$，只考虑最后一个浏览的物品。

➢　物品袋模型（BagOfItems）：$\boldsymbol{h}_t = \boldsymbol{h}_{t-1} + x_t^{\text{embed}}$，计算历史物品嵌入向量的均值，不考虑物品间的先后顺序。

➢　无语境的循环神经网络（RNN without context）：$\boldsymbol{h}_t = \phi(x_t^{\text{embed}}, \boldsymbol{h}_{t-1})$，建模历史物品顺序，不考虑语境。

另外，因为语境和物品的融合方式不同，模型还有下列变体。

➢ 乘法模型（Mult-GRU-RNN）：在输入和输出模块中使用乘法融合语境。

➢ 拼接模型（Concat-GRU-RNN）：在输入和输出模块中拼接语境信息。

➢ 拼乘模型（Concat-Mult-GRU-RNN）：在输入和输出模块中使用乘法和拼接融合语境。

➢ 拼乘语境模型（Concat-Mult-Context-RNN）：在输入和输出模块中使用乘法和拼接融合语境，在循环单元中使用乘法做语境包装。

实验结果如表 9.3 所示。表中数值是头部命中率（Recall@10）。

表 9.3　实验结果

Model	YooChoose	Internal Dataset
Baselines		
CoVisit	0.374	0.329
BagOfItems	0.443	0.354
GRU RNN without context	0.562	0.454
Contextual RNNS		
Mult-GRU-RNN	0.589（+4.8%）	0.467（+3.0%）
Concat-GRU-RNN	0.579（+2.9%）	0.468（+3.0%）
Concat-Mult-GRU-RNN	0.592（+5.3%）	0.472（+3.9%）
Concat-Mult-Context-RNN	0.600（+6.6%）	0.474（+4.3%）

可以看到，表现最好的基准模型是无语境的循环神经网络，而所有融入语境的循环神经网络的表现都超过了基准模型。语境模型中表现最好的是拼乘语境模型，它在 YooChoose 数据集上命中率提升了 6.6%，在内部数据集上命中率提升了 4.3%。该模型在输入、输出模块中使用乘法和拼接融入语境，在循环单元中使用乘法做语境包装。另外，在输出、输出模块中融入语境时，拼接和乘法的效果不相上下，而同时使用拼接和乘法可以进一步提高命中率。

本章小结

（1）基于内容和协同过滤推荐系统梳理的信息颗粒度小，而且忽视了时间顺序信息。

（2）基于会话的推荐系统既可以解决冷启动问题，又可以捕获用户瞬变行为中体现的主题。

（3）从技术角度看，基于会话的推荐系统可以分两类：无模型和有模型的系统。

（4）在有模型的系统中，基于循环神经网络的推荐系统可以比较全面地建模用户会话，并做出合理的推荐。

（5）基于门控循环单元的推荐系统 GRU4Rec 对传统的循环神经网络做了诸多改进，包括训练数据的处理方式（如多会话迷你批处理）、排序损失函数的优化等。

（6）语境对于推荐系统非常重要，基于会话的推荐系统尤其需要融入语境信息。

（7）融入语境有两个研究方向：语境与物品呈现的融合、语境与循环单元隐藏状态的融合。

（8）在语境与物品呈现融合方面，通常"先乘再拼"的效果优于单独进行拼接或乘法。

（9）在循环单元的转移矩阵上乘语境，可以实现语境与隐藏状态的融合，即"语境包装"。

本章习题

简答题

（1）为什么传统的推荐系统无法捕获用户瞬变行为中的倾向？

（2）为什么语境不同，商品间的相似性也会不同？

（3）为什么基于流行度的负采样会有问题？

基于强化学习的推荐

➤ 了解在推荐系统中应用强化学习的背景
➤ 了解强化学习的技术基础
➤ 深入研究"探索与开采并举"的强化学习
   推荐系统

本章任务

学习本章，读者需要完成以下 3 个任务。读者在学习过程中遇到的问题，可以通过访问课工场官网解决。

任务 10.1：了解在推荐系统中应用强化学习的背景

了解传统推荐算法面临的挑战，了解强化学习的优势，了解强化学习在推荐系统方面的应用和发展。

任务 10.2：了解强化学习的技术基础

了解强化学习建模情境方面的两个分支，了解有模型和无模型强化学习的主要算法，了解价值函数型强化学习和策略搜索型强化学习的主要算法。

任务 10.3：深入研究"探索与开采并举"的强化学习推荐系统

了解"探索与开采并举"的必要性，了解基于行列式点过程提升多样性的方法，掌握演员评论员模型的基本思想。

任务10.1：了解在推荐系统中应用强化学习的背景

任务10.2：了解强化学习的技术基础 ┌── 10.2.1 情境描述
                                  ├── 10.2.2 策略学习
                                  └── 10.2.3 用户长期参与度

第10章 基于强化学习的推荐

任务10.3：深入研究"探索与开采并举"的强化学习推荐系统 ┌── 10.3.1 提升多样性的强化学习推荐系统
                                              ├── 10.3.2 实验过程
                                              └── 10.3.3 实验结果

任务 10.1 了解在推荐系统中应用强化学习的背景

【任务描述】

了解传统推荐算法面临的挑战，了解强化学习的优势，了解强化学习在推荐系统方面的应用和发展。

【关键步骤】

（1）了解传统推荐算法面临的挑战。

（2）了解强化学习的优势，及其突破传统推荐算法的瓶颈的方法。

（3）了解强化学习在推荐系统方面的应用和发展。

互联网的爆炸式发展产生了大量数据。信息过载问题变得越来越严重。如何在适当的时间和地点高效、精准地推荐满足用户需求的物品变得越来越重要，这激发了推荐系统的大发展。然而前文介绍的传统推荐技术通常面临几个共同的挑战。首先，大多数现有算法将推荐视为静态任务，并按照固定的贪婪策略生成推荐对象。这很可能无法捕获用户喜好以及语境的动态变化。毕竟网络上的世界太宽广，用户所处的环境变化太迅速，如果推荐系统不能及时捕获这些动态变化，依旧拘泥于过去的、静态的喜好数据进行推荐，其效果肯定大打折扣。其次，传统的推荐算法以最大化短期奖励为宗旨，完全忽略了推荐物品是否有益于用户的长期利益以及与推荐系统保持长期互动的意愿。如果推荐系统只是一味地迎合用户，而不是带领用户探索新的世界，就会让用户深陷信息孤岛而不自觉。推荐系统基于用户的特征和标签，精巧地构建了过滤气泡，但用户可能无法看到外面的世界。一旦用户对这种过于"短视"的推荐内容产生厌倦，就可能放弃这个推荐系统。理想的推荐系统，应该成为用户在网络上的搭档，兼顾用户的长、短期收益，这样才能保证用户和推荐系统间的互动关系是健康的、可持续发展的。

近年来，强化学习技术得到快速发展，并得到广泛的应用。强化学习中的代理（agent），就是智能系统在所处环境中的化身。如果强化学习的任务是打游戏，代理就是游戏中的角色。将强化学习应用到推荐系统时，代理就是推荐引擎，负责生成推荐列表。代理通过与动态环境（当前用户）进行一系列的交互来获取经验并给出合适的反应。强化学习的强项是通过探索和规划来不断优化推荐策略，甚至可以主动选择那些短期效益小但长期效益大的推荐内容，来最大化长期收益。强化学习的这些独特优点吸引了越来越多的研究者，进一步推动了其理论和应用的发展。YouTube 开发了基于强化学习的推荐系统并取得了骄人的成绩。

了解强化学习的技术基础

【任务描述】

了解强化学习建模情境方面的两个分支，了解有模型和无模型强化学习的主要算法，了解价值函数型强化学习和策略搜索型强化学习的主要算法。

【关键步骤】

（1）了解强化学习建模情境的两个分支：多臂老虎机和马尔可夫决策过程。

（2）了解有模型和无模型强化学习的主要算法。

（3）了解价值函数型强化学习的主要算法。

（4）了解策略搜索型强化学习的主要算法。

强化学习的核心要义就是学习如何将情境映射到动作，即代理学会在各种纷繁复杂的情境下做出最优的动作。这里有两个基本元素：用数学模型描述情境；学习行为策略，即情境到动作的映射。

10.2.1　情境描述

强化学习的建模情境有两个分支：多臂老虎机（multi-armed bandits，MAB）和马尔可夫决策过程。

多臂游戏机是经典的强化学习问题，凸显了"探索"与"开采"之间的权衡困境（见图 10.1）。这里的"多臂"其实就是多台游戏机的意思。玩家的头脑要很清楚，他必须决定每次玩哪台机器，是继续玩当前的机器还是尝试其他机器。

图10.1　"探索"与"开采"之间权衡困境

在这个问题中，每台游戏机都按照各自的概率分布提供随机的奖励。玩家的目标就是通过一系列的拉杆操作来获得最大的回报。在每次试验中，玩家要考虑的关键问题是，在目前看起来收益最好的机器上继续开采，还是探索其他更好赚钱的机器。强化学习也面临着探索与开采的权衡问题。实际上，多臂游戏机已被用来建模很多实际问题。例如，在大型公司中进行投资管理，甚至在部门内部如市场部中调研广告投放策略时都会用到。

具体说来，一个 k 臂游戏机可以用三元组 $<A, R, \pi>$ 来表示。A 是动作的集合，即 k 个游戏机拉杆。$R(a)$ 是采取动作 a 时的奖励分布。π 是动作策略，即所有可能的动作上的概率分布。具有最高收益预期的游戏机拉杆称为"最佳拉杆" a_*，其对应的"最佳奖励" r_*。多臂游戏机算法在每个时间节点 t 上采样一个拉杆并获得相应的回报 r_t。算法基于目前（截至时间 $t-1$）观察到的历史记录，来选择每次使用哪台游戏机的拉杆。

马尔可夫决策过程

马尔可夫决策过程是一种经典的离散时间随机决策过程。它提供了一个数学框架，用来建模在结果部分可控的情况下的决策过程。它对于动态编程和强化学习中的优化问题很有帮助，并被应用到诸多领域，如机器人技术、自动控制、经济学和制造业。它的名称来自俄罗斯数学家安德烈·马尔可夫（Andrey Markov，1856—1922），马尔可夫决策过程其实是对马尔可夫链的扩展。

强化学习语境下的马尔可夫决策过程可以表示为一个 5 元组 $<S, A, T, R, \pi>$。S 是一组状态，A 是一组离散的动作。T 是状态迁移函数 $s_{t+1} = T(s_t, a_t)$，即在时间节点 t，给定状态 s_t 和动作 a_t，该函数给出新状态 s_{t+1} 的概率分布。$R(s, a)$ 是在状态 s 下执行动作 a 时的奖励分布。策略 $\pi(a|s)$ 是给定状态 s 时，代理可能采取动作的概率分布。它是对第 9 章提到的标准马尔科夫决策过程的补充。举个例子，假设一名大学生在自习室上自习。他可能有 3 种状态：自习、读书和听歌。在每种状态下，他能采取的动作只有两个：上网和看书，那么就可以用图 10.2 所示的马尔可夫决策过程建模他的行为轨迹。

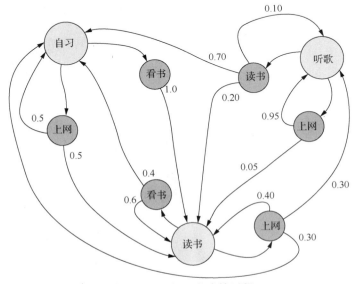

图10.2　马尔可夫决策过程

如图 10.2 所示，在自习状态时，策略 $\pi(a|s)$ 决定接下来的动作（上网和看书）的概率分布。如果接下来的动作是上网，则状态迁移函数 T 给出新状态的概率分布：50% 是自习，50% 是读书。在这个随机过程中，如果接下来的状态是读书，策略 $\pi(a|s)$ 决定接下来的动作概率分布。如果是上网，则状态迁移函数 T 给出的新状态概率分布是：40% 是读书，30% 是听歌，还有 30% 回到自习状态。如果在下一个随机过程中迁移到听歌状态，则还是由策略决定下一个动作的概率分布。如果采取的动作是读书，则有 70% 的可能重新回到自习状态。以此类推进行后续的决策过程。

类似地，当代理（推荐系统）和环境（当前用户）在离散的时间序列中互动时，就会得到行为轨迹 $\{s_0, a_0, r_1, \cdots, s_t, a_t, r_{t+1}, \cdots\}$。我们的目标是最大化预期收益 G_t：

$$G_t = \sum_{k=0}^{\infty} \gamma^k r_{r+k+1}$$

其中 γ（$0 \leqslant \gamma \leqslant 1$）是折损率，表示未来收益的折损度。

马尔可夫决策过程还可以扩展到多个代理。表示为元组 $<S, A_1, \cdots, A_n, T, R_1, \cdots, R_n, \pi_1, \cdots, \pi_n>$。$n$ 是代理的数量，S 是环境状态的集合，A_i 是代理 i 的离散的动作集合，T 是状态迁移函数，R_i 是代理 i 的奖励函数，π_i 是代理 i 的策略。在多代理环境中，状态迁移是所有代理在时间节点 t 上的联合动作的结果。相应地，奖励 $r_{i,k+1}$ 也取决于联合动作带来的结果。如果所有代理都采取同样的策略来最大化收益，可以说代理间的关系是合作关系。假设只有两个代理，且策略刚好相反，则是竞争关系。更常见的多代理则是既不完全合作也不完全竞争的情况。

10.2.2　策略学习

在强化学习中，代理的目标是学习策略以优化长期收益。我们可以通过下列角度来对众多的强化学习方案进行分类，即模型是否可用，以及如何学习最优策略。

首先是有模型和无模型的强化学习，二者最根本的区别在于对环境的理解。有模型的强化学习方法在很大程度上受到了控制论的影响。它首先对环境进行建模，然后使用环境模型来解决马尔可夫决策过程问题。其中比较著名的算法有 Dyna、Q 学习、策略梯度（policy gradient，PG）及其变体等。无模型的强化学习方法承认环境的复杂性，并放弃对环境的建模。它直接着眼于代理和环境的交互，并从中挖掘出价值函数（value function）。这种方法无须了解环境的运作机制，因此严重地依赖采样和观察。其中主要的算法包括 Q 学习、行动派算法（state-action-reward-state-action，SARSA）和演员评论员算法（actor-critic，AC）。

其次是价值函数型强化学习和策略搜索型强化学习。价值函数型强化学习首先找到最优价值函数，然后从中获取最优策略，主要算法包括 Dyna、Q 学习、行动派算法和深度 Q 网络（deep Q-network，DQN）。策略搜索型强化学习更加直接。它不寻找最优价值函数，而是在策略空间中直接查找最佳策略来解决马尔可夫决策过程问题，其代表算法是策略梯度。通常策略表示为 $\pi_\theta(a|s)$，基于它计算在状态 s 下采取动作 a 的收益，并通过优化参数 θ 来实现收益最大化。还有一系列算法，使用策略梯度在策略空间中进行搜索，同时估算价值函数。最有代表性的是演员评论员算法及其变体。在这些双时标算法中，评论员进行时序差分学习（temporal difference learning，TDL），演员则根据评论员提供的信息在近似梯度方向上更新自己的参数。

10.2.3 用户长期参与度

对推荐系统来说，衡量用户的参与度是至关重要的。用户参与度不只衡量用户的即时响应，如用户点击、评分或者放入购物车等；更重要的是要衡量长期的响应，如重复购买、商品评价、在社交网络上的分享行为等。通常，可以把用户长期参与度的优化问题转化为一系列的决策问题。在每个决策点上，代理需要根据用户对过去推荐物品的反应来评估用户流失的风险，然后使用多臂老虎机等方法在用户即时响应和预估的长期参与之间取得平衡。

另外，在实际的推荐会话中，用户可能会访问多个推荐场景。例如，网站首页、促销活动页和商品详情页等，每个场景中都有独立的推荐策略。针对这种情况，多代理强化学习算法可以捕获不同场景之间的顺序相关性，并共同优化多种推荐策略。具体而言，它使用了基于模型的强化学习技术来减少训练数据的数量需求并可以进行更准确的策略更新。另外，前文提到的深度 Q 网络还把用户的长期反馈（如用户的回访频率等）拿来作为用户即时响应的补充信息，进一步提高推荐系统的表现。

任务 10.3 深入研究"探索与开采并举"的强化学习推荐系统

【任务描述】

了解"探索与开采并举"的必要性，了解基于行列式点过程提升多样性的方法，掌握演员评论员模型的基本思想。

【关键步骤】

（1）了解"探索与开采并举"的必要性。

（2）了解基于行列式点过程提升多样性的方法。

（3）掌握演员评论员模型的基本思想。

（4）研究实验过程并分析实验结果。

在基于强化学习的推荐系统中，代理会根据学到的策略为用户生成推荐，然后根据用户的反馈相应地更新其推荐策略，从而长远地提高用户的满意度。此外，在代理与用户的互动过程中，推荐系统还强化探索的作用，以此发现用户对物品的潜在喜好，这在用户的历史行为数据中是无法找到的。同时需要注意的是，不能无限扩大探索的权重。如果为了探索新物品，而过分削弱推荐物品与用户喜好的相关性，即开采太少，用户会认为推荐系统根本不了解自己的喜好。所以探索与开采既要兼顾，又要拿捏好其中的"火候"，这正是强化学习的强项之一。

10.3.1 提升多样性的强化学习推荐系统

2019 年有相关学者提出了提升多样性的基于强化学习的推荐系统 D^2RL。它使用用户最近交互的若干物品和用户本身的特征，基于行列式点过程（determinantal point process，DPP）进行顺序采样，为用户生成多样且相关的推荐列表。用户每次反馈都成为下一次预测的输入信号，以此捕获用户瞬变的喜好。

行列式点过程在随机几何（stochastic geometry，SG）中用来建模点间斥力（inter-point

repulsion），在机器学习中用来从一个有限集中选择高质量且多样化的子集。用 MoviesLens 的例子来说，就是从所有待推荐电影中，找到兼具多样性和相似性的电影来推荐。

针对一个离散项集 $\mathcal{V} = \{v_j\}_{j=1}^{N}$，经过行列式点过程可以得到其幂集上的概率分布。如果幂集中空集上的概率不为零，则有半正定核矩阵 $\boldsymbol{L} \in \mathbb{R}^{N \times N}$，使得任意子集 $\mathcal{S} \subseteq \mathcal{V}$ 的概率表示为：

$$p(\mathcal{S}) = \frac{\det(\boldsymbol{L}_{\mathcal{S}})}{\det(\boldsymbol{L} + \boldsymbol{I})}$$

其中，$\boldsymbol{L}_{\mathcal{S}}$ 是由 $\mathcal{S}$ 元素索引得到的 $\boldsymbol{L}$ 的子阵，$\boldsymbol{I}$ 是单位矩阵。

我们可以使用低秩矩阵来构造核矩阵 $\boldsymbol{L}$。例如，使用低秩矩阵 $\boldsymbol{B}$（令 $\boldsymbol{B} \in \mathbb{R}^{N \times d}$ 且 d 远小于 N）来构造格拉姆矩阵（Gram matrix）$\boldsymbol{L} = \boldsymbol{B} \cdot \boldsymbol{B}^{\mathrm{T}}$。$\boldsymbol{B}$ 矩阵中的行向量就是物品特征向量，甚至可以把它写成物品 i 的相关度 r_i 和特征向量 $\boldsymbol{x}_i \in \mathbb{R}^{1 \times d}$ 的乘积，即 $\boldsymbol{B}_i = r_i \boldsymbol{x}_i$。如果对特征向量进行归一化，即 $\|\boldsymbol{x}_i\|_2 = 1$，则物品 i 和物品 j 之间的余弦相似度可以写成 $C_{ij} = \boldsymbol{x}_i \boldsymbol{x}_j^{\mathrm{T}}$。所以核矩阵 $\boldsymbol{L}$ 可以写成：

$$\boldsymbol{L} = \mathrm{Diag}\{r\} \cdot \boldsymbol{C} \cdot \mathrm{Diag}\{r\}$$

$\boldsymbol{C}$ 是物品间的相似度矩阵。$\mathrm{Diag}\{r\}$ 是对角阵，其中第 i 个元素就是 r_i。相关度 r_i 又可以写成模型参数 $\boldsymbol{a}$（令 $\boldsymbol{a} \in \mathbb{R}^{1 \times d}$）与特征向量转置的乘积：

$$r_i = \boldsymbol{a} \boldsymbol{x}_i^{\mathrm{T}}$$

因为相似度矩阵 $\boldsymbol{C}$ 是固定的，所以构造行列式点过程中的核矩阵 $\boldsymbol{L}$ 时，唯一的变量就是模型参数 $\boldsymbol{a}$ 了。只要核矩阵 $\boldsymbol{L}$ 确定了，就可以使用很多现成的算法在 $\mathcal{V}$ 中找到既多样又相关的子集作为推荐列表了。模型参数 $\boldsymbol{a}$ 代表用户的喜好，在互动式的推荐系统中 $\boldsymbol{a}$ 是时刻变化的。基于深度强化学习的推荐系统，需要通过用户与系统的交互情况及时捕获瞬变的 $\boldsymbol{a}$ 给出合理的推荐。

D^2RL 系统可以使用马尔可夫决策过程来建模交互推荐过程，请参考图 10.3 了解其如下核心组件。

➤ 状态空间（state space）：时刻 t 的状态 s_t，它由两部分内容决定，即用户在时间节点 t 之前交互的最近 i 个物品的叠加特征和用户的个人特征。

➤ 动作空间（action space）：代理在时刻 t 采取的动作 a_t，用来构造行列式点过程核矩阵 $\boldsymbol{L}$ 的参数。它用于捕获用户的动态喜好。

➤ 奖励（reward）：推荐系统根据当前状态 s_t 选择动作 a_t 之后，就可以从核矩阵 $\boldsymbol{L}$ 中采样一系列兼顾多样性和相关性的物品，然后推荐给当前用户。用户对推荐物品做出反馈，如点击、加入购物车或者忽视等。这些反馈作为即时奖励 $r(a_t, s_t)$ 用来更新推荐策略。

➤ 折损率（discount rate）：折损率 $\gamma \in [0,1]$ 是一个系数，用来对未来奖励进行打折。当 γ 为 0 时，所有未来奖励在这个时刻的价值都是 0，也就是说推荐系统是"短视"的，它只考虑即时奖励。当 γ 为 1 时，推荐系统非常注重长期收益，它会计算所有未来的奖励和即时奖励。

提升多样性的基于强化学习的推荐系统 D^2RL 是基于演员评论员算法构建的。图 10.3 给出了 D^2RL 的网络结构。

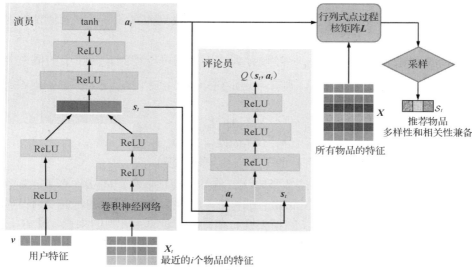

图10.3　D^{2}RL的网络结构

图 10.3 左边的方框是演员网络（actor network）。演员网络的输入信息是当前状态 s_t，它由两部分构成：分别是用户特征 v 和最近交互的 l 个物品的特征矩阵 X_t。用户特征通过两个带 ReLU 的全连接层后得到更加抽象的用户特征。同时用户最近交互的 l 个物品的特征向量叠加形成的特征矩阵 $X_t \in \mathbb{R}^{l \times d}$，可以看作特征空间内的一张图片。使用卷积神经网络处理该图片可以捕获用户喜好中体现出来的序列模式。卷积神经网络抽取的用户喜好信息通过两个带 ReLU 的全连接层后得到更加抽象的序列模式信息。它和抽象的用户特征拼接在一起，就得到了当前状态 s_t。

当前状态 s_t 通过若干带 ReLU 的全连接层，最后经过 tanh 得到动作 a_t。它被用来构建行列式点过程核矩阵 L。有了核矩阵 L，可以使用快速贪婪算法采样得到一个兼顾多样性和相关性的推荐列表，呈现给用户。

图 10.3 中部的方框是评论员网络（critic network）。它负责拟合 Q 价值函数 $Q(s_t, a_t)$，进而评估基于行列式点过程学习到的策略 π 的质量。如图 10.3 所示，评论员网络的输入由两部分构成，分别是动作 a_t 和当前状态 s_t。它们拼接在一起，然后通过若干带 ReLU 的全连接层后预测 Q 价值。我们用 $\varphi(s_t, a_t)$ 来表示评论员网络，它的网络参数是 θ_φ。

训练 D^{2}RL 网络使用了深度确定性策略梯度（deep deterministic policy gradient，DDPG）算法[1]，还有目标网络（target network）技术。在深度确定性策略梯度算法中，评论员网络是使用 Q 学习中的贝尔曼方程（Bellman equation）学习得到的。持续更新网络参数 θ_φ 来减少下述损失函数的损失：

$$\ell\left(\theta_\varphi\right) = \frac{1}{N} \sum_{i=1}^{N} (y_i - \varphi(s_i, a_i))^2$$

其中，$y_i = r_i + \gamma \tilde{\varphi}(s_{i+1}, \tilde{\phi}(s_{i+1}))$，$N$ 是采样的迷你批次中的样本数，$\tilde{\varphi}$ 是对象评论员网络，而 $\tilde{\phi}$ 是对象演员网络。

---

① 参考利利克拉普（Lillicrap）等人 2015 年的论文。

演员网络的更新使用采样的策略梯度：

$$\nabla_{\theta_\phi}\phi\,|\,s_i = \frac{1}{N}\sum_{i=1}^{N}\nabla_a\varphi(s,a)|_{s=s_i,a=\phi(s_i)}\,\nabla_{\theta_\phi}\phi(s)|_{s=s_i}$$

对象网络 $\tilde{\phi}$ 和 $\tilde{\varphi}$ 的参数更新过程如下所示：

$$\tilde{\theta}_\phi \leftarrow \tau\theta_\phi + (1-\tau)\tilde{\theta}_\phi$$
$$\tilde{\theta}_\varphi \leftarrow \tau\theta_\varphi + (1-\tau)\tilde{\theta}_\varphi$$

总结一下，基于深度确定性策略梯度的完整的学习过程如下所示。

（1）随机初始化演员网络 $\phi()$ 和评论员网络 $\varphi()$ 以及它们的权重参数 θ_ϕ 和 θ_φ。

（2）初始化对象网络 $\tilde{\phi}()$ 和 $\tilde{\varphi}()$ 及其权重参数 $\tilde{\theta}_\phi \leftarrow \theta_\phi$ 和 $\tilde{\theta}_\varphi \leftarrow \theta_\varphi$。

（3）初始化回放缓冲区。

（4）迭代 episode=1,2,…,T。

（5）接收一个最初始的状态 s_1。

（6）迭代 t=1,2,…,T。

（7）使用演员网络 $\phi()$ 生成动作 a_t。

（8）对 a_t 应用探索策略：$a_t \leftarrow a_t + N_t$。

（9）构建行列式点过程核矩阵 $\boldsymbol{L}$。

（10）应用快速贪婪算法 MAP 获取兼顾多样性和相关性的推荐集合 $\mathcal{S}_t$。

（11）计算奖励 r_i 并观察新状态 s_{t+1}。

（12）将迁移样本数据 (s_t, a_t, r_t, s_{t+1}) 存入回放缓冲。

（13）使用回放采样技术从缓冲中采样一个迷你批次（样本数 N）。

（14）更新评论员网络 $\varphi()$ 来最小化损失 $\ell(\theta_\varphi)$。

（15）使用采样梯度更新演员网络 $\phi()$ 中的权重 θ_ϕ。

（16）更新对象网络的权重。

算法 10.1　使用深度确定性梯度算法训练 D^{2}RL 模型

10.3.2　实验过程

模型的实验过程中使用了 MovieLens 数据集 MovieLens-100K 和 MovieLens-1M，这两个新的数据集需要读者自行下载。下载地址参见本书提供的电子资料。

首先下载 MovieLens-100K，在页面中单击 "ml-100k.zip" 的链接即可下载数据，如图 10.4 所示。

然后下载 MovieLens-1M，单击页面中的 "ml-1m.zip" 链接即可下载。

MovieLens-100K 数据集中包含 943 名用户对 1682 部电影的 10 万个评分，而 MovieLens-1M 数据集中包含 6040 名用户对 3706 部电影的 100 万个评分。两个数据集中有 18 个电影流派，每个电影可能属于多个流派，这和第 2 章介绍的 "ml-latest-small" 数据集是一致的。在每个数据集中，将评分大于 3 的作为正反馈，然后按时间顺序对所有正反馈进行排序。模型使用前 80% 的正反馈进行训练，剩余的 20% 正反馈用于测试。另外，训练数据中正反馈少于 10 个的用户数据会被删除，如表 10.1 所示。

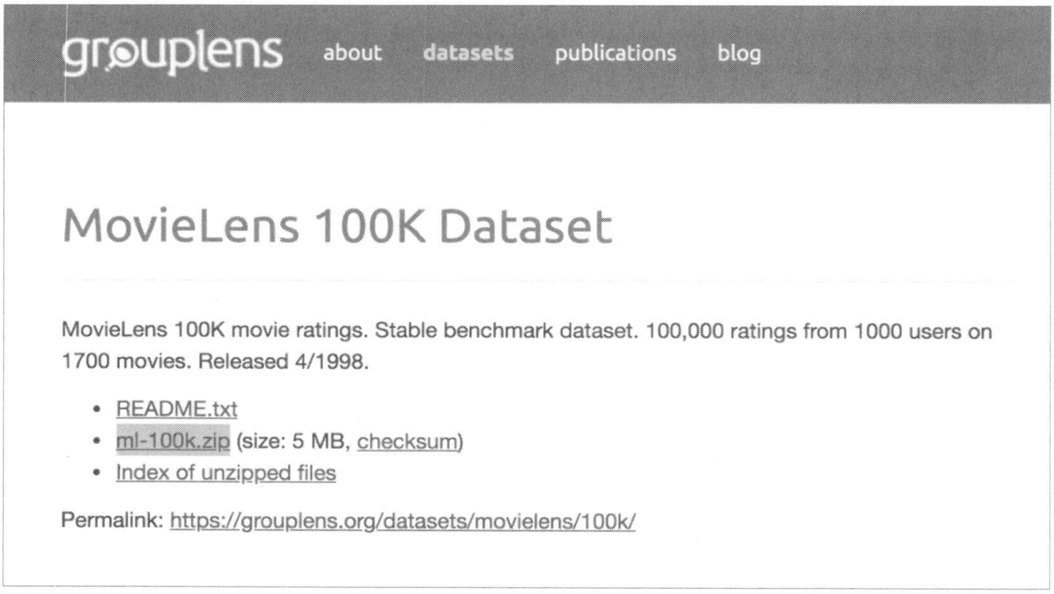

图10.4 MovieLens-100K数据集

表 10.1 数据集统计信息

数据集	用户数	电影数	评分数
MovieLens-100K	716	1374	45 447
MovieLens-1M	5128	3467	510 940

为了比较全面地评价模型的性能，论文中选择了下列基准算法进行比较。

➤ 贝叶斯个性化排序结合矩阵分解和贝叶斯个性化排序提高头部推荐的准确性。

➤ 逻辑矩阵分解建模用户和物品间互动的概率分布，充分挖掘用户隐式反馈。

➤ 卷积序列嵌入推荐模型（Caser）使用卷积神经网络抽取用户行为序列模式来进行序列推荐。

➤ 语境组合置信上限模型（C^{2}UCB）基于语境老虎机的互动推荐模型，它使用熵正则化来提升推荐多样性。

另外，模型的评价指标有两个，即精确率和多样性。其中，精确率的定义是：

$$\text{Precision}(t) = \frac{|\mathcal{S}_t \cap \mathcal{V}_{\text{test}}|}{|\mathcal{S}_t|}$$

其中，$\mathcal{S}_t$ 是在时间节点 t 上推荐给用户的物品集。$\mathcal{V}_{\text{test}}$ 代表测试数据中用户互动过的物品集。多样性使用列表内距离（Intra-List Distance，ILD）来衡量，其定义如下：

$$\text{Diversity}(t) = 1 - \frac{2}{|\mathcal{S}_t|(|\mathcal{S}_t|-1)} \sum_{v_i \in \mathcal{S}_t, v_j \in \mathcal{S}_t, i \neq j} s_{ij}$$

其中，s_{ij} 代表物品 v_i 和 v_j 之间的相似度。

模型的评估分为两个阶段，分别是离线测试和模拟线上测试[①]。在离线测试中 D^{2}RL

---

① 模拟线上测试就是使用模拟器来模拟用户对推荐结果做出反馈，以此衡量互动式推荐系统的表现。

与所有其他基准方法进行了比较。对于每种非交互式推荐算法，即贝叶斯个性化排序、逻辑矩阵分解和卷积序列嵌入推荐模型，首先使用训练数据来训练模型，然后使用模型对所有候选电影进行排名。在每个 epoch 中，选择排名最高的若干电影 $\mathcal{S}_t$ 作为推荐电影。一旦它们被推荐给用户，就会从候选集中删除。通过将推荐电影与测试数据中的基本事实进行比较，可以测量推荐的准确性。非交互式推荐算法不会在推荐过程中更新模型。但是在语境组合置信上限模型中，老虎机参数会基于用户对推荐结果的反馈而得到更新。

当离线训练 $\mathrm{D^2RL}$ 模型时，首先初始化演员网络。具体做法是，从回放缓冲区中随机采样"状态—动作"训练样本，再持续优化网络输出与实际交互物品嵌入值之间的 L2 正则化损失。然后固定演员网络的参数，只更新评论员网络的参数。当演员和评论员网络都初始化好后，按照深度确定性策略梯度算法进行迭代更新。当两个网络收敛后，就锁定其网络参数。离线测试 $\mathrm{D^2RL}$ 模型的详细步骤如下所示。

（1）初始化演员网络并最小化其输出值和下一个互动物品嵌入值之间的距离。

（2）锁定演员网络参数并初始化评论员网络。

（3）按照深度确定性策略梯度算法训练演员—评论员网络直到网络收敛。

（4）基于用户最后交互的 l 个物品来初始化用户状态 s_0。

（5）基于用户最后交互的 l 个物品初始化展示列表 $\mathcal{B}$。

（6）收集候选物品集 $\mathcal{V}_0$ 并去除用户已经交互的物品。

（7）加载测试集中用户交互过的物品集 $\mathcal{V}_{\text{test}}$。

（8）迭代 $t=1,2,\cdots,T$。

（9）使用演员网络生成动作 $a_t \leftarrow \phi(s_t)$。

（10）创建行列式点过程核矩阵 $\boldsymbol{L}$，使用快速贪婪算法找到推荐物品集 $\mathcal{S}_t$。

（11）迭代 $v_i \in \mathcal{S}_t$。

（12）如果 $v_i \in \mathcal{V}_{\text{test}}$，则，

（13）删除列表 $\mathcal{B}$ 中的第一项，再把 v_i 添加到列表 $\mathcal{B}$ 末尾。

（14）计算推荐指标（准确性和多样性）。

（15）创建新的状态 s_{t+1} 和列表 $\mathcal{B}$。

（16）更新 $\mathcal{V}_0 \leftarrow \mathcal{V}_0 \setminus \mathcal{S}_t$。

算法 10.2　离线测试 $\mathrm{D^2RL}$ 模型

在线测试阶段，使用模拟器来横向比较 $\mathrm{D^2RL}$ 和 $\mathrm{C^2UCB}$ 模型的表现。$\mathrm{D^2RL}$ 模型的在线交互式推荐过程遵循算法 10.1 的步骤，使用模拟器来模拟用户给出反馈。模拟器算法如下所示。

（1）观察用户之前互动过的所有物品 R。

（2）迭代 $v_i \in \mathcal{S}_t$。

（3）使用预训练的逻辑矩阵分解计算用户与物品 v_i 互动的概率 p_i。

（4）如果 $|R| > 0$。

（5）更新 $p_i \leftarrow \delta p_i + (1-\delta)\dfrac{1}{|R|}\sum_{v_j \in R}(1-C_{ij})$。

（6）如果 p_i 大于阈值 ρ，

（7）设置奖励 $r_i \leftarrow 1, R \leftarrow R \bigcup \{v_i\}$。

（8）否则。

（9）设置奖励 $r_i \leftarrow 0$。

算法 10.3　模拟器

在模拟器中，首先使用预训练的逻辑矩阵分解模型来预测用户对于推荐物品的喜好。然后使用最大边界相关（maximal marginal relevance，MMR）基于用户喜好和推荐物品多样性来模拟用户的反馈概率分布。最大边界相关的参数 δ 用来模拟一名用户在相关性和多样性之间的选择。δ 越大，用户越倾向于相关性。参数 ρ 是决策阈值，如果用户的反馈概率超过决策阈值，则返回正面的、积极的反馈。在实验中，每名用户的 δ 是 $0\sim1$ 的随机数。决策阈值 ρ 的值是 0.5。好的交互式推荐系统应该能够从模拟的用户行为中学习并做出准确而多样的推荐。在线测试中通过将推荐结果与模拟反馈进行比较来评估精确度。

10.3.3　实验结果

使用 Movilens-1M 数据集进行离线测试的结果如图 10.5 所示。可以看到，在数据量更大的 Movilens-1M 数据集上，D²RL 模型（方框折线）的表现超过了所有的基准模型。

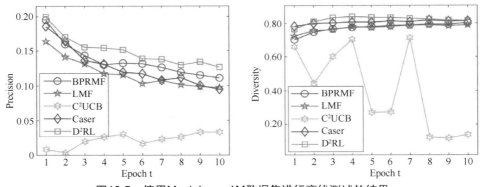

图10.5　使用MovieLens-1M数据集进行离线测试的结果

但是，在数据量较小的 Movilens-100K 数据集上，图 10.6 所示的 D²RL 模型的表现很一般，甚至在某些地方的精确度上排名垫底。这很可能是因为评论员网络无法准确预估学到的推荐策略的质量。在离线测试中，用户的反馈都是固定的，这导致推荐系统无法有效捕获用户喜好的瞬变。

模拟在线测试也涵盖了 MovieLens 的两个数据集，如图 10.7 所示。首先在 MovieLens-100K 数据集上，D²RL 模型（上方的折线）比 C²UCB 模型的精确度和多样性都更胜一筹，平均高出 52.13% 和 92.79%。

在数据量更大的 MovieLens-1M 数据集上，两个模型的表现更加平稳，如图 10.8 所示。尤其是 D²RL 模型（上方的折线）在多样性上更加出色。就精确率和多样性而言，D²RL 平均优于 C²UCB，达到 76.04% 和 156.58%。

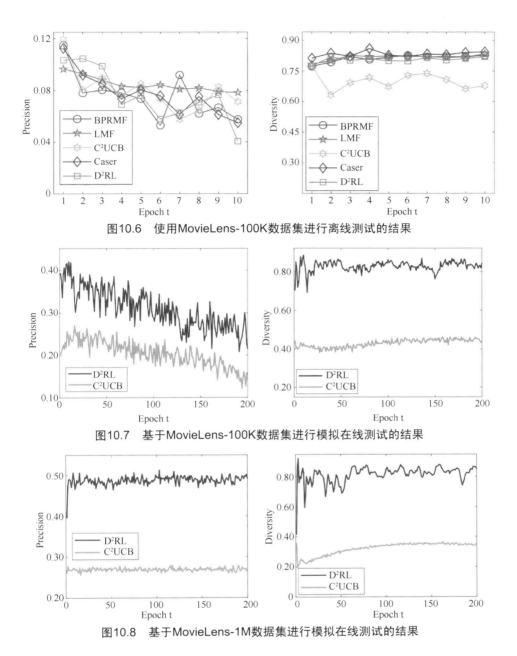

图10.6　使用MovieLens-100K数据集进行离线测试的结果

图10.7　基于MovieLens-100K数据集进行模拟在线测试的结果

图10.8　基于MovieLens-1M数据集进行模拟在线测试的结果

本章小结

（1）在情境建模方面，强化学习有两个分支：多臂老虎机和马尔可夫决策过程。

（2）在策略学习方面，可以按照模型的有无以及策略学习方式的不同来进行切分。

（3）有模型和无模型的强化学习的根本区别在于对环境的理解。

（4）价值函数型强化学习和策略搜索型强化学习的区别在于：前者首先找到最优价值函数，然后从中获取最优策略；后者强调试错，在策略空间中直接查找最佳策略。

（5）行列式点过程是在有限集的幂集上定义的概率分布。

（6）卷积神经网络不仅可以处理图像，还可以从"类图像"数据中抽取序列模式。

本章习题

简答题

（1）强化学习中的代理和环境是什么？

（2）演员评论员模型的工作原理是什么？

第 11 章

工业级推荐系统

技能目标

➢ 了解深度规模化稀疏张量网络引擎
➢ 掌握 DSSTNE 深度学习框架的使用方法
➢ 了解工业级推荐系统的架构方法

本章任务

学习本章，读者需要完成以下 3 个任务。读者在学习过程中遇到的问题，可以通过访问课工场官网解决。

任务 11.1：了解深度规模化稀疏张量网络引擎

了解稀疏数据带来的挑战，了解 DSSTNE 诞生的背景，了解 DSSTNE 的特点。

任务 11.2：掌握 DSSTNE 深度学习框架的使用方法

掌握使用亚马逊云计算 EC2 实例构建 DSSTNE 运行平台的方法，掌握基于 MovieLens 数据集训练模型和预测结果的方法。

任务 11.3：了解工业级推荐系统的架构方法

了解应用 Apache Spark 构建工业级推荐系统时面临的课题，了解亚马逊云计算解决方案如何控制 CPU 和 GPU 集群协同工作，了解工业级推荐系统的并行化处理方法。

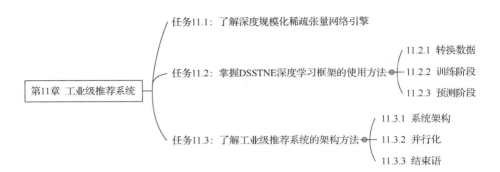

任务 11.1 了解深度规模化稀疏张量网络引擎

【任务描述】

了解稀疏数据带来的挑战，了解 DSSTNE 诞生的背景，了解 DSSTNE 的特点。

【关键步骤】

（1）了解稀疏数据带来的挑战。

（2）了解 DSSTNE 诞生的背景。

（3）了解 DSSTNE 的特点：利用多 GPU 实现高性能计算，支持模型级并行化等。

当打造工业级的推荐系统时，会遇到很多难题和挑战。首先面临的就是如何高效处理海量的稀疏数据。正如第 6 章介绍的，如今大多数开源的深度学习框架仍然无法区分缺失评分和零分评分。从根本上讲，它们会将缺失评分理解为用户非常不愿意提供评分的信号，而这并不是对真实情况的准确表示。这个问题导致了深度神经网络的潜力无法完全释放到推荐系统领域。结果就是，与其他深度学习应用领域相比，推荐系统还远远落后。正所谓"工欲善其事，必先利其器"，我们需要一款更好的深度学习框架，促成推荐系统领域的跨越式发展。就像机器视觉领域有卷积神经网络和残差网络，自然语言处理领域有谷歌公司的 Bert 模型一样，推荐系统领域一定也会出现类似的"高光"时刻。

亚马逊公司在 2016 年 5 月开源了自己的深度学习框架深度规模化稀疏张量网络引擎。它可以利用多块 GPU 优雅地处理稀疏数据，还提供模型级别的并行化支持，在工业级推荐系统中的运行速度达到了 TensorFlow 框架的约 2.8 倍。有了诸如 DSSTNE 这样优秀的深度学习框架，相信推荐系统领域的"明星网络"已经起步，"一飞冲天"也只是时间问题。

现如今各种开源的深度学习框架层出不穷，TensorFlow 和 PyTorch 更是"各领风骚"。亚马逊公司为什么要开发自己的深度学习框架呢？原因是，虽然亚马逊为电商行业"霸主"，但它在推荐系统方面依然遇到了难以解决的问题。现有的开源学习框架又无法满足它的要求，于是只好亲自出手解决问题，然后开源工具回馈社会。

全球每天有数亿用户在亚马逊上购物。亚马逊推荐系统帮助用户从海量产品目录中找到合适的产品。当使用深度神经网络构建推荐系统时，会遇到"成长的烦恼"。即使是像第 6 章中的只有 3 层神经元的自动编码机这样的简单网络，一旦扩展到亚马逊产品目录这个量级就会出现问题。此时，神经网络的输入层有数亿个节点（每个产品一个节点），隐藏层有 1000 个节点，输出层节点数等于输入层节点数。这个网络有多达 1 万亿个参数需要学习。这个数据规模，就算用最新、最贵的硬件也很难解决问题。退一步讲，即使是把产品目录按品类进行拆分，把用户按国家拆分之后，依然超过了单个 GPU 的处理能力。例如，将自动编码机网络的输入、输出层限制在 800 万个节点，隐藏层只有 256 个节点，这个网络的权重矩阵在单精度算法中依然要消耗 8GB 内存。使用开源深度学习框架针对数千万用户的购物数据来训练推荐系统模型，可能需要花费数周的时间。亚马逊公司研发人员意识到，只有通过编写更优秀的框架将计算分布到多个 GPU 上才能解决问题。于是，DSSTNE 诞生了。

DSSTNE 在本质上类似于 Caffe，强调了工业级的应用程序的性能。对于涉及稀疏数据的问题（包括推荐系统和自然语言理解任务），DSSTNE 的速度比许多其他深度学习软件包都快得多。例如，在 AWS①的"g2.8xlarge"类型的 EC2②实例上，它的运行速度约是 TensorFlow 的 2.1 倍。在单个服务器上，DSSTNE 可以自动调用所有 GPU 来提高模型的计算速度。这意味着，构建千万物品量级的推荐系统变为可能。面对这个量级的待推荐物品库，其他的开源深度学习框架会将稀疏数据的计算任务交回到 CPU 上，性能大打折扣。另外，在 DSSTNE 框架中定义网络结构也很简单。例如，只需要 33 行代码就可以构建 AlexNet 等图像识别模型，而其他框架的模型定义通常更加冗长。然而，美中不足的是，DSSTNE 目前还不支持卷积神经网络，另外对循环神经网络的支持也很有限。

当数据量达到亚马逊产品目录级别时，把神经网络扩展到多台服务器上进行并行化处理是非常必要的。在并行化处理中，最常见的模式之一是在 GPU 之间划分训练数据。每个 GPU 在一部分数据上训练自己的模型，然后以某种方式使这些模型保持同步。这种模式称为数据并行训练，其优点是容易实现，缺点是需要在速度和准确性之间进行取舍。而 DSSTNE 使用模型并行训练，对网络的每个层进行切割，然后分配到不同的 GPU 上。这种并行化方法的缺点是难以实现，优点是模型速度和精度都大幅提高。其他深度学习库中的"模型并行训练"通常是把神经网络的每个层或操作分配给不同的 GPU。尽管也能解决某些问题，但是在权重矩阵大到无法放到单个 GPU 的情况下，如亚马逊量级的推荐系统问题中，就无法很好地工作。可见，DSSTNE 在模型层面的并行化处理上有其独到之处。

任务 11.2　掌握 DSSTNE 深度学习框架的使用方法

【任务描述】

掌握使用亚马逊云计算 EC2 实例构建 DSSTNE 运行平台的方法，掌握基于 MovieLens 数据集训练模型和预测结果的方法。

【关键步骤】

（1）掌握使用亚马逊 EC2 实例构建 DSSTNE 运行平台的方法。

（2）掌握使用 DSSTNE 下载和转换数据的方法。

（3）掌握使用 DSSTNE 训练自动编码机的方法。

---

① AWS 是亚马逊 Web 服务器（Amazon Web Services）的缩写，是亚马逊公司旗下的云计算服务平台。
② EC2 是弹性计算云（Elastic Compute Cloud）的缩写，让用户可以租用云端的计算机运行所需的软件和服务。

（4）掌握使用 DSSTNE 进行预测的方法。

我们还是使用 MovieLens 数据集，讲解使用 DSSTNE 构建工业级推荐系统的方法。首先，我们使用 AWS 来构建 DSSTNE 的运行环境。具体说来，是使用现有的 AMI[1]来创建 GPU 型 EC2 实例。

图 11.1 所示为使用 AMI 启动 EC2 实例。登录 AWS 控制台之后，首先选择 AMI 服务，然后搜索公有映像"ami-fe173884"。找到这个映像之后，单击"启动"按钮。

图11.1　使用AMI启动EC2实例

在选择实例类型页面，首先筛选"GPU 实例"，然后选择"g2.8xlarge"类型，最后单击"审核和启动"按钮，如图 11.2 所示。

图11.2　启动GPU实例

在核查实例启动页面，系统会提示"选择现有密钥对或创建新密钥对"。在弹出的对话框中选择"创建新密钥对"，然后输入密钥对名称"Recommendation"，再单击"下载密钥对"，将密钥对保存到本地计算机，如"/Users/yulun/"目录下。接下来单击"启动实例"按钮，如图 11.3 所示。稍等片刻，GPU 实例就启动好了。启动之后，将 GPU 实例的连接 URL 如"ec2-172-31-59-98.compute-1.amazonaws.com"保存下来备用。

接下来，在本地计算机上打开终端窗口，输入下列命令：

```
ssh -i "/Users/yulun/Recommendation.pem" ubuntu@ec2-172-31-59-98. compute-1.
amazonaws.com
```

按"Enter"键。使用 ssh 命令远程登录 GPU 实例。在 GPU 实例的终端中，输入下

---

① AMI 是亚马逊系统映像（Amazon Machine Image）的缩写，它提供了启动实例所需信息。

列命令，确认可以成功启动 Docker 容器。

```
nvidia-docker run --rm nvidia/cuda nvidia-smi
```

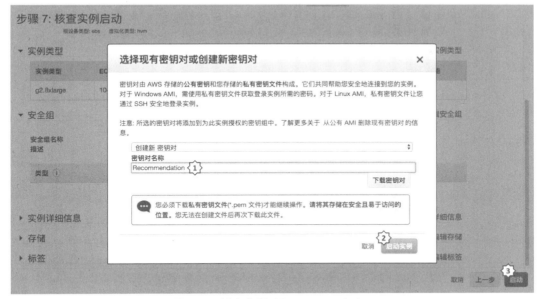

图11.3　新建密钥对Recommendation

如果看到图 11.4 所示信息，表示 Docker 容器启动成功。

```
+-----------------------------------------------------------------------------+
| NVIDIA-SMI 367.57                 Driver Version: 367.57                     |
|-------------------------------+----------------------+----------------------+
| GPU  Name        Persistence-M| Bus-Id        Disp.A | Volatile Uncorr. ECC |
| Fan  Temp  Perf  Pwr:Usage/Cap|         Memory-Usage | GPU-Util  Compute M. |
|===============================+======================+======================|
|   0  GRID K520           Off  | 0000:00:03.0     Off |                  N/A |
| N/A   26C    P8    17W / 125W |      0MiB /  4036MiB |      0%      Default |
+-------------------------------+----------------------+----------------------+

+-----------------------------------------------------------------------------+
| Processes:                                                       GPU Memory |
|  GPU       PID   Type   Process name                             Usage      |
|=============================================================================|
|  No running processes found                                                 |
+-----------------------------------------------------------------------------+
```

图11.4　启动Docker容器

输入下列命令，下载 DSSTNE 源代码：

```
git clone https://***.com/amznlabs/amazon-dsstne.git
```

进入源代码的对象目录，编译 Docker 镜像：

```
cd amazon-dsstne/
```

```
docker build -t amazon-dsstne .
```

编译过程会持续一段时间，之后系统提示编译完成。接下来，使用下列命令在新的
Docker 容器上启动命令行：

```
nvidia-docker run -it amazon-dsstne /bin/bash
```
使用 DSSTNE 构建推荐模型包含下列 3 个步骤，我们依次进行介绍。
- ➢ 转换数据。
- ➢ 训练阶段。
- ➢ 预测阶段。

11.2.1 转换数据

首先，在 GPU 实例上使用"wget"命令下载 MovieLens 的"ml-20m.zip"数据集。

因为 DSSTNE 只支持 NetCDF 格式的文件，我们先把数据集进行格式转换，然后使用该数据集训练一个自动编码机。

我们先解压缩数据集，然后从"ratings.csv"文件中抽取评分数据来创建自动编码机的输入文件。

```
unzip -p ml-20m.zip ml-20m/ratings.csv > ml-20m_ratings.csv
```

然后使用 awk 命令把"ml-20m_ratings.csv"文件转换为"generateNetCDF"能识别的格式。

```
awk -f convert_ratings.awk ml-20m_ratings.csv > ml-20m_ratings
```

现在使用"generateNetCDF"命令来创建 DSSTNE 所需的输入文件，如图 11.5 所示。

```
generateNetCDF  -d  gl_input  -i  ml-20m_ratings  -o  gl_input.nc  -f
features_input -s samples_input -c
```

```
ubuntu@ip-172-31-59-98:~/amazon-dsstne/src/amazon/dsstne/movies$ generateNetCDF -d gl_input -i ml20m-all -o gl_input.nc -f features_input -s samples_input -c
Flag -c is set. Will create a new feature file and overwrite: features_input
Generating dataset of type: indicator
Will create a new samples index file: samples_input
Will create a new features index file: features_input
Indexing 1 files
        Indexing file: ml20m-all
Progress Parsing10000Time 2.31649
Progress Parsing20000Time 2.26512
Progress Parsing30000Time 2.27014
```

图11.5 创建输入文件

这条命令会生成下列文件。
- ➢ gc_input.nc：DSSTNE 框架能处理的 NetCDF 文件。
- ➢ features_input：各神经元的索引信息。
- ➢ samples_input：训练样本索引信息。

接下来，我们创建输出文件：

```
generateNetCDF  -d  gl_output  -i  ml-20m_ratings  -o  gl_output.nc  -f
features_output -s samples_input -c
```

请务必使用"samples_input"文件来确保训练样本的索引在输入和输出中是一致的。

11.2.2 训练阶段

我们要训练一个 3 层的自动编码机。它的隐藏层有 128 个神经元，激励函数是逻辑函数。在 DSSTNE 中，需要使用 JSON 文件来描述网络结构并指定模型参数。示例代码 11-1 如下：

```
1. {
2.     "Version" : 0.7,
```

```
3.      "Name" : "AE",
4.      "Kind" : "FeedForward",
5.      "SparsenessPenalty" : {
6.          "p" : 0.5,
7.          "beta" : 2.0
8.      },
9.
10.     "ShuffleIndices" : false,
11.
12.     "Denoising" : {
13.          "p" : 0.2
14.     },
15.
16.     "ScaledMarginalCrossEntropy" : {
17.          "oneTarget" : 1.0,
18.          "zeroTarget" : 0.0,
19.          "oneScale" : 1.0,
20.          "zeroScale" : 1.0
21.     },
22.     "Layers" : [
23.          { "Name" : "Input", "Kind" : "Input", "N" : "auto", "DataSet" :
"gl_input", "Sparse" : true },
24.          { "Name" : "Hidden", "Kind" : "Hidden", "Type" :
"FullyConnected", "N" : 128, "Activation" : "Sigmoid", "Sparse" : true },
25.          { "Name" : "Output", "Kind" : "Output", "Type" :
"FullyConnected", "DataSet" : "gl_output", "N" : "auto", "Activation" :
"Sigmoid", "Sparse" : true }
26.     ],
27.
28.     "ErrorFunction" : "ScaledMarginalCrossEntropy"
29. }
```

代码 11-1　使用 JSON 文件描述网络结构并指定模型参数

代码 11-1 的第 4 行指定网络是前馈型网络，第 5~8 行指定稀疏惩罚的参数，第 10 行提示不用打乱索引。第 12 行指定降噪（随机将 1 置为 0）的概率是 20%，迫使隐藏层学习样本中隐藏的模式，而并非只是拟合数据。第 16~21 行指定损失函数的参数，第 23 行定义了输入层。输入层是稀疏的，神经元数量取决于输入文件"gl_input"。第 24 行定义了隐藏层，包含 128 个神经元，激活函数是逻辑函数。第 25 行定义了输出层，它也是稀疏的。

接下来，我们使用下列命令训练模型，如图 11.6 所示。批处理大小是 256，一共训练 10 个 epochs，训练好的模型保存在"gl.nc"文件中。

```
train -c config.json -i gl_input.nc -o gl_output.nc -n gl.nc -b 256 -e 10
```

```
ubuntu@ip-172-31-59-98:~/amazon-dsstne/src/amazon/dsstne/movies$ train -c config.json -i gl_input.nc -o gl_output.nc -n gl.nc -b 256 -e 10.
Train will use configuration file: config.json
Train will use input data file: gl_input.nc
Train will use output data file: gl_output.nc
Train will produce networkFileName: gl.nc
Train will use batchSize: 256
Train will use number of epochs: 10
Train alpha 0.025, lambda 0.0001, mu 0.5.Please check CDL.txt for meanings
GpuContext::Startup: Process 0 out of 1 initialized.
```

图11.6　训练模型

还可以使用 OpenMPI 将 g2.8xlarge 型 GPU 实例的 4 颗 GPU 都用来训练模型。

```
mpirun -np 4 train -c config.json -i gl_input.nc -o gl_output.nc -n gl.nc
-b 256 -e 10
```

11.2.3　预测阶段

模型训练后，就可以进行预测了。运行下列命令，可以为"recs"文件中的每个样本生成头部推荐（10 个）。

```
predict -b 256 -d gl -i features_input -o features_output -k 10 -n gl.nc
-f ml-20m_ratings -s recs -r ml-20m_ratings
```

可以使用"more recs"命令查看预测结果。

图 11.7 所示的"recs"文件中的每一行是一条记录，为特定用户推荐了 10 部电影。电影间的分隔符是"："。以第 1 行为例，针对用户 1，模型推荐的第一部电影是 1197，得分是 0.935。

```
ubuntu@ip-172-31-59-98:~/amazon-dsstne/src/amazon/dsstne/movies$ ls
config.json    features_output    gl.nc10.nc    gl_input_predict.nc         gl_output.nc                ml20m-all  samples_input
features_input  gl.nc              gl_input.nc   gl_input_predict.samplesIndex  initial_network.nc       recs
ubuntu@ip-172-31-59-98:~/amazon-dsstne/src/amazon/dsstne/movies$ more recs
1    1197,0.935:3793,0.896:2571,0.840:1206,0.814:551,0.810:2987,0.754:1347,0.723:1073,0.714:1274,0.714:608,0.690:
2    1200,0.423:1097,0.391:1240,0.380:356,0.311:780,0.293:2628,0.283:3471,0.252:32,0.251:1387,0.250:1206,0.250:
3    750,0.913:1371,0.887:2021,0.856:1580,0.831:1320,0.807:1253,0.800:608,0.780:527,0.763:1527,0.757:3471,0.757:
4    457,0.701:500,0.676:597,0.501:364,0.478:466,0.449:485,0.443:587,0.422:780,0.421:442,0.418:474,0.412:
5    356,0.971:1,0.896:539,0.867:527,0.834:597,0.831:586,0.812:34,0.668:733,0.647:357,0.614:592,0.580:
6    95,0.658:5,0.602:786,0.583:376,0.427:104,0.421:32,0.404:25,0.318:784,0.316:1356,0.311:36,0.309:
7    3471,0.908:2571,0.810:4022,0.810:2724,0.752:2997,0.712:1569,0.680:4025,0.680:1584,0.675:2369,0.654:1959,0.653:
8    586,0.717:420,0.650:225,0.633:315,0.617:474,0.612:410,0.610:440,0.571:160,0.551:736,0.549:318,0.507:
```

图11.7　预测结果

这个例子演示了如何在一台计算机上利用多颗 GPU 基于稀疏数据进行模型训练和电影预测。但现实情况是，当数据量达到亚马逊产品库的量级时，无论一台计算机的性能多么强悍都无法应对，此时应该考虑横向扩展（scaling out）。在任务 11.3 中，我们介绍横向扩展的案例。

任务 11.3　了解工业级推荐系统的架构方法

【任务描述】

了解应用 Apache Spark 构建工业级推荐系统时面临的课题，了解亚马逊云计算解决方案如何控制 CPU 和 GPU 集群协同工作，了解工业级推荐系统的并行化处理方法。

【关键步骤】

（1）了解应用 Apache Spark 构建工业级推荐系统时面临的课题，即数据处理和分析发生在 CPU 集群，而模型训练和预测发生在 GPU 集群。

（2）了解亚马逊云计算解决方案如何控制 CPU 和 GPU 集群协同工作。

（3）了解工业级推荐系统的并行化处理方法。

为了在 GPU 上高效处理稀疏数据并进行推荐，亚马逊公司创建并开源了 DSSTNE，它完全在 GPU 上运行。其生成的推荐结果被用在亚马逊网站、手机 App 和其他智能设备上，为用户提供各种个性化体验。在工业级系统中，一台计算机是无法处理亚马逊产品目录级别的数据量的。实际的训练以及预测工作都是在多台计算机上基于 Apache Spark 进行处理的。但这里有一个问题：数据处理发生在 CPU 上，而训练和预测发生在 GPU 上。如何对两个集群进行高效整合是必须解决的难题。

在人工智能和机器学习系统中，相较于建模而言，数据处理和分析通常会被忽略。但是亚马逊公司希望在一个工具内将所有这些工作流都整合起来。DSSTNE 针对稀疏性和可伸缩性进行了优化，将它和其他深度学习框架如 TensorFlow 进行整合应用。这样就可以取长补短，创建更加优秀的推荐系统。不可否认的是，管理 CPU 和 GPU 实例的混合集群确实很难。加上 Yarn、Mesos 之类的集群管理器本身不支持 GPU，更是增大了整合难度。因此必须重新编写深度学习框架才能与集群管理器 API 一起使用，来管理混合集群。

在本任务中，我们介绍一个亚马逊云计算的解决方案，即 CPU 集群和 GPU 集群依旧保持独立，但它们"听从" Apache Spark 的统一调度，完成端到端的建模和预测过程。

11.3.1　系统架构

在工业级推荐系统中，用户可以使用同一个工具在 CPU 集群和 GPU 集群上运行不同的任务，并且可以选择自己需要使用的深度学习框架，免去重写算法的麻烦。在传统方法中，任务的颗粒度都是比较细的，如矩阵乘法可能是一个任务。在工业级推荐系统中，任务颗粒度被放大，例如，神经网络的训练是一个任务，预测是另外一个任务，这些粗颗粒度的任务被委派给 GPU 集群。

图 11.8 所示系统架构中，Spark driver 集群运行在 Amazon EMR[①]上，而 GPU 实例由 Amazon ECS[②]进行管理。此时，把 ECS 当作 GPU 主设备。ECS 在 Amazon ECR[③]中的 Docker 容器上运行任务。因此，接入深度学习框架是很容易的，只要将其 Docker 镜像导出到 ECR 即可。

在图 11.8 所示系统架构中，数据分析和处理（CPU 作业）是通过 Amazon EMR 上的 Spark 执行的。CPU 作业被分解为多个任务并在 Spark 执行器上运行。GPU 作业是指神经网络的训练或预测。GPU 作业的数据集分割是在 Spark 中完成的，随后这些作业被委派给 ECS 并在 GPU 从属设备的 Docker 容器内运行。集群间的数据传输是通过 Amazon S3[④]完成的。当运行 GPU 作业时，数据分析和处理被分解为若干的 GPU 任务。与 Spark 一样，数据 RDD[⑤]的每个分段都分配了一个 GPU 任务。Spark 运行程序将其各自的分段

---

　　① EMR 是 elastic map reduce 的缩写，它通过向 AWS 云中运行的虚拟服务器集群分配计算工作并统筹结果来帮助分析和处理海量数据。

　　② ECS 是 elastic container service 的缩写，它是一种高度可扩展的高性能容器编排服务，支持 Docker 容器，可以让我们在 AWS 上轻松运行和扩展容器化的应用程序。

　　③ ECR 是 elastic container registry 的缩写，它是完全托管的 Docker 容器注册表，可使开发人员轻松存储、管理和部署 Docker 容器映像。

　　④ S3 是 simple storage service 的缩写，它是一种对象存储服务，提供可扩展性、数据可用性、安全性和高性能。

　　⑤ RDD 是弹性分布式数据集（resilient distributed dataset）的简称，它是 Spark 中最基本的数据抽象。

保存到 S3 上，然后调用 ECS 运行任务定义，其中包含输入分段在 S3 上的位置以及需要在 Docker 映像上运行的命令。最后它们对 ECS 进行长期轮询（long-poll）以监视 GPU 任务的状态。

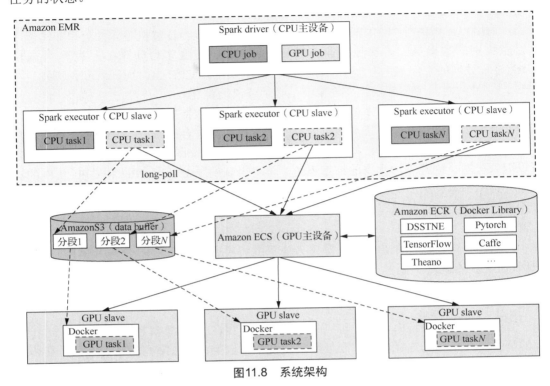

图11.8　系统架构

在 GPU 节点上，每个任务运行以下操作：

➢　从 S3 下载其数据分段。

➢　运行指定的命令。

➢　将输出结果传回 S3。

因为模型训练和预测都在 Docker 容器中运行，所以添加新的深度学习框架很简单，只需 3 步：创建 Docker 映像→将映像上传到 ECR→创建 ECS 任务定义并映射到映像。

11.3.2　并行化

DSSTNE 能支持海量稀疏数据的另外一个"法宝"是模型的并行化。在模型并行训练中，模型分布在 N 个 GPU 上。同时，数据集 RDD 也被复制到所有 N 个 GPU 节点。这与数据并行训练截然不同。在数据并行训练中，每个 GPU 仅训练数据的一个分段，然后使用同步技术（如参数服务器）来共享权重。

训练模型后，系统会为每名用户给出推荐。此时进行数据并行预测，每个 GPU 处理一批用户的推荐。这意味着，推荐系统可以通过添加更多 GPU 节点来实现线性扩展。借助 AWS 的自动扩展技术（auto scaling），推荐系统可以根据工作负载和服务等级协议（service level agreement，SLA）来自动管理 GPU 集群的扩张和收缩。

图 11.9 所示为并行化处理，即模型并行训练和数据并行预测的过程。

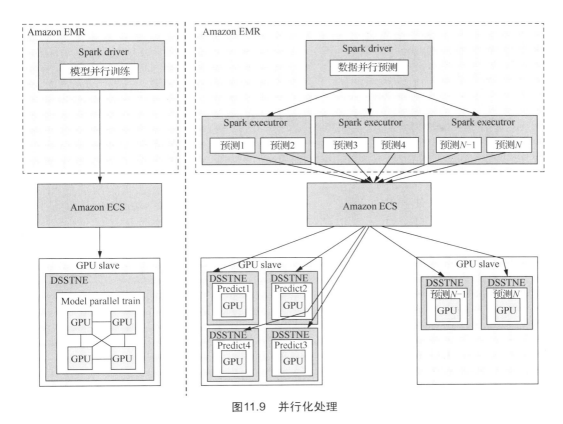

图11.9　并行化处理

如上所述，有了合适的工具就可以充分释放深度神经网络的潜力，推动推荐系统的高速发展。

11.3.3　结束语

推荐系统从最初的内容过滤、协同过滤和因子分解机，发展到深度学习系统，以及后来出现的基于会话的推荐和基于强化学习的推荐系统。一路走来历经蜕变，但不变的是初心和愿景，即在理解用户的基础上推荐合适的物品和内容，并带领用户探索新的兴趣点，达到长期收益。推荐系统不仅需要数据挖掘、人工智能技术，更要融合市场营销和用户理解，做出最优的选择。推荐系统固然要着眼短期利益促成销售，更要重视长期收益，在用户整个生命周期内多参与多投入，与用户共同成长。在开采用户的商业价值和探索用户未知领域之间取得平衡，成为人们在虚拟世界里的好搭档。

总之，实现人机协调的可持续发展，才是推荐系统未来的"康庄大道"。

本章小结

（1）DSSTNE 支持模型级别的并行训练，即把神经网络的每个层切割后分配到不同的 GPU 上，提高训练速度。

（2）DSSTNE 使用 JSON 文件来描述网络结构并指定模型参数。

（3）在亚马逊解决方案中添加新的深度学习框架需 3 步：创建 Docker 映像→将映像上传到 ECR→创建 ECS 任务定义并映射到映像。

本章习题

简答题

（1）现在有这么多开源的深度学习框架，亚马逊为什么还要开发 DSSTNE？

（2）DSSTNE 在模型级并行化支持上有什么优势？